“十四五”职业教育国家规划教材

“十三五”职业教育国家规划教材
“互联网+”新形态教材

电气运行

（第2版·修订本）

主　编　马爱芳　丁官元　李银玲
副主编　张国蓉　胡　锦　张　磊
　　　　吴　斌　杨艳妮　胡文花
　　　　仇新艳　任志淼
主　审　刘凤珊　陈　渊

黄河水利出版社
·郑　州·

内 容 提 要

本书是“十四五”“十三五”职业教育国家规划教材，是按照教育部关于“十四五”“十三五”职业教育国家规划教材编写基本要求和电气值班员职业标准编写完成的；也是湖北水利水电职业教育品牌建设项目规划教材、湖北水利水电职业技术学院课程改革系列教材之一。本书共分10个工作领域，内容主要有电气运行基本能力训练，水轮发电机组的运行，变压器的运行，高压断路器的运行，高压隔离开关的运行，互感器的运行，绝缘子、母线及电力电缆的运行，防雷接地设备的运行，二次设备的运行，厂(站)用电交、直流系统的运行。为方便教学，本教材配套PPT教学课件、生产案例等教学资源；同时大部分知识点、技能点制作了微课视频、音频、动画等数字资源，并以二维码的形式在教材的相关内容中呈现，方便学生利用移动设备随扫随学。

本书可作为高职高专院校发电厂及电力系统专业的教材，也可供电力类其他专业教学使用，同时可作为水力发电厂、变电站等电力生产现场人员和工程技术人员的培训教材和参考资料。

图书在版编目(CIP)数据

电气运行/马爱芳，丁官元，李银玲主编. —2版. —郑州：黄河水利出版社，2022.6 (2025.1 修订本重印)

“十三五”职业教育国家规划教材

ISBN 978-7-5509-3319-4

Ⅰ.①电… Ⅱ.①马… ②丁… ③李… Ⅲ.①电力系统运行-高等职业教育-教材 Ⅳ.①TM732

中国版本图书馆CIP数据核字(2022)第108132号

组稿编辑：田丽萍　电话：0371-66025553　E-mail：912810592@qq.com

韩莹莹　66025553　1025524002@qq.com

出 版 社：黄河水利出版社　网址：www.yrcp.com

地址：河南省郑州市顺河路黄委会综合楼14层　邮政编码：450003

发行单位：黄河水利出版社

发行部电话：0371-66026940、66020550、66028024、66022620(传真)

E-mail：hhslcbs@126.com

承印单位：河南承创印务有限公司

开本：787 mm×1 092 mm　1/16

印张：15.5

字数：360千字　印数：7 001—10 000

版次：2017年8月第1版　印次：2025年1月第4次印刷

2022年6月第2版

2025年1月修订本

定价：48.00元

第2版前言

本书是根据《中共中央关于认真学习宣传贯彻党的二十大精神的决定》，中共中央办公厅、国务院办公厅《关于推动现代职业教育高质量发展的意见》，国务院《国家职业教育改革实施方案》《新职业教育法》，教育部《职业院校教材管理办法》《高等学校课程思政建设指导纲要》《“十四五”职业教育规划教材建设实施方案》，水利部、教育部《关于进一步推进水利职业教育改革发展的意见》等文件精神，组织编写的职业教育国家规划教材。

本书于2020年12月成功入选“十三五”职业教育国家规划教材，于2023年6月成功入选首批“十四五”职业教育国家规划教材。

为了不断提高教材质量，编者于2025年1月，根据近年来国家及行业颁布的最新规范、标准等，以及在教学实践中发现的问题和错误，对全书进行了系统修订完善。

本书自2017年8月出版以来，因其通俗易懂，全面系统，应用性知识突出，可操作性强等特点，受到全国高职高专院校电力类专业师生及广大电力类专业从业人员的喜爱。随着我国经济建设的发展，新设备、新材料、新技术、新方法不断推广应用；同时，职业教育的发展也促使课程教学手段、方法不断更新，需要有新体例的教材与之相适应。编者在第1版的基础上对原教材内容进行全面修订、补充和完善，为方便教学，本书植入了大量微课视频、音频、动画等数字资源，形成数字化工作手册式教材，完善线上线下混合式课堂教学模式和评价体系建设，促进课堂教学质量提升，并构建混合教学模式教学质量评价体系，将过程性评价与终结性评价相结合。

本书注重思政引领。根据专业课程的教学特点，以实际工作任务为载体，在注重对学生知识和能力培养的同时，特别加强了学生职业素养目标的达成，在学习任务过程性评价中融入了职业素养指标；还在每个工作领域开始之前均加入“思政导引”，通过与该工作领域内容相关的典型思政案例讲述，使党的二十大精神进教材、进课堂、进头脑，通过全书10个工作领域的故事讲述，以培养学生精益求精的大国工匠精神，激发学生科技报国的家国情怀和使命担当。

本书的编写团队中既有学院教师，又有在电力企业从事电气运行和调度工作的专家，且这些专家都是学院的兼职教师，不但具有丰富的实践经验，而且还有较强的教学培训水平。

本书编写时引入了最新的电气运行规程、调度规程，采用了电气运行工作中的新设备、新技术和新方法，致力于学习型工作任务的实施，通过工作过程获取相关的专业知识、技能与经验。本书内容与电力生产现场结合紧密,完全符合生产实际,实践性、实用性强,具有很好的针对性和可操作性,能最大限度地满足学生能力目标培养的要求。

本书编写人员及编写分工如下:工作领域1的工作任务1.1、工作任务1.2和工作领域2、工作领域3由湖北水利水电职业技术学院马爱芳编写,工作领域1的工作任务1.3、工作任务1.4和工作领域7、工作领域8、工作领域10由湖北水利水电职业技术学院丁官元编写,工作领域1的工作任务1.5、工作任务1.6和工作领域4、工作领域5、工作领域6、工作领域9由湖北水利水电职业技术学院李银玲编写。全书由湖北水利水电职业技术学院马爱芳、丁官元、李银玲担任主编,其中马爱芳负责全书统一规划和统稿;国家能源集团恩施水电开发公司刘凤珊、陈渊担任主审。本书二维码微课视频、音频、动画等数字资源由湖北水利水电职业技术学院马爱芳、丁官元、李银玲、胡锦、杨艳妮,湖南水利水电职业技术学院张国蓉、胡文花、仇新艳,山西水利职业技术学院任志淼制作完成。国家能源集团恩施水电开发公司张磊、吴斌提供了运行规程等资料并提出了很多编写建议。

由于编者水平有限,书中难免存在不足之处,恳请读者批评指正。

编　者

2025年1月

本书互联网全部资源

目 录

绪　论

【思政导引】

中国电力工业发展史——不忘初心、牢记使命是中国电力工业的发展动力

电力是以电能作为动力的能源，发明于19世纪70年代，电力的发明和应用掀起了第二次工业化高潮，成为人类历史以来世界发生的三次科技革命之一，从此科技改变了人们的生活。20世纪出现的大规模电力系统是人类工程科学史上最重要的成就之一，是由发电、输电、变电、配电和用电等环节组成的电力生产与消费系统。它将自然界的一次能源通过发电动力装置转化成电力，再经输电、变电和配电将电力供应到各用户。

电力工业是国民经济发展中最重要的基础能源产业，是国民经济的第一基础产业，是关系国计民生的基础产业，是世界各国经济发展战略中的优先发展重点。作为一种先进的生产力和基础产业，电力行业对促进国民经济的发展和社会进步起到了重要作用。与社会经济和社会发展有着十分密切的关系，它不仅关系国家经济安全的战略大问题，而且与人们的日常生活、社会稳定密切相关。

中华人民共和国成立是中国电力工业发展的重大转折点，为电力工业发展创造了良好的环境。70多年来，中国电力工业经历了由弱变强、由落后变先进的发展历程，取得了举世瞩目的巨大发展成就：

(1)发电能力从中华人民共和国成立初期的世界落后水平，逐渐进入世界先进行列。发电量和发电装机容量增长上千倍，为中国经济建设提供了价格可承受的电力供应。

(2)电力供应从难以保障进入高可靠性水平阶段，电网规模稳步发展，电压等级不断提升，建成了世界上覆盖范围最广、能源资源配置能力最强大、运行水平最高的电网。

(3)电源结构从一煤独大到多种能源发电并举，清洁能源装机规模和发电量不断扩大，电源结构持续优化。

(4)电力工业技术水平和装备能力大幅提升，特高压输电技术、新能源发电并网技术、核电技术和发电设备生产能力步入世界先进行列。

(5)电力技术创新与电力国际合作取得重大进展，电力体制机制日趋完善，为中国经济快速发展提供了可靠的电力保障。

党的十八大以来，随着中国经济进入高质量发展阶段，电力工业也进入新的发展阶段：节能减排、绿色发展作为电力工业发展的重要任务，注重发展风电、光伏发电等清洁能源发电，降低碳排放水平和减少污染物排放，通过供给侧结构性改革，不断激发电力市场活力，推动电力工业向智能化、数字化、国际化全面发展。

1. 智能电网建设

电网智能化建设取得了显著成就。2020年底,全国电网220 kV及以上输电线路回路长度79.4万km,比上年增长4.6%;全国电网220 kV及以上变电设备容量45.3亿kVA,比上年增长4.9%;全国跨区输电能力达到15 615万kW。2020年,电网工程建设完成投资4 896亿元,其中,直流工程532亿元,交流工程4 188亿元(占电网总投资的85.5%)。

2. 数字化转型

电力行业加大信息化建设投入,夯实数字化转型基础,加快建设基础数字技术平台,加快构建数据治理体系,着力提升信息安全防护水平;加快新型基础设施建设,加快核心技术攻关,推进数字产业化发展;加快制定数字化转型规划和路线图,协同推进数字化转型工作,着力打造电力企业数字化转型示范,电力信息化建设进入新阶段。

3. 电力国际合作

电力工业国际合作不断深化,电力国际投资、电力国际贸易规模不断扩大。2020年,中国主要电力企业对外直接投资总金额78.5亿美元,对外直接投资项目共32个,主要涉及火电、新能源、水电、输变电、矿产资源及储能等领域,为项目所在地直接创造5.9万个就业岗位。电力国际贸易也取得新的进展,对蒙古、越南、缅甸、朝鲜等实现电力出口,发电机组、变压设备、电线电缆等电力产品出口规模不断扩大。

我国电力工业发展成功的实践告诉我们:只有不忘初心、牢记使命,将实现中华民族伟大复兴、把人民对美好生活的向往放在首位,中国电力工业才有不竭的发展动力;只有改革开放,中国电力工业才能不断做大做强;只有不断创新、不断自我完善,中国电力工业才能走向赶超世界、领先世界的成功发展之路;只有全面深入贯彻党的二十大精神,中国电力工业才能为全面建设社会主义现代化国家、全面推进中华民族伟大复兴做出应有贡献。当前,中国电力工业进入转变发展方式、转换增长动能、高质量发展的新时代,迈入大机组、大电网、智能化的新阶段,要以习近平新发展理念为指导,始终坚持以人民为中心的发展思想,努力将中国电力建成高效、清洁、安全、经济的高质量现代电力体系。

一、电气运行的定义

电气运行值班人员在电能的发、输、配、供、用过程中,对电气设备进行监视、控制、操作、调节的过程,即为电气运行过程。电气运行工作由各级调度机构调度员及发电厂、变电站运行值班人员共同完成。

二、电气运行的主要任务

电气运行,实质是电力生产。电能是电力系统的产品,是一种较为特殊的商品,它在整个发、输、配、供、用过程中是连续而同时的,其大小也在不断变化。电能属于商品,必须满足一定的质量要求。因此,电气运行的主要任务是保证电力系统安全、稳定、优质、经济运行。

(1)保证安全运行。在电能的供应、分配和使用中,必须保证人身安全和设备安全,不应发生人身事故和设备事故。若发生重大事故,不仅使本企业的设备和人身受到损害,而且直接影响到千家万户中断供电,甚至给国民经济造成严重的损失,因此电力的安全生产是十分重要的,电力生产必须保证安全运行。

(2)保证经济运行。电力系统的投资要少,运行费用要低,并尽可能地采用新技术和其他能源的综合利用。发电部门应尽量降低燃料成本和厂用电率,降低每度电(1 kW·h)的生产成本;供电部门应做好计划用电、节约用电和安全用电,并在社会上做好有关的宣传工作。

为了保证经济运行,应当加强技术管理,提高技术水平,采用经济运行方式,合理分配负荷,制订反事故措施,杜绝事故的发生,消除设备缺陷,保证设备健康水平。

(3)保证电能质量。电能质量指提供给用户的电能品质的优劣程度,通常以电压、频率等指标来衡量。电气设备的额定电压和额定频率是电气设备正常工作并获得最佳经济效益的条件。我国采用的额定工业频率(简称工频)为 50 Hz,频率的变化范围一般不应超过±0.5 Hz,35 kV 及以上供电电压正、负偏差的绝对值之和不应超过额定电压的 10%,20 kV 及以下三相供电电压偏差为额定电压的±7%,220 V 单相供电电压偏差为额定电压的+7%、-10%。因此,电气运行应满足电能用户对电压和频率等质量的要求。

三、电力系统的运行组织原则

电力系统是由发电、输电、变电、配电、用电设施及为保证这些设施正常运行所需要的继电保护和安全自动装置、计量装置、电力通信装置、自动化设施、电力市场技术支持系统等构成的整体,发、供、用电是同时完成的,系统中任何一个主要设备运行状态的改变,都会对电力系统产生影响。为保证电力生产安全可靠地进行,发电厂、变电站电气运行值班人员在值班时间内对分管的设备和运行事务负责,并应严格按照规程、制度以及上级值班员的要求进行生产活动和运行工作。

电力系统中,设有各级运行组织和值班员,分别担负系统中各部分的运行工作。

(1)电网调度机构。电网调度机构是电网运行的组织、指挥、指导和协调机构,负责电网的运行。目前,我国的电网调度机构是 5 级调度管理模式,即国调、网调、省调、地调和县调。

(2)发电厂、变电站运行值班单位。目前,发电厂、变电站运行值班实行"四值三倒"或"五值四倒"。无人值班的变电站,由变电站控制中心值班人员监控。发电厂、变电站运行值班的每一值(或变电站控制中心的每一值)为运行值班单位。电气运行的值班人员有值长、班长、主值班员、班员。

(3)调度指挥系统。电力系统是一个有机的整体,系统中任何一个主要设备运行情况的改变,均将影响整个电力系统,因此有必要在电力系统中建立起统一的调度指挥系统,设置调度机构,来统一领导系统的运行。

电网的运行由电网调度机构统一调度。调度机构的值班调度员是全系统运行中技术上的领导人,可以直接对系统内的发电厂、变电站的运行领导人发布命令。

码 0-1 音频-电力企业简介

四、电力系统的调度原则

调度机构是电网的生产运行单位,又是电网管理机构的职能部门,代表各级电网管理机构在电网运行工作中行使指挥权。各级调度在电力系统的运行指挥中是上下级关系。因此,下级调度机构制定的调度规程不应与上级调度部门制定的调度规程相矛盾,各发电厂和变电站的现场运行规程中涉及调度业务的部分,均应取得相应调度机构的同意,如有与调度规程相矛盾的条文,应根据调度规程予以修订。在跨省大区电网中,网调是最高调度管理机构;在省内电网中,省调是最高调度管理机构。

电力调度一般满足以下原则:

(1)各级调度机构在电力调度业务活动中是上下级关系,下级调度机构应服从上级调度机构的调度。

(2)调度机构管辖范围内的发电厂、变电站、监控中心等的运行值班单位,应服从该调度机构的调度。

(3)未经调度机构值班调度员许可,任何人不得操作该调度机构调度管辖范围内的设备。

(4)设备在操作前应经上级调度机构值班调度员许可,操作完毕后应及时汇报。

(5)调度机构调度管辖设备运行状态的改变,对下级调度机构调度管辖的设备有影响时,操作前后应及时通知下级调度机构值班调度员。

(6)属厂(站)管辖的设备,操作前应经调度机构值班调度员许可。

(7)发生威胁电力系统安全运行的紧急情况时,值班调度员可直接(或通过下级调度机构值班调度员)越级向下级调度机构管辖的发电厂、变电站、监控中心等的运行值班单位发布调度指令,并告知相应调度机构。

五、运行人员正确对待调度员的操作命令

(1)运行值班人员应认真执行调度员的操作命令。运行值班人员对调度员下的操作命令不清楚或与现场不符时,应向发令人提出。

(2)运行人员对直接威胁设备和人身安全的操作命令应拒绝执行,同时向发令人报告拒绝执行的理由和建议。

六、允许不经调度许可的操作

(1)直接对人员生命有威胁的设备停电或将机组停止运行。

(2)将已损坏的设备隔离。

(3)恢复厂(站)用电源或按规定执行“紧急情况下保证厂(站)用电措施”。

(4)母线已无电压,拉开该母线上的断路器。

(5)将解列的发电机并列(指非内部故障跳机)。

(6)按以下现场运行规程的规定:

①强送或试送已跳闸的断路器。

②将有故障的电气设备紧急与电网解列或停止运行。

③继电保护或自动装置已发生或可能发生误动,将其停用。

④失去同期或发生振荡的发电机,在规定时间不能恢复同期,将其解列等。

七、电气值班人员的日常工作任务

码 0-2 音频-违规违章操作是引发电力事故的最主要原因

电气值班人员的根本任务是根据调度命令或用户要求将电站设备投入运行或退出运行，并维持全部运行设备正常运转、备用设备状态良好，保证安全可靠地发、供电。

电气值班人员在行政上受当班值长的领导，应完成当班值长交给的一切工作任务，熟悉操作规程和安全规程，保质保量完成职责范围内的工作。

电气值班人员的主要工作要求如下：

(1)掌握电气运行操作规程和相关安全规程。

(2)按照规程要求，协助值长对所发生的异常运行的故障进行判断和处理。

(3)熟知发电厂主接线系统、直流系统、厂(站)用电系统、照明系统及主要电气设备运行特性、极限参数、继电保护、自动装置、厂(站)用系统二次接线、额定数据、动力保险定值等。

(4)主要工作岗位是控制室，主要职责是监盘，合理地调整机组有、无功负荷，保证机组安全、经济运行和电能质量，并能正确使用信号。

(5)在值长的统一指挥下，主动、迅速、正确地处理事故及异常运行。

(6)负责厂(站)用电系统、直流系统、照明系统的检查、维护及停、送电操作，监护其他值班员进行厂(站)用系统的倒闸操作。

(7)根据值长的指示做好厂(站)用电系统工作票的安全措施。

(8)根据值长的指示，值班员可以担任厂(站)用电系统工作票的许可人。

(9)对不符合电气设备规定的操作和不合理的运行方式提出建议，并给予适当的纠正。

(10)熟知主要电气设备的极限电流、温度及其他主要极限参数。

(11)做好报表、仪表、安全用具、钥匙及材料备品的管理工作。

(12)负责检查并备齐高、低压配电室、配电箱用的熔断器，并保证定值符合要求。

(13)按时正确地记录报表及进行电量计算。

(14)负责监视发电机、主变压器、厂(站)用变压器的温度变化。

(15)负责发电机碳刷维护和更换工作。

(16)在监护下进行电气设备的倒闸操作，填写倒闸操作票。

(17)发生事故和异常时，在值长统一指挥下，协助处理事故，根据命令复归保护装置，详细、准确地做好保护动作情况记录。

(18)熟悉电气运行的安全和技术经济指标。

八、对电气值班人员的要求

(一)职业道德

(1)作风踏实，工作细致认真。

(2)具有一定的事业心和责任感。

(3)忠于职守,热爱本职业。

(4)坚持原则,严守企业秘密。

(二)相关知识

(1)熟悉掌握本专业的运行规程、事故处理规程、正常及特殊运行方式。

码0-3 国家电气运行值班员职业标准及电气运行导则

(2)熟悉电业安全作业规程。

(3)熟悉电力生产流程、生产技术和规程规范。

(三)技能技巧

(1)具备电气维修技术水平,能看懂电气一次、电气二次图。

(2)具备很好的语言组织及口头表达能力。

(3)具备较好的人际沟通能力、创新精神。

(4)具有良好的学习能力和分析判断能力,条理性强,有团队合作精神。

(5)具备按生产指令组织生产的能力,且执行力强。

(6)熟练使用Word、Excel等办公软件,能承受一定工作压力。

码0-4 微课-德技并修 学党史、长才干;学国策、悟思想

九、电气运行人员技术学习内容

电气运行人员技术学习内容主要包括:

(1)电业安全工作规程,运行操作规程,事故处理规程,技术等级标准,岗位规范和有关规程制度。

(2)本公司发生过的事故、障碍,历年累积的设备异常情况资料汇编和反事故技术措施等。

(3)反事故演习中暴露出来的薄弱环节及反事故措施、对策。

码0-5 动画-违章的代价 事故案例警示教育

(4)新旧设备的构造原理、参数性能、系统布置和运行操作方法。

(5)安全经济运行方式和先进工作方法。

(6)设备检修和异动后运行方式。

(7)季节变化对运行设备影响及预防措施。

(8)运行专业理论或操作技能示范等。

(9)调度规程有关部分。

十、复习思考题

1. 什么是电气运行?
2. 电气运行的任务是什么?
3. 简述电力系统的运行组织原则。
4. 简述电力系统的调度原则。
5. 运行人员如何正确对待调度员的操作命令?
6. 电气值班人员的日常工作任务有哪些?

小 结

主要熟悉电气运行的主要任务、电气运行岗位的生产组织机构。

电气运行指电气运行值班人员在电能的发、输、配、供、用过程中，对电气设备进行监视、控制、操作、调节的过程。电气运行的主要任务是保证电力系统安全、稳定、优质、经济运行。

电气运行工作由各级调度机构调度员及发电厂、变电站值班人员共同完成。电网的运行由电网调度机构统一调度。调度机构的值班调度员是全系统运行中技术上的领导人，可以直接对系统内的发电厂、变电站的运行领导人发布命令。调度机构是电网的生产运行单位，又是电网管理机构的职能部门，代表各级电网管理机构在电网运行工作中行使指挥权。

电气运行的值班人员有值长、班长、主值班员及值班员。

工作领域1　电气运行基本能力训练

【思政导引】

洪屏抽水蓄能电站——深山里的“超级蓄电池”

洪屏抽水蓄能电站是国家战略——鄱阳湖生态经济区建设的标志性工程之一，也是江西第一座大型抽水蓄能电站。电站位于靖安县三爪仑乡和宝峰镇境内，电站规划总装机容量为240万kW，分两期建设。其中一期工程安装四台30万kW单级可逆混流式机组，装机容量为120万kW，动态总投资约为51.88亿元。上水库利用天然高山盆地修建，盆地四周环山，是个天生的“金盆”，集水面积达6.7 km^2；下水库利用天然河道修建，是条水源补给充沛的“长银带”。上、下水库落差达528 m，发电水头高，被誉为天然的电力“粮库”。

电站建成后将成为江西电网的“蓄电池”“应急电源”，承担电网调峰、填谷、调频、调相和事故备用等任务，将进一步增强江西电网调峰调频能力，显著提高江西电网安全稳定水平和供电可靠性，降低系统运行费用，提高电网运行的经济性，对江西实现电力结构调整、促进当地经济和社会可持续发展具有十分重要的意义。2016年洪屏电站一期120万kW装机容量后投产，江西电网每年节约系统标煤11.5万t，每年减少二氧化碳排放量约25.3万t、减少二氧化硫排放量约0.23万t。同时，为保护上、下水库河道生态和满足防汛抗旱的需要，电站会泄放一定的生态流量，年均少发电4 000万kW·h，每年为生态环境保护和民生让利达1 400余万元。

目前，四台机组已于2016年全部投入商业运行，机组设备状态良好，运行稳定。水电站总效率为0.823，上水库满发利用小时数22 h，均居全国抽水蓄能电站第一位。洪屏抽水蓄能电站具有电能转换率高、电能损耗小、二三期潜力大等优势。电站有上、下两个水库，除具备与其他水库功能相似的下水库外，洪屏电站可以将下水库的水抽到上水库，从而达到蓄能发电、调峰、填谷的作用。

在建设过程中，洪屏电站一期始终将“绿色发展理念”贯穿于规划、建设、生产等各环节，今后将致力于在更高要求上，落实党的二十大报告中提出的“提升生态系统多样性、稳定性、持续性，加快实施重要生态系统保护和修复重大工程，实施生物多样性保护重大工程，推行草原森林河流湖泊湿地休养生息”要求。如项目施工环节中，优化水土保持方案，制定生态景观保护方案，建设中对不同区域因地制宜采取有效的景观恢复措施，利用弃渣对上水库坝后地形进行再塑，结合植保措施等，使工程与周围景观和谐融入的同时，注重落实上下游、左右岸的大保护策略。据统计，整个项目累计节约用地235亩、用水

735 万 m^3、水泥 1 970 t、钢筋 518 t，植被恢复率 99.20%，水土流失总治理度 98.10%，堪称同类工程"样板"。

【学习任务描述】

1. 学习并懂得电气运行"两票三制"的内容。
2. 学习并懂得电气设备倒闸操作的基本概念和基本原则。
3. 掌握并具备电气设备的巡视检查及维护职业技能。
4. 掌握并具备倒闸操作票的填写及倒闸操作流程职业技能。
5. 掌握并具备变电气设备事故处理的基本原则及流程职业技能。
6. 掌握并具备常见的安全工器具的使用维护职业技能。
7. 养成与人合作的团队精神和良好的职业道德。
8. 养成安全生产的工作作风，实践安全第一的生产理念。
9. 培养刻苦钻研、好学上进的精神，树立终身学习的理念。

工作任务 1.1　电气运行的管理制度

电气运行管理制度是指保障安全生产、维持正常的生产秩序、提高运行水平的重要的管理制度。

电气运行管理制度包括：工作票制度、操作票制度、交接班制度、设备定期试验与轮换制度、巡视检查制度、运行分析制度等，前 5 种管理制度称为"两票三制"。

1.1.1　工作票制度

工作票制度就是指在电气设备上工作时应遵守的相关规定和要求的制度。

码 1-1　音频-电气及线路工作票

1.1.1.1　工作票的作用

工作票是批准在电气设备上工作的书面命令，也是明确安全职责，严格执行安全组织措施，向工作人员进行安全交底，履行工作许可手续，工作间断、工作转移和工作终结手续，同时实施安全技术措施等的书面依据。因此，在电气设备上工作时，必须按要求填写工作票。

1.1.1.2　工作票的种类

工作票一般分为以下六种：

(1)变电站(发电厂)第一种工作票。

(2)变电站(发电厂)第二种工作票。

(3)电力电缆第一种工作票。

(4)电力电缆第二种工作票。

(5)变电站(发电厂)带电作业工作票。

(6)变电站(发电厂)事故应急抢修工作票。

1.1.1.3 工作票的使用范围

1. 第一种工作票的使用范围

(1)凡在高压电气设备上或在其他电气回路上工作,需要将高压电气设备停电或装设遮栏者。

(2)凡在高压室内的二次回路和照明等回路上工作,需要将高压设备停电或做安全措施者。

一份工作票中所列的工作地点以一个电气连接部分为限,这样规定是因为在一个电气连接部分的两端或各侧施以适当的安全措施后,就不可能再有其他电源窜入的危险,故可保证安全。

2. 第二种工作票的使用范围

(1)带电作业和在带电设备外壳上的工作。

(2)控制盘、低压配电盘、配电箱、电源干线上的工作。

(3)二次接线回路上的工作,无需将高压设备停电的。

(4)非当值值班人员用绝缘棒对电压互感器定相或用钳形电流表测量高压回路的电流等。

(5)转动中的发电机的励磁回路或高压电动机转子电阻回路上的工作。

第二种工作票与第一种工作票的最大区别是不需将高压设备停电或装设遮栏。

3. 带电作业工作票的使用范围

带电作业或与邻近带电设备距离小于《电力安全工作规程》(简称《安规》)中所规定的工作。

4. 事故应急抢修单的使用范围

事故应急抢修可不用工作票,但应使用事故应急抢修单。

1.1.2 操作票制度

运行人员要完成一个操作任务,必须先填写操作票,这就是操作票制度。

码1-2 某水力发电公司操作票案例

操作票是安全正确进行倒闸操作的根据,它把经过深思熟虑制订的操作项目记录下来,从而根据操作票面上填写的内容依次进行有条不紊的操作。电气设备改变运行状态,必须使用操作票进行倒闸操作,这是防止误操作的主要措施之一。

1.1.3 交接班制度

交接班制度主要是规定运行值班人员在交接班时的职责和职权、交接班的内容、交接班的方法和顺序。

1.1.3.1 交接班前的准备工作

(1)交班人在交班前应做好准备,检查本班有关事项是否均已记入各类记录簿,各类交接物件是否齐全等。在未做好交班准备时双方不应交接班。

(2)接班人应提前到班做好接班前的检查准备工作,并会同交班人一起进行各项交接班检查。

(3)交接班检查结束后,双方在交接班记录簿上认可签字,交接班手续至此完成。

(4)在处理事故或进行重要的操作时,不得进行交接班。

1.1.3.2　交接班的内容

(1)读有关记录簿,交代设备的运行情况,包括一次、二次设备,直流系统及站用变设备。

(2)倒闸操作情况。

(3)使用中的工作票,修、试、校情况及安全措施的布置,接地线的位置、数量和编号。

(4)新发现的设备缺陷和异常运行及处理经过。

(5)继电保护、自动装置的动作和变更。

(6)上级命令、指示内容及执行情况。

(7)提醒下一值班人员的注意事项。

(8)交代当值的运行方式和设备的实际位置。

(9)按专责分工,共同到现场巡视设备,检查环境卫生,交接工具、仪表、文具用品、材料、消防设施、钥匙及有关资料记录等。

(10)交接巡视完毕,专责人应向接班值班长汇报接班检查结果,双方确认清楚无误后,交、接班值班长签名并写上交班完毕时间。

1.1.3.3　运行值班记录

(1)值班日志:包括交接班记录本、倒闸操作记录本、工作票记录本、设备缺陷记录本、命令记录本等,主要记载值班时的设备运行情况,值(班)长和运行值班人员都应在记录本上认可签字。

(2)运行日志:按时系统地记录各电气设备的运行参数及技术数据,进行运行分析。

(3)上述值班记录在交接班时,交班人员应交代清楚,接班人应仔细查阅,询问明白。

表1-1为某水力发电公司生产现场运行记录统计表。

表1-1　某水力发电公司生产现场运行记录统计表

序号	种类	存放地点
1	电气交接班记录	中控室
2	电量统计记录	中控室
3	电气运行记录	中控室
4	直流系统运行及维护记录	中控室
5	倒闸操作票	中控室
6	倒闸操作票登记	中控室
7	综合指令操作票	中控室
8	操作命令票	中控室

续表 1-1

序号	种类	存放地点
9	命令票登记	中控室
10	操作命令记录	中控室
11	分合闸台账	中控室
12	第一种工作票	中控室
13	第二种工件票	中控室
14	工件票登记	中控室
15	检修申请票	中控室
16	检修申请票登记	中控室
17	地线使用登记	中控室
18	设备缺陷及处理记录	中控室
19	断路器故障跳闸统计	中控室
20	事故故障及异常情况记录	中控室
21	继电保护及自动装置动作记录	中控室
22	继电保护及自动装置整定记录	中控室
23	设备检修、试验记录	中控室
24	班组安全活动及运行分析记录	中控室
25	零启动方案	中控室
26	日负荷计划记录	中控室
27	调度增减负荷记录	中控室
28	技术问答	中控室
29	雷电动作记录	中控室
30	直流系统工作记录	中控室
31	事故预想记录	中控室
32	反事故演习记录	中控室
33	技术问答考试记录	中控室
34	安全工具检查及试验记录	中控室
35	水机交接班记录	中控室
36	设备缺陷及处理记录	中控室
37	设备定期轮换记录	中控室

续表 1-1

序号	种类	存放地点
38	“五防”紧急解锁钥匙使用登记	中控室
39	电气设备红外线测温记录	中控室
40	高周切机压板投停台账	中控室
41	管道室手动过滤器冲洗记录	中控室
42	火灾自动报警系统运行登记表	中控室
43	继电保护压板投退记录	中控室
44	监控系统音响报警检查记录	中控室
45	监控系统运行日志	中控室
46	尾水管补气口检查清扫记录	中控室
47	消防系统运行登记表	中控室

1.1.3.4 交接班工作标准

运行部门应制定交接班工作标准。运行人员应按照交接班工作标准进行交接,未办完交接手续前,不得擅离职守。

交接班必须要做到“五清四交接”。

1. 五清

一是看清:接班人员在接班前应对本班所管辖的运行(包括备用)设备进行检查,看清楚是否处在正常的运行状态,看清楚上一班甚至前几班值班日志和运行日志所做的运行记录,掌握各设备近期运行情况。

二是讲清:交班人员在交班时必须将本班的运行情况及有关事项一一讲清楚。

三是听清:接班人员在接班时一定要将交班人员所讲述的情况听清楚,必要时应做好记录。

四是问清:接班人员对交班人员所讲述的情况不清楚或有疑问时一定要问清楚,必要时应做好记录。

五是点清:接班人员要对交班人员所移交的工具、物品等一件件点清楚,看是否移交齐全。接班人员还应点清本班到班人员,并做好记录;交班人员要在离岗前点清本班人数,核对是否与接班时相同。

2. 四交接

一是站队交接:站队交接既能产生一种严肃认真的气氛,提醒接班人员要进入到上班状态,又能方便本班清点人员,有效避免迟到早退。

二是图板交接:接班人员应对设备实际运行方式(结线)与模拟图板进行核对,并与交班人员在模拟图板上预演正常后再进行交接,进行图板交接能有效地减少误操作。

三是现场交接:现场交接是指接班人员与交班人员到每一设备现场进行逐一核对交接,现场交接能使接班人员掌握每一设备的运行情况,特别是能更清楚地掌握正在检修的设备的现场情况,能有效地避免对检修设备送电。

四是实物交接:实物交接是对在值班中有可能使用到的工具、物品等一一进行交接并分类摆放好,方便值班人员急需时使用。

1.1.4 设备定期试验与轮换制度

设备定期试验与轮换制度主要包括各种设备的预防性试验、继电保护及电网自动装置的定期检验以及设备定期轮换的要求。

1.1.4.1 设备定期试验与轮换的要求

(1)电气设备必须严格按照《电力设备预防性试验规程》(DL/T 596—2021)、《继电保护和电网安全自动装置检验规程》(DL/T 995—2016)规定的项目、周期进行试验或检验。

(2)运行部门应掌握所辖设备的试验、定检周期表和年度、月度设备试验、定检计划。

(3)运行部门应保存完整、齐全的设备试验、定检记录,并分类归档。

(4)对运行设备影响较大的轮换试验,应安排在适当的时候进行,并做好事故预想、安全措施。轮换试验结果应及时地记入有关记录簿中。设备定期轮换记录见表 1-2,事故照明检查记录见表 1-3。

表 1-2　设备定期轮换记录

设备名称:

序号	投入运行时间	退出运行时间	备注

表 1-3　事故照明检查记录

序号	检查时间	检查情况	检查人员签名

1.1.4.2 定期试验与轮换的设备

(1)定期试验检查的设备一般包括变压器冷却器、备用电源切换装置、重合闸、中央信号系统、事故照明等。

(2)定期轮换的设备一般包括备用的变压器、站用变、电抗器、直流电源、备用电源等。

1.1.4.3 设备定期试验与轮换具体内容

(1)运行各班、各岗位应按规定的时间、内容和要求,认真做好设备的定期试验、切换、加油、测绝缘等工作。班长在接班前应查阅设备定期工作项目,在班前会上进行布置,并督促实施。

(2)如遇机组启停或事故处理等特殊情况,不能按时完成有关定期工作时,应向值长或值班负责人申明理由并获同意后,在交接班记录簿内记录说明,以便下一班补做。

(3)经试验、切换发现缺陷时,应及时通知有关检修人员处理,并填写缺陷通知单。一时不能解决的,经生产副厂长或总工程师同意,可作为事故或紧急备用。

(4)电气测量备用辅助电动机绝缘不合格时,应及时通知检修人员处理。

(5)各种试验、轮换操作均应按岗位职责做好操作和监护,试验前应做好相应的安全措施和事故预想。

(6)定期试验与轮换中发生异常或事故时,应按运行规程进行处理。

(7)运行人员应将本班定期试验与轮换工作的执行情况、发现的问题及未执行原因及时登记在定期试验轮换记录簿内,并做好交接班记录。

(8)为了保证备用设备的完好性,确保运行设备故障时备用设备能正确投入工作,提高运行可靠性,必须对设备定期进行试验与轮换。

1.1.5 巡回检查制度

运行值班人员在值班期间,对有关电气、机械设备及系统进行定时、定点、定专责全面检查的制度,称为巡视检查制度。

巡视检查是保证设备安全运行、及时发现和处理设备缺陷及隐患的有效手段。每个运行值班人员应按各自的岗位职责,认真、按时执行巡视检查制度。

1.1.5.1 巡视检查工作标准

在巡视检查过程中要按照规定的巡检路线和巡检项目做到"五到"。

一是走到。即要走到被检设备现场进行检查。为了使每一巡检者都走到,可在要求巡视检查的设备现场设置一记录本,每一巡检人员巡检到该设备时必须在该记录本上记下自己的姓名和巡检时间。

二是看到。巡检人员走到设备现场后应对该设备按照规程中的检查项目进行认真细致的检查。

三是听到。有很多设备(如变压器)其内部是看不到的,检查其外部正常后还应听其声音,根据响声是否异常来判断该设备是否正常运行。

四是闻到。有些设备在运行不正常时会产生臭味,可从其发出的气味中加以判断。

五是在必要时要摸到。对不带电的设备,外观、响声和气味都正常,但对其运行是否正常而有怀疑时可以用手去触摸,根据其振动、发热等进一步加以判断。

设备巡视检查可以两人一起进行,也可以一人进行,但一人进行时应由有多年实际工作经验的人担任。

1.1.5.2 设备缺陷定性

(1)一般缺陷是指性质一般,危害情况较轻,对安全运行影响不大的缺陷。

(2)严重缺陷是指对人身或设备有严重威胁,暂时还能坚持运行但须尽快处理的缺陷。

(3)危急缺陷是指设备或建筑物发生了直接威胁安全运行并需立即处理的缺陷。

表1-4为设备缺陷处理记录。

表1-4　设备缺陷处理记录

设备名称：　　　　　　　　　　　　　　　　　　　　　　运字第03号

发现时间			发现人	缺陷内容	缺陷分类	反映时间			发现人	接受人	处理日期	处理负责人	验收人	备注
年	月	日				年	月	日						

【案例1-1】　天楼地枕水电站生产运行总则

第一条　认真坚持“安全第一，预防为主，综合治理”的工作方针，严格执行《国家电网公司电力安全工作规程》《国有湖北省电力有限公司两票实施细则》《国网恩施供电公司反习惯性违章管理暂行规定》等相关规程规定，切实搞好安全生产。

第二条　严格执行“两票三制”和设备缺陷管理制度，认真开展计划检修，不得“硬拼”设备。

第三条　熟悉并严格执行《恩施电网调度规程》，服从调度管理。

第四条　加强生产人员的学习培训，定期组织有针对性的现场考问、反事故演习、技术问答、事故预想等活动。

第五条　加强预案的学习培训，掌握对各种突发事件的应急处理程序和方法。

第六条　班组应开好班前班后会并做好记录，当班期间应严格遵守劳动纪律。

第七条　车间、班组应定期开展安全活动，分析总结安全生产情况，针对薄弱环节采取有效措施加强管理。

第八条　加强经济运行管理，根据大坝水位合理确定开机台数，合理确定负荷分配(等负荷分配)，保持合理水位运行(前池水位2.5~3.3 m)，提高水能利用效率。

第九条　在保证安全和经济运行的前提下，力争满发多供，严禁发生无故弃水现象。

第十条　发生设备事故后，应保护好事故现场，及时报告，主动配合事故调查工作，禁止掩盖事故现场和隐瞒不报。

第十一条　水工运行应加强检查观测和科学调度，在保证安全的前提下，充分发挥渠系工程的发电效益。充分利用渠系范围内的土地，因地制宜地开展植树造林，减少水土流失，加强渠道沿线坡面的稳定性。

1.1.6　工作任务思考题

1. 电气运行有哪些常见的管理制度?
2. 简述运行管理“三制”。
3. 什么是工作票?
4. 工作票有哪几种?
5. 何为一般缺陷?何为严重缺陷?何为危急缺陷?

工作任务1.2　工作票的填写及执行流程

1.2.1　工作票填写要求

(1)工作票应用蓝色、黑色签字笔、圆珠笔、钢笔填写,一式两份,一份由工作负责人在作业现场保管,一份由运行值班人员保管,按值移交。

(2)工作票由工作负责人或工作票签发人填写,工作票签发人认真审核后确认全部内容无误后签发,工作票签发人不得担任该作业项目的工作负责人。

(3)工作票填写关键字、词不得涂改,字体端正,涂改不得超过3个字,涂改处工作票签发人必须签盖名章,超过3个字为不合格票,不予审批。

(4)填写完成的工作票在最后一项措施项目后空白行左侧处盖“以下空白”章。

1.2.2　变电站(发电厂)第一种工作票的填写(电气第二种工作票参照执行)

(1)标题栏“__________电气第一种工作票”处填写本企业名称(此处可在印制工作票时直接把企业名称印好);“班组__________”处填写班组,“№________________”处为工作票统一编号。

(2)“工作内容和工作地点”栏:必须将工作的具体内容、地点填写清楚,且只能填写一项工作内容(在一项主要工作内容之后可用括号填写分项工作内容)。

码1-3　某水力发电公司第一种工作票案例

(3)“安全措施”(由工作票签发人填写)栏:每条措施均应有序号,写清停电设备的名称、编号以及拉开的开关、刀闸和保险,接地线装设地点、应设遮栏地点、应挂标示牌名称。若措施少出现空白行,要紧顶第一空白行盖“以下空白”章,中间不能留空白行。

(4)“安全措施”(由工作许可人填写)栏:工作许可人每完成一项安全措施后,填写清楚已做该项安全措施,已装设接地线标明地点、编号,当所有安全措施完成后,会同工作负责人到现场再次检查所做的安全措施是否完备,以手触试,证明检修设备确无电压,向工作负责人指明带电设备的位置和注意事项,并在工作票上注明带电设备部位和注意事项,工作许可人和工作负责人在工作票上分别签名。若工作许可人认为安全措施不全需要补充,可在补充安全措施栏进行补充。

(5)“工作负责人变动”栏:因工作关系需要变更工作负责人时,应由工作票签发人将变动情况记录在工作票上,填写变动时间,并在工作票签发人处签名,被变更的工作负责人要向新的工作负责人交代清楚工作内容、安全措施和工作人员情况后方可离去。

(6)“工作票延期”栏:工作在预定时间尚未完成,工作票签发人同意延期后,由工作负责人向工作许可人和值长申请办理延期手续,填写延期时间并签名。

(7)“备注”栏:填写需要向工作负责人交代的事项或其他问题。

电气第一种工作票格式

______电气第一种工作票　　　　№:______

1. 工作部门:______班组:______工作负责人(监护人):______
2. 工作班人员:______共____人
3. 工作内容:______
   工作地点:______
4. 计划工作时间:自____年____月____日____时____分
   至____年____月____日____时____分
5. 安全措施:

下列由工作票签发人填写　　　　下列由工作许可人(值班员)填写

应拉断路器(开关)和隔离开关(刀闸),包括填写前已拉断路器(开关)和隔离开关(刀闸)(注明编号)	已拉断路器(开关)和隔离开关(刀闸)(注明编号)
应装接地线(注明地点)	已装接地线(注明接地线编号和装设地点)
应设遮栏、应挂标示牌	已设遮栏、已挂标示牌(注明地点)
工作地点保留带电部分和补充安全措施	
工作票签发人签名:______ 收到工作票时间:____年____月____日____时____分 值班负责人签名:______	工作许可人签名:______ 值班负责人签名:______ 值长签名:______

6. 危险因素控制措施：

危险点	危险因素控制措施	措施落实人

7. 许可开始工作时间：________年________月________日________时________分

工作许可人签名：________________工作负责人签名：________________

8. 工作负责人变动：

原工作负责人________________离去，变更________________为工作负责人。

变动时间：________年________月________日________时________分

工作票签发人签名：________________

9. 工作票延期，有效期延长到：________年________月________日________时________分

工作负责人签名：________________值长或值班负责人签名：________________

10. 工作终结：

工作班人员已全部撤离，现场已清理完毕。

全部工作于________年________月________日________时________分结束

工作负责人签名：________________工作许可人签名：________________

临时遮栏，标示牌，常设安全措施已恢复，接地线共______组，已拆除______组，因另有工作保留________组（保留原因和地点填写在备注栏内）。

值班负责人签名：________________

11. 工作组成员安全交底签名：

12. 备注：____

1.2.3 变电站（发电厂）第二种工作票填写

码1-4 某水力发电公司第二种工作票案例

变电站（发电厂）第二种工作票中，与第一种工作票相同的各栏填写要求和第一种工作票相同，与第一种工作票不同的各栏填写要求如下：

（1）工作条件：当工作对象不需要停电时，填写“不停电”；当需要停电时，填写“停电”。

（2）注意事项：

①带电工作时重合闸的投、切情况。

②做保护定校、检查工作时，该套保护及母线的保护连接片的投、切情况。工作设备

与其他相邻保护应用遮拦隔开的情况。

③在直流回路、低压照明回路或低压干线上工作时,电源开关及熔断器切除情况,按需要装设的接地线或挡板情况。

④在邻近运行设备工作时应注明设备运行情况,安全距离应以数字表示。

⑤在蓄电池室内工作,应提醒工作人员注意"禁止烟火"。在控制室、直流室或蓄电池室顶部工作时,下面应设遮栏布及注明其他注意事项。

⑥在高处作业时,应注明下层设备及周围设备运行情况。

⑦工作时防止事故发生的措施,不要笼统地写"注意""防止"等字样,如:"防震动、防误跳、防误拔继电器、防跑错间隔"等,而写明具体措施,如:"加锁、切连接片"或"贴封条"等。

⑧在水电厂内地面挖掘时,应注明地下电缆及接地装置情况。

(3)备注栏:工作中的特殊危险点及需设的专责监护人,还应填写其姓名、地点及具体工作。

电气第二种工作票格式

________电气第二种工作票　　№:______

1. 工作负责人(监护人):________班组:________部门:________

工作班成员:______________________________共____人

2. 工作任务:______________________________

工作地点:______________________________

3. 计划工作时间:自____年____月____日____时____分

至____年____月____日____时____分

4. 工作条件(停电或不停电):

停电______________________________

____

5. 注意事项(安全措施):______________________________

____

____

____

6. 危险因素控制措施:

危险点	危险因素控制措施	措施落实人

工作票签发人签名:________

7. 工作组成员安全交底签名：________________

8. 许可开始工作时间：______年______月______日______时______分

工作许可人(值班员)签名：________________工作负责人签名：________________

9. 工作结束时间：______年______月______日______时______分

工作负责人签名：________________工作许可人(值班员)签名：________________

10. 备注：________________________________

____

1.2.4 填写事故应急抢修单的规定

事故抢修是指设备在运行中发生了故障或严重缺陷，需要紧急抢修，而工作量不大，所需时间不长，在短时间能恢复运行的。在事故抢修情况下可以不用工作票，但应使用事故应急抢修单。

注意：抢修前必须做好安全措施，并得到值班员的许可。如果不能恢复、需转入事故检修的，则仍应补填工作票，并履行正常的工作许可手续。

1.2.5 工作票所列人员的安全责任

1.2.5.1 工作票签发人职责

《安规》规定了工作票签发人的职责，即考虑工作的必要性、工作的安全性、措施的完备性以及所派人员是否符合工作的需要，对作业现场进行检查。

1.2.5.2 工作负责人(监护人)职责

按照自己的岗位标准、规范，认真组织作业班人员进行安全培训教育，监督监护作业人员遵章守纪(安全规程、技术规程、劳动纪律、文明生产规定)，检查工作票所列安全措施，布置安全注意事项，开展危险点分析预控，及时制止违章行为，掌握作业人员变动情况。

1.2.5.3 工作许可人职责

负责接收、审核工作票，对工作票所列项目的正确、完备负责，对现场布置的安全措施是否完善负责，负责检查停电设备有无突然来电的危险，对工作负责人讲明带电的部位及其他危险，对工作票发生的微小疑问必须向工作票签发人询问清楚，必要时要求做详细补充。

1.2.5.4 作业人员职责

认真执行《安规》，执行工作票措施，作业中不得擅自变更、撤销安全技术措施，不得擅自扩大作业范围，不得无票、借票作业，作业过程中正确使用各种工、器、具，正确佩戴劳动保护、防护用品、用具,做到不伤害自己,不伤害他人,不被他人伤害。

1.2.6　工作票所列人员的资格

1.2.6.1　工作票签发人资格

(1)工作票签发人由基层单位提名,有关部门考试合格,总工程师批准,具有多年实践经验的值长、班长、技术员签发本单位管辖区域内的设备、设施检修与维护,与其他单位工作无关的工作票。

(2)设备大小修工作票签发人由基层单位提名,根据工作内容、作业范围、作业时间等,按设备系统情况,由经有关部门考试合格,总工程师批准的专业工程师、技术员签发本专业或系统作业工作票。

1.2.6.2　工作票签发人条件

工作票签发人必须熟悉本单位设备设施原理、构造、工艺、性能,熟悉《安规》,本单位检修规程、运行规程的有关部分,掌握作业人员安全技术条件,了解作业环境。

1.2.6.3　工作许可人资格

工作许可人一般由运行班长担任,基层单位主管领导提名,经有关部门考试合格,总工程师批准,由有能力正确执行和检查安全技术措施的独立值班人员担任。

1.2.6.4　工作许可人条件

工作许可人必须熟悉《安规》、运行规程,熟悉设备原理、构造、工艺、性能、编号、名称、位置、操作方法,为有能力正确执行和检查安全技术措施的独立值班人员。

1.2.6.5　工作负责人资格

工作负责人一般由有多年现场实际经验、业务技术、组织能力的人员担任,能够保证作业的安全、质量、进度(聘任的临时作业人员、入场不满两年的工作人员,不得担任工作负责人)。

1.2.6.6　工作负责人条件

工作负责人必须熟悉《安规》、运行规程,熟悉设备原理、构造、工艺、性能、编号、名称、位置和与检修设备有关的系统情况,熟练掌握作业流程、检修的方法和工艺要求及质量标准。

1.2.6.7　作业人员条件

作业人员必须熟悉《安规》、检修规程的有关部分,了解掌握检修设备情况(如设备结构存在的缺陷)和与检修设备有关的系统情况,正确的作业方法、检修工艺要求和质量标准。

1.2.7　工作票的执行流程

码 1-5　视频-违章不按规定使用工作票

(1)工作负责人或签发人根据停电申请填写工作票。

(2)工作票签发人进行工作票签发。

(3)运行人员接收工作票。

(4)运行人员根据工作票做安全措施。

(5)工作许可人进行工作许可。

(6)检修人员进行工作,履行工作监护。

(7)工作负责人会同工作许可人进行工作总结。

(8)运行人员拆除工作票上安全措施。

(9)工作许可人进行工作票的终结。

注意:若两张工作票共用安全措施,先工作终结那张票不能拆除安全措施,需在该张票上填写清楚哪些接地开关未拆除;但在备注栏需根据操作票写清楚拆除接地开关的时间。

1.2.8 工作票执行中的问题

1.2.8.1 如何接收工作票

码1-6 音频-电气第一种工作票执行程序

工作票一般应在开工前一天,当日消除缺陷的工作票应在开工前一个小时,送交运行班长,由具有工作许可人资格的运行人员对工作票全部内容进行审查,必要时填好补充安全措施,确认无问题后记上收票时间,并在接票人处签名。

审查发现问题时应向工作负责人询问清楚,如安全措施有错误或重要遗漏,应要求工作票签发人重新签发工作票。

接票人签收工作票后应在工作票登记簿上进行登记。

必须经过值长审批同意后方可执行工作票。

非计划工作可随时提票,但必须事先征得工作许可人或值长的同意方可办理。

1.2.8.2 如何布置和执行安全措施

根据工作票计划的时间和值长的意见,由班长在适当的时间布置运行值班人员或亲自执行工作票所列安全措施。

安全措施中如需要电气值班人员执行断开电源措施的,应填写“停电联系单”。

确认安全措施全部正确执行完毕后,经运行班长确认后,联系工作负责人办理开工手续。

1.2.8.3 如何办理工作许可

检修工作开始前,工作许可人和工作负责人应共同到现场检查安全措施,必须认真执行。

工作许可人和工作负责人共同到检修施工现场,由工作许可人向工作负责人详细交代安全措施布置情况和安全注意事项。工作负责人对照工作票检查安全措施无误后,双方在工作票上签字并记上开工时间,工作许可人留存一份,工作负责人自持一份,作为开工凭证。即可开工。

1.2.8.4 如何办理工作延期

工作任务不能按批准完工时间完成时,工作负责人一般应在批准完工期限前两小时向工作许可人申明理由,经值长同意后办理延期手续。

两日及以上的工作应在批准期限前一天办理延期手续。

延期手续只能办理一次。如需再延期,应重新签发工作票,并注明原因。

1.2.8.5　如何进行检修设备试运

经过检修后的设备需经过试运、检验方能交工。工作负责人在试运前将全体工作人员撤至安全地点,然后将工作票交工作许可人。

工作许可人认为可以试运时,应将试运设备检修工作票有关安全措施拆除,检查工作人员确已撤出检修现场后,填写“送电联系单”联系送电,在确认不影响其他作业班组安全的情况下,进行试运。

试运后尚需工作时,工作许可人按工作票要求重新布置安全措施并会同工作负责人重新履行工作许可手续后,方可继续进行检修工作。

如果试运后工作需要改变原工作票安全措施范围,应重新签发新的工作票。

1.2.8.6　如何办理工作终结

工作完工后,工作许可人会同工作负责人共同到现场全面检查验收,包括文明生产方面,确认无问题后,办理终结手续。

工作许可人在一式两份工作票上记入终结时间,双方签名后盖上“已执行”印章,双方各留一份保存。

工作许可人要求工作负责人将设备检修情况、设备变动情况以及运行人员应注意事项向运行人员进行交代,并在检修交代记录本或设备变动记录本上记清楚。

1.2.9　工作任务思考题

1. 简述工作票执行流程。
2. 如何布置和执行安全措施?

工作任务 1.3　电气设备的巡视检查

设备巡视工作是运行人员日常工作中的一项重要内容,是随时掌握设备运行情况,及时发现设备异常和缺陷,预防事故发生,确保设备连续安全运行的主要措施。值班人员必须按设备巡视线路认真执行,巡视中不得兼做其他工作,遇雷雨时应停止巡视。

值班人员对运行设备应做到正常运行按时查,高峰、高温认真查,天气突变及时查,重点设备重点查,薄弱设备仔细查。

1.3.1　设备巡视的种类及周期

发电厂、变电站的设备巡视检查,一般分为正常巡视、全面巡视、夜间熄灯巡视和特殊巡视。

码 1-7　微课-设备巡视的种类及周期

1.3.1.1　正常巡视

正常巡视内容按照发电厂、变电站现场运行规程所列要求进行。发电厂及有人值班变电站应每天 3 次,包括交接班巡视、高峰负荷巡视;无人值班变电站按各单位规定的巡视周期进行巡视。

恩施天楼地枕水力发电厂规程规定,除发电机和变压器外的电气一次设备,每周至少巡视检查1次,水轮发电机组及其辅助设备每天至少巡视检查1次,励磁系统每班至少巡视检查1次,运用中的主变及厂高变每天至少巡视检查1次。

1.3.1.2　全面巡视

全面巡视是对设备进行全面的检查,应按规定时间和要求进行,通常每月1次,主要是对设备、建筑及基础进行全面的外部检查;检查消防用器具、安全用具是否齐备;检查试验是否过期;检查室内外场地、巡视操作小道是否整齐清洁;检查设备的薄弱环节,对缺陷有无发展作出鉴定;检查防火、防小动物、防误闭锁等有无漏洞;检查接地网及引线是否完好。

1.3.1.3　夜间熄灯巡视

夜间熄灯巡视应每周1次,主要是检查设备有无电晕、放电,接头有无发红与过热现象。

1.3.1.4　特殊巡视

特殊巡视检查主要有以下情况:

(1)恶劣天气(大风前后、雷雨后、冰雪、冰雹、雾天、温度骤变等)时。

(2)事故跳闸时。

(3)新安装设备投入运行时。

(4)设备经过检修、改造或长期停运后重新投入系统运行时。

(5)设备异常运行或运行中有可疑现象(过负荷或负荷剧增、超温、设备发热、系统冲击、跳闸、有接地故障)时。

(6)设备缺陷有发展时、法定节假日、上级通知有重要保电任务时。

1.3.2　设备巡视的方法

码1-8　动画-设备的巡视方法

1.3.2.1　一般巡视方法

传统的巡视方法主要有看、听、嗅、摸(非带电部位)和分析,微机巡视仪作为先进的巡视方法已开始使用。

(1)目测检查法:用眼睛检查看得见的设备部位,通过设备外观的变化来发现异常情况。通过目测可以发现的异常现象主要有:引线断股、散股、接头松动;变形(膨胀、收缩、弯曲);变色(烧焦、发红、硅胶变色、油变黑);渗漏(漏油、漏水、漏气);污秽、腐蚀、磨损、破裂;冒烟,接头过热;火花、闪络;有杂质异物;指示不正常(表计、油位);有不正常的动作等。

(2)耳听判断法:用耳朵或借助听音器械,判断设备运行中发出的声音是否正常,有无异常声音。

(3)鼻嗅判断法:用鼻子辨别是否有电气设备的绝缘材料过热时产生的特殊气味。

(4)触试检查法:用手触试设备的非带电部分(如变压器的外壳、电机的外壳),检查设备的温度是否有异常升高或局部过热。

(5)仪器检测法:借助测温仪、望远镜、遥视探头对设备进行检查,是发现设备过热的有效方法,目前使用较广。

(6)比较分析法:对所检查的设备部件有疑问时,可与正常设备部件进行比较;对于数据型结果,可通过与其他同类设备及本身历史数据进行横向、纵向比较分析,综合判断设备是否正常。

1.3.2.2 巡视工具的使用

1. 测温仪

对于发电厂、变电站配备的红外测温仪,一般情况下结合正常巡视使用。根据运行方式的变化,在下列情况下进行重点测温:长期重负荷运行的设备,负荷有明显增加的设备,存在异常的设备,新投设备或运行方式改变后投入运行的设备,检修人员测温时发现温度偏高但尚能坚持运行的设备,其他有必要的情况。

2. 智能巡检仪

配置了智能巡检仪的发电厂、变电站,在巡视时按照掌上电脑的提示进行检查,避免发生漏检和检查不到位的情况。

3. 遥视系统

装有遥视探头的发电厂、变电站,可通过调整探头的角度和远近,检查正常情况下看不到的设备上部及高处的母线、绝缘子串有无异常。

1.3.2.3 设备巡视方法的具体运用

1. 检查油位高低

注油设备油位过高,原因可能是注油设备过负荷、内部接头过热或故障、注油设备散热环境不良或者气温高等,对于变压器还可能是假油位。当注油设备油位过低看不见时,可能是因注油设备外部漏油或内部漏油,以及气温突降等多种因素造成的。

2. 油温判断

油温判断通常采用比较法,即与以往的运行数据比较,如发现油温较高,应查明原因。一般变压器类设备装设有油温表。油温高的因素可能有:冷却器有故障;散热环境不良,散热器阀门没有打开;环境温度高;负荷大;内部有故障;外部有故障;温度计损坏。

通过比较安装在变压器上的几只不同温度计的读数,并充分考虑气温、负荷的因素,判断是否为变压器温升异常。变压器的很多故障都有可能伴随急剧的温升,应检查运行电压是否过高,套管各个端子和母线或电缆的连接是否紧密,有无发热迹象。

3. 声响判断

变压器在正常运行中会发出均匀的"嗡嗡"声,而大多数设备正常运行时处于无声状态。当发生各种异常或故障情况时,就会发出各类声响,也就是异常声响。对于声响判断,通常采用比较法。当有异常声响时,应查明原因。一般发生异常声响的可能性因素有:内部发生故障、负荷突变、过负荷、内部个别零件松动、铁磁谐振、外部有故障、其他因素(如设备外部附件螺丝螺母松动造成的不正常声响)。

4. 检查接头发热

根据示温蜡片状况进行检查;根据相色漆的变色来判断接头是否发热;观察接头上有无热气流、水蒸气和冒烟现象;观察接头金属的变色;用红外测温仪测量接头温度。

5. 检查绝缘子裂纹

检查绝缘子裂纹方法主要包括:雨后检查水波纹;对着日光检查,绝缘子表面污秽程度越大,其反射光线聚光点的亮度就越暗;用望远镜检查;根据声响判断。

1.3.3　设备巡视的安全要求和事项

(1)设备巡视检查工作,由值班长按照规程规定安排正常巡视检查和特殊巡视检查。

(2)巡视前针对巡视内容、天气情况、设备运行状况进行危险点分析。

(3)巡视设备时应戴安全帽,并按规定着装,检查所使用的安全工器具是否完好,应按照规定的巡视路线进行巡视,防止漏巡。

(4)在设备检查中,要做到"四细":细看、细听、细嗅、细摸(不带电设备外壳),严格按照设备运行规程中的检查项目检查,防止漏查缺陷。

(5)巡视人员状态应良好,巡视过程中精神集中,要做到五不准:不准做与巡视无关的工作;不准观望巡视范围以外的外景;不准交谈与巡视无关的内容;不准嬉笑、打闹;不准移开或越过遮栏。

(6)巡视高压设备时,人体与带电导体的安全距离不得小于表1-5中的规定。

码1-9　音频-人体与带电导体的安全距离

表1-5　人体与带电导体的最小安全距离

电压等级/kV	6~10	20~35	110	220	500
无遮栏/m	0.70	1.00	1.50	3.00	5.00
有遮栏/m	0.35	0.60	1.50	3.00	5.00

(7)巡视保护室禁止使用移动通信工具,开关保护屏门应小心谨慎,防止过大振动。

(8)进入GIS设备室前应先通风15 min,且无报警信号,确认空气中含氧量不小于18%,空气中SF_6浓度不大于1 000 μL/L后方可进入。

(9)不要在GIS设备防爆膜附近停留,防止压力释放器突然动作,危及人身安全。

(10)室外SF_6设备气体泄漏时,巡视人员站位要合适,应从上风接近检查;避免站在设备压力释放装置所对的方向。

(11)雷雨天气,需要巡视室外高压设备时,应穿绝缘靴,并不得靠近避雷器和避雷针。

(12)高压设备发生接地时,室内不得接近故障点4 m以内,室外不得接近故障点8 m以内。进入上述范围的人员应穿绝缘靴,接触设备外壳和架构时,应戴绝缘手套。

(13)夜间巡视应开启设备区照明,熄灯夜巡应带照明工具。

(14)用红外线测温仪测温、继电保护巡视、绝缘杆等检查设备须由两人进行,如果是非运行人员完成这些工作则必须执行工作票制度。

(15)巡视配电装置,进出高压室,应随手关门,防止小动物进入室内。

(16)高压室的钥匙至少应有3把,由配电值班人员负责保管与移交。一把专供紧急时使用;另一把专供值班员使用;其他可以借给单独巡视高压设备的人员和工作负责人使用,但应登记签名,当日交回。高低压室的钥匙应严格管理,不得外借给非电业系统的人员使用。

(17)运行人员在进行巡视检查中发现设备缺陷或异常运行情况,应详细记录在运行日志和缺陷记录簿上,班内要做好缺陷分析定性。对紧急缺陷及严重异常情况需立即向上级和有关调度汇报,加强对设备薄弱环节的监视,做好事故预想,并按值交接。

(18)巡视检查时,遇有威胁人身和设备安全的情况,应按事故处理有关规定进行处理,并同时向上级和有关调度汇报。

(19)担任副值及以上岗位的运行人员允许单独巡视高压配电装置,新进人员不可单独巡视检查,应由允许单独巡视高压配电装置的人员陪同。

(20)经本单位批准允许单独巡视高压设备的人员巡视检查发电厂、变电站,集控所运行人员巡视检查无人值班的变电站时,必须在变电站的出入登记簿上签名登记,离开时检查门窗、灯、水是否关好。

1.3.4 工作任务思考题

1. 什么是正常巡视?

2. 什么是特殊巡视?

3. 设备巡视的方法有哪些?

工作任务 1.4 电气设备的倒闸操作

1.4.1 倒闸操作的基本概念

1.4.1.1 电气设备的状态

码 1-10 动画-电气设备的几种状态

发电厂及变电站电气设备通常有以下四种状态:

(1)运行状态。设备的断路器及隔离开关均在合位,保护及自动装置按规定投入或退出,控制、保护、信号、合闸、储能等二次电源均投入,设备的远方/就地开关在远方位置。

(2)热备用状态。设备的断路器在分位,隔离开关在合位,保护按规定投入或退出,重合闸装置退出,控制、保护、信号、合闸、储能等二次电源均投入。对小车断路器,小车柜应在工作位置,断路器在合位,控制小开关和二次插把投入。设备的远方/就地开关在远方位置。

(3)冷备用状态。设备的断路器及隔离开关均在分位,保护按规定投入或退出,重合闸装置退出,控制、保护、信号、合闸、储能等二次电源均投入。对于小车断路器,小车柜应在试验位置,断路器在分位,控制小开关和二次插把投入。设备的远方/就地开关在远方位置。

(4)检修状态。设备的断路器及隔离开关均在分位,重合闸装置退出,本路保护联跳他路断路器压板应退出,他路保护、自动装置联跳本路断路器压板应退出。本路其他保护压板均按要求投入或退出,控制、保护、信号、合闸、储能等二次电源均退出,且按规定做好安全措施(接地、装设遮栏、悬挂标示牌等)。对于小车断路器,小车柜应在检修位置,断路器在分位,控制小开关分开,二次插把取下。设备的远方/就地开关在就地位置。

1.4.1.2　倒闸操作

在进行电气运行的工作中，运行人员要随时根据设备的运行状态及调度的命令改变系统的运行方式或改变设备的状态，以保证电力生产的安全性及经济性。例如，将某某线路由运行转检修，将某某母线由热备用转冷备用等，我们把这种调节行为称为倒闸操作。因此，倒闸操作就是将电气设备由一种状态转换为另一种状态或改变系统的运行方式所进行的一系列操作。

1.4.2　倒闸操作的主要内容

电气一次设备及二次设备倒闸操作的内容主要有：

(1) 电力线路的停、送电操作。

(2) 变压器的停、送电操作。

(3) 电网的并列与解列操作。

(4) 倒母线及母线停、送电操作。

(5) 继电保护和自动装置的启用、停用。

(6) 装设和拆除接地线的操作（合上和拉开接地开关）。

(7) 变压器的调压操作。

(8) 站用电源的切换操作等。

1.4.3　倒闸操作的基本原则

进行倒闸操作时必须遵循一定的原则，否则就会造成设备事故及人身伤亡事故。倒闸操作原则的核心是：停电操作时先断开断路器，然后拉开负荷侧隔离开关，再拉开电源侧隔离开关；送电操作时先合上电源侧隔离开关，然后合上负荷侧隔离开关，最后合上断路器。

码 1-11　动画-倒闸操作的基本原则

1.4.3.1　线路的停、送电操作原则

1. 单电源线路的停、送电操作

停电操作按照断开断路器、负荷侧隔离开关、母线侧隔离开关的顺序依次进行，送电操作顺序与此相反。这样的操作顺序可以起到两方面作用：一是防止带负荷拉、合隔离开关；二是即使在断路器处于合闸状态时，造成带负荷拉、合隔离开关的事故，可将事故限制在线路侧隔离开关，只引起本线路短路事故，本线路保护动作将跳闸切除故障，不影响母线上其他线路运行，造成的事故范围及修复时间将大为缩小。

2. 双电源线路的停、送电操作顺序

停电时，应先将线路两端的断路器断开，然后根据调度命令依次拉开线路侧隔离开关和母线侧隔离开关。送电操作顺序与此相反，先合母线侧隔离开关，再合线路侧隔离开关。

用断路器并列时，应经同期检定，严防非同期并列。

1.4.3.2　变压器的停、送电操作原则

(1) 单电源变压器。停电时应先拉开负荷侧断路器，再拉开电源侧断路器，最后依照先负荷、后电源的原则拉开各侧隔离开关。送电操作顺序与此相反。

(2)双电源或三电源(包括两台及以上并列运行)变压器停电时,一般先拉开低压侧断路器,再拉开中压侧断路器,然后拉开高压侧断路器,最后依照先变压器侧(负荷)后母线侧(电源),按照低、中、高的顺序拉开各侧隔离开关。送电操作顺序与此相反。

(3)投入或断开中性点直接接地空载变压器(电压为 110 kV 及以上的空载变压器)时,应将变压器的中性点接地,以防变压器线圈引起操作过电压。操作完后,根据调度要求,决定中性点接地隔离开关是否保持在合闸位置。

(4)中性点直接接地两台变压器的中性点的切换应遵循先合后拉的原则,中性点经消弧线圈接地两台变压器的中性点消弧线圈的切换应遵循先拉后合的原则。

1.4.3.3 倒母线的操作原则

在倒母线操作时,首先应使母联两侧隔离开关及断路器均在合闸位置,然后将母联断路器的操作保险取下,使母联断路器成为死开关,以避免倒母线过程中母联断路器误跳闸,保证母线隔离开关倒闸操作满足等电位要求。

在倒同一元件母线侧不同隔离开关时应遵循先合后拉原则。

1.4.3.4 隔离开关的允许操作

回路中未装设断路器时,允许用隔离开关进行下列操作:

(1)拉开或合上无故障的避雷器或电压互感器。

(2)拉开或合上无故障的母线。

(3)拉开或合上变压器中性点。

(4)拉开或合上无故障的中性点消弧线圈。

(5)拉开或合上励磁电流不超过 2 A 的无故障空载变压器和电容电流不超过 5 A 的无故障空载线路。

(6)拉开或合上 10 kV 及以下、电流在 70 A 以下的环路均衡电流。

(7)与断路器并联的旁路隔离开关,当断路器在合闸位置时,可拉、合该断路器的旁路电流。但在操作前,须将该断路器的操作保险取下。

1.4.3.5 单相隔离开关和跌落式熔断器的操作原则

按排列方式不同,分两种情况:①水平排列时,停电拉闸应先拉中相,后拉两边相;若有风则按照中相、下风侧相、上风侧相的顺序进行。送电时操作顺序与此相反。②垂直排列时,停电拉闸应从上到下依次拉开各相。送电合闸操作顺序与此相反。

1.4.3.6 其他操作原则

(1)在只有刀开关和熔断器的低压回路,停电时应先拉开隔离开关,后取下熔断器。送电时与此相反,先插上熔断器,后合上隔离开关。

(2)保护和自动装置的投退或改变定值,应遵照调度规程和现场规程的具体规定执行。

(3)当由变压器向接有电压互感器的空载母线合闸充电时,如该系统未装设消谐器,在可能条件下,应将变压器的中性点接地或经消弧线圈接地。如条件不许可,可直接带一路送出线向母线充电,以防止谐振过电压而产生中性点自发位移。

(4)母联兼旁路断路器带线路时,不允许用旁路隔离开关给旁路母线首先充电。正确操作方法有以下两种:一是用断路器给旁路母线充电,充电良好后断开该断路器,合上需带线路的旁路隔离开关,最后用断路器合闸。二是断路器充电良好后，再用需带线路的旁路隔离开关合环(等电位法)。

1.4.4 倒闸操作票的内容

发电厂、变电站的电气运行人员要完成一项操作任务一般都要进行十几项甚至是上百项的操作,为了保证倒闸操作的安全性,避免出现人身及设备事故,我们必须将倒闸操作的先后顺序详细记录下来,并将此记录单称为倒闸操作票,操作人员在倒闸操作过程中以倒闸操作票作为行为标准。

1.4.4.1 倒闸操作票的格式

发电厂(变电站)倒闸操作票的一般格式如表1-6所示。

表1-6 发电厂(变电站)倒闸操作票

__________倒闸操作票

No：______

<table>
<tr><td colspan="3" rowspan="2">操作时间</td><td>开始</td><td colspan="2">____年____月____日____时____分</td></tr>
<tr><td>终了</td><td colspan="2">____年____月____日____时____分</td></tr>
<tr><td colspan="3">操作任务</td><td colspan="3"></td></tr>
<tr><td>模拟</td><td>操作</td><td>顺序</td><td colspan="2">操作项目</td><td>时分</td></tr>
<tr><td></td><td></td><td></td><td colspan="2"></td><td></td></tr>
<tr><td></td><td></td><td></td><td colspan="2"></td><td></td></tr>
<tr><td></td><td></td><td></td><td colspan="2"></td><td></td></tr>
<tr><td>备注</td><td colspan="5"></td></tr>
</table>

操作人:__________ 监护人:__________ 值班负责人(值长):__________

1.4.4.2 操作票填写说明

(1)第一栏为单位栏。第一项填写发电厂或变电站的单位名称,第二项编号按现场规定填写,同一操作任务有多页时编号一样。

(2)第二栏为操作时间栏。“操作开始时间”在实际操作开始时填写;“操作结束时间”在本操作票所列操作项目全部执行完并进行操作质量检查后填写,在操作任务未全部执行完但因故不再执行其余项目时,已操作的最后一项时间为操作结束时间。

(3)第三栏为操作任务栏。用统一的调度术语简明扼要说明要执行的操作任务,操作任务栏内必须写明设备的电压等级及双重名称。母线、母线分段(母联)断路器、旁路断路器、母线电压互感器、主变中性点,均应在其设备名称和编号前面加上相应的电压等级。

(4)第四栏为操作项目栏。

第一列为模拟操作完成检查栏。每操作完一项,检查无误后打上"√"。

第二列为操作任务完成检查栏,每操作完一项,检查无误后打上"√"。电气设备操作后的位置检查应以设备实际位置为准,无法看到实际位置时,可通过检查设备的机械位置指示、电气指示、仪表及各种遥测、遥信的变化确认,且应有两个及以上有效指示同时发生对应变化时,才能确认该设备已操作到位。

第三列为顺序栏,分项书写文字可占用数行,顺序号不变,并连续。

第四列为操作项目栏,应填写设备的双重名称(可不填写电压等级,但主变侧断路器、母线、旁路母线、旁路断路器、母线电压互感器等应填写电压等级),根据操作任务,按操作顺序及操作票的要求、规定,依次填写分项内容;可占用数页,但应在前一页备注栏内中间写"接下页",在后一页的操作任务栏中间写"接上页"。操作票填写完毕,在操作项目栏最后一项下面一行左边平行盖"以下空白"章,操作票填写刚好一页,在备注栏相同位置盖"以下空白"章。

第五列为操作项目完成时间,每完成一项操作任务,检查无误后填写相应完成时间的时分。

(5)第五栏为备注栏。在操作票因故作废或在执行过程中中断操作,在未执行操作票的各页任务栏右边盖"作废"章,作废原因应在备注栏注明。当作废页数较多且作废原因注明内容较多时,可自第二张作废页开始只在备注栏中注明"作废原因同上页"。

(6)第六栏为签名栏。操作人填写操作票完毕并审查后签名;监护人根据模拟图板,核对所填的操作任务和项目,确认无误后签名;如果监护人不是值班负责人,最后还要由值班负责人审核签名。值班负责制的站和监控中心人员在站端所写的操作票,可由值班担任监护人和值班负责人。无论以何种方式填写的操作票,均应由本人亲笔签名,不准代签或打印。

1.4.5 倒闸操作票的填写要求

(1)操作票应用钢笔或圆珠笔填写,也可用微机防误的专家系统制票,要求票面整洁、字迹清楚,重要文字(如拉合、调度编号、操作时间)不能涂改;有错字的,在错字上打"×",接着书写,但一页中不得超过3处;如有一项发生错误,则在该错项上盖"此项作废"章,接着书写。但以下3种情况错字不得涂改,应重新填票:一是设备名称、编号写错;二是时间及保护定值等参数写错;三是操作动词写错,如拉、合等。

(2)填写操作票时设备的名称应使用中文,母线、母线电压互感器、保护的段别应使用罗马数字,设备的编号、消弧线圈和主变分接头的档位、操作票的编号、时间等应使用阿拉伯数字。

(3)在填写操作票时,应严格使用电力系统统一的调度、操作术语。

(4)以下项目应填入操作票:

①应拉合的断路器和隔离开关。

②检查断路器和隔离开关的位置。

③装拆接地线。

④检查接地线是否拆除。

⑤插上或取下控制回路或电压互感器回路的熔断器(熔丝、小开关)。

⑥切换保护回路(启用或停用继电保护、自动装置及改变保护定值区间)。

⑦用验电器检验停电的导电部分是否确无电压。

⑧检查负荷分配(如停送主变、线路并解列、联络线路的停送等)。

⑨设备检修后合闸送电前,检查送电范围内接地隔离开关已拉开,接地线已拆除。

(5)为防止误操作,下列项目在操作票中应作为单独项目填写:

①在操作隔离开关前检查断路器确在"分闸"位置。

②断路器、隔离开关操作后应检查其实际位置(分闸或合闸位置)。

③合上、拉开接地隔离开关后(或装设、拆除接地线后)应检查其实际位置。

④在回路转热备用前检查所有安全措施确已拆除,具备带电条件。

⑤在冷备用转检修前检查该设备确在冷备用状态(该设备各隔离开关均在"分闸"位置)。

⑥如果设备由运行转检修操作中,未退出保护,送电时检查该设备"所有保护确已正确投入",不必分项检查(主变大修后主保护应分项检查)。

⑦合上或切换母线隔离开关时,检查二次电压切换正常。

⑧在投入、退出设备保护时,按类别、段别(如Ⅱ段、Ⅲ段)分项填写清楚,处于运行状态的设备的保护或自动装置切换前,应用高内阻电压表检测出口压板两端确无异常电压。

⑨对有远控功能的发电厂、变电站,在就地停、送电操作前,必须切换该回路的"远方""就地"控制切换开关。

⑩母线停电时,在拉开母联、分段断路器前,应检查该母线上各母线隔离开关均在"分闸"位置。

⑪在合上接地隔离开关装设接地线前,应填写"验明××与××间三相确无电压"。

⑫对装有 VQC 装置(电压无功控制装置)的变电站,在操作电容回路前,必须退出 VQC 装置上该回路出口压板;在操作主变前,必须退出 VQC 装置上主变挡位调节出口压板。

⑬在特定情况应填写抄录的三相电流或电压。

⑭合线路侧接地隔离开关或装设接地线前检查旁路隔离开关确在分闸位置。

(6)断路器检修时应分项先取控制电源,后取信号电源、合闸电源熔断器。

(7)母线停电时,母线电压互感器作为母线上最后一个停电设备退出运行。送电时作为第一个送电设备投入运行。

1.4.6 倒闸操作所需条件

要进行倒闸操作,必须要有相应的设备设施,所需设备设施如下:

(1)调度电话、电话录音设备,以便与调度进行通信、接受调度命令及报告调度执行情况,并将与调度的通话进行录音(便于核对调度命令或事故后对责任人进行追查)。

(2)运行工作记录簿等相关记录簿,记录倒闸操作情况等。

(3)合格的安全工器具、安全防护用具、操作工具,以保证操作人员的安全。

(4)电脑钥匙、录音笔、操作票及夹板等。

1.4.7 倒闸操作流程

1.4.7.1 **接受调度预令**

在取消预令的单位,此项为"接受正式调度命令"。

(1)倒闸操作必须根据值班调度或值班负责人的命令。

(2)发布和接受调度命令,应由上级批准的人员进行。

调度管辖设备应由具备发令权的所属当值调度发令;调度部门授权或调度规程允许由发电厂、变电站自行进行操作管理的设备,由当值值班负责人发令。

接受当值值班负责人操作命令的运行人员(监护人)必须具备正值资格,凡副班以下人员无权接受操作命令。因故离岗3个月以上的运行人员必须重新认定其值班资格。资格认定应进行《安规》、调度规程、现场规程考试,必要时应进行技术考试。

(3)发布及接受操作任务的双方人员应主动互报单位(站名、哪一级调度)、岗位(值班长或正值班员)、姓名。发布命令时应冠以××时××分及"调令编号",发布命令应准确、清晰,使用规定的调度术语和设备调度双重名称,同时应说明操作目的和注意事项。发布的操作任务如涉及继电保护及二次运行方式的改变,在发布操作任务的同时,要将继电保护及二次运行方式的改变向受令人交代清楚。

(4)受令人在接受命令时应随听随记,接令后,受令人应按照记录的全部内容逐字逐句向下令人进行复诵,并得到下令人的确认。

(5)在接受命令的过程中,安排专人(运行人员)进行监听。

(6)接受调度命令全过程录音,因此应随时保持录音设备正常运行。

(7)调度下令过程的录音应重放,参与操作的值班员均应重听核对。

1.4.7.2 **审核调令、通告全值**

(1)如果受令人不是当值值班负责人,应立即向值班负责人汇报调度命令全文内容。如调度命令有特殊要求,受令人应解释清楚,如解释不清,值班负责人必须主动联系调度,询问清楚。如认为调度命令有疑点,值班负责人必须主动联系调度,核实清楚。

(2)进行现场查勘,结合当时的运行方式核对调度命令。

(3)如果认为该命令不正确,应向调度员报告,由调度员决定原调度命令是否执行。但当执行该项命令将威胁人身、设备和电网安全时,则必须拒绝执行,同时将拒绝执行的理由及改正指令内容的建议报告给发令的值班调度员,并向本单位领导汇报。

(4)确认调度命令后,值班负责人应立即召集当值人员,向全值人员通告调度命令的内容及要求,并分析倒闸操作方案。

(5)值班负责人根据操作任务的要求,指定合格的监护人和操作人,并根据当时的运行方式和设备状况,全面详细地向他们布置操作任务,交代安全注意事项,并安排操作人员填写倒闸操作票,认真开展“三查”工作(查安全思想、查安全工器具、查安全措施)。

1.4.7.3 填写操作票

(1)操作票由操作人填写,有操作票专家系统的发电厂或变电站必须在图形开票栏里进行,禁止直接提取“典型倒闸操作票”和“预存倒闸操作票”。运行人员在填票前,应检查专家系统的一次、二次设备与实际运行方式是否一致。

(2)操作人通过操作票的填写,对将要进行的整个操作应做到心中有数,在执行操作过程中,应具有判断正误的能力,不能依赖监护人。

(3)填票过程中出现的错票、废票,应立即销毁,不得继续使用。

1.4.7.4 对操作票进行三级审核

(1)操作人填写操作票完毕后,在操作项目栏内容的最后一项下面一行空格最左方盖“以下空白”章。

(2)操作人对操作票进行自行核对正确后,交监护人再次进行审核签名,值班负责人进行最后审核签名。

(3)对审核中发现的错误应由操作人重新填写倒闸操作票,错票应立即销毁;特别重要和复杂的操作还应由站长或上级技术人员进行审核。

1.4.7.5 明确操作目的,做好危险点分析和预控

操作人和监护人对此次操作的目的、内容和过程进行相互考问,以熟悉操作的全过程,并根据操作的类型、设备现存的问题、可能会出现的危险进行预测、预控。要求尽可能地将倒闸操作中的危险点列举出来,并制定相应的防止措施。例如,本次操作主要危险点有3个:①本次待操作的设备是××,相邻带电间隔为××,停电范围为××,操作中一定要保持与带电设备的安全距离;②操作中可能走错间隔,一定要注意核对设备名称和编号,避免出现误操作;③操作时必须使用安全工器具,注意安全防护等,以保证人身安全。

1.4.7.6 准备操作

(1)准备好操作过程中需要的物品、钥匙(断路器、隔离开关、间隔、高压室等)、操作用具(录音笔、操作票夹板)、安全工具。

(2)操作用具和安全工具的检查试验,应按操作用具和安全工具的标准化检查流程进行。

1.4.7.7 接受正式调度命令

在取消“预令”的单位,无此项内容。

由值班负责人主动和调度联系,汇报操作任务的准备工作已做好。接受正式调度命令,监护人填写发令人、受令人、发令时间,并在“监护下操作”栏对应的括号内打“√”。

接受正式调度命令的要求(录音、监听、记录等)与接受预令相同。

1.4.7.8 模拟预演

在操作实际设备前,监护人和操作人必须先在五防机(或模拟图板)上进行模拟预演。模拟预演由监护人按操作票所列步骤逐项下令,由操作人复诵并模拟操作。

(1)打开录音笔,从模拟预演开始直至正式操作结束均应使用录音笔进行全过程录音。

(2)当监护人唱票时,操作人应手指五防机(或模拟图板)上的设备进行复诵,监护人审核复诵内容和手指部位正确后,下达执行令:"对,执行!"操作人在五防机(或模拟图板)上进行模拟操作。模拟操作完成后操作人应认定设备已操作到位,向监护人汇报"已执行",监护人与操作人再次共同核查操作无误后,方可进行下一步的操作。

(3)对于五防机(或模拟图板)上无法预演的操作步骤,如投退保护压板、检查操作后的设备位置、检查负荷分配、检验设备确无电压等也应进行唱票、复诵制。

(4)操作预演后应再次核对新运行方式与调度预令相符。

(5)监护人插入电脑钥匙进行五防传票。

1.4.7.9　现场操作

(1)戴好安全帽,穿好操作服和绝缘靴,操作人携带操作用具和安全工具,监护人携带操作票、钥匙(包括电脑钥匙)、录音笔、操作票夹板。

(2)进入操作现场,监护人记录本次操作的开始时间。操作人在前,监护人在后,操作人应按操作项目有顺序地走到应操作设备的位置,等候监护人唱票。操作过程必须严肃认真,集中思想,不准闲谈或做与操作无关的事。

(3)操作人应站在操作设备的正面,不得超过0.5 m以上距离,操作中要求监护人站在操作人的左后侧或右后侧,其位置以能看清被操作设备的双重名称及操作人的动作为宜,便于纠正操作人的错误动作。

(4)核对设备。在执行每项操作前,监护人和操作人应共同核对设备的名称、编号和实际位置。

(5)唱票复诵。监护人手指设备标示牌大声地进行唱票,操作人应手指设备标示牌大声地进行复诵,经监护人确认,发出"对,执行!"命令,监护人将电脑钥匙交予操作人。

(6)操作人用电脑钥匙打开防误闭锁装置进行操作,严禁监护人亲自动手操作。

(7)操作完成后,操作人应检查操作质量,确认设备已操作到位,再向监护人汇报"已执行",并交还电脑钥匙。

(8)操作质量检查。每操作完一项,监护人和操作人应再次核对设备名称、编号和位置是否与操作任务相符;操作人与监护人在现场检查操作的正确性,如设备的机构指示、信号指示灯、表计变化等,确定设备实际分、合位置。核查无误后,监护人方可在操作票上该步骤后画执行钩"√"。

(9)每操作完一项,监护人应提示操作人下一步操作的内容。

(10)操作复查。全部操作完毕后,由监护人和操作人共同进行复查,确认设备无异常,未发现任何不正常现象和声光信号;仔细核对操作票上的项目是否已全部执行,每个步骤后是否都画了执行钩"√"。

(11)复查无误后,由监护人填写操作终了时间,在操作票上盖"已执行"章。

现场操作完毕后,将电脑钥匙回传五防机,核对五防机一次、二次设备状态是否符合现场实际。有模拟图板的发电厂或变电站应更改模拟图板接线方式。

1.4.7.10　正确归放

钥匙、安全用具和操作用具等设备都要正确归放。

1.4.7.11　汇报调度、做好记录

(1)操作完毕后,监护人和操作人向值班负责人汇报操作情况。

(2)由值班负责人及时向调度汇报操作情况及操作终了时间,此过程必须进行录音、监听。

(3)将汇报情况记入运行记录簿中,并做好其他相关记录。

1.4.7.12　操作评价

由值班负责人(或站长)组织对本次操作情况进行评价,重点应包括操作中发现的问题以及整改措施。

1.4.8　倒闸操作的管理

为保证倒闸操作准确无误,电气倒闸操作应遵照操作"五制"进行。

(1)核对命令制。发令人下达操作命令后,受令人应复诵命令内容,发令人认可后执行。必要时应将操作命令的下达进行录音。操作命令要简明扼要,准确地使用统一的调度术语,以免因对命令含意的误解而造成误操作。

(2)操作票。电气设备倒闸操作必须事先填写操作票,并按操作票顺序逐项操作。

(3)图板演示制。操作人和监护人在一次主接线模拟图或模拟屏上,按已填好的操作票进行模拟操作,以核对操作票的正确性。

(4)监护、唱票、复诵制。倒闸操作必须两人进行,一人操作,另一人安全技术级别高者进行监护。监护人逐项唱票,并核对设备名称编号、断路器的分合状态是否与操作票内容一致,操作人复诵操作项目无误后执行一个操作动作,操作完成后在该项序号前空格内画"√"。

(5)检查汇报制。操作任务结束,应全面检查操作质量,及时向发令人汇报并记录。

1.4.9　倒闸操作中的防误措施

码1-12　视频-什么是五防闭锁

防止操作失误,除用"五制"来限制操作人员在操作过程中的失误外,还必须设置防止误操作的技术措施,来不断完善配电装置本身的安全防护功能,减少误操作事故。

常见的误操作有带负荷拉合隔离开关、误分合断路器、误入带电间隙、带地线合闸和有电挂地线五种情况。因此,要求高压配电装置应具有以上五种误操作的防止功能,简称"五防"功能。在所有支路的断路器和隔离开关之间均应安装联锁机构,确保隔离开关只有在同一单元电路断路器分断情况下,才能操作,如果断路器在合闸位置,联锁机构将隔离开关操动机构锁死,即使人员失误,操动机构被锁死拒动,就可避免误操作的发生。

常用的断路器和隔离开关闭锁装置有机械联锁、电磁联锁和程序锁。

在设计和采用各种闭锁装置时应考虑以下原则:

(1)一次接线较简单的可采用机构闭锁或程序锁,较复杂时可考虑采用电磁装置。

(2)闭锁回路电源应独立设置,并与继电保护控制信号回路分开。

(3)户外闭锁装置要做到防雨、防潮、防雷、防尘、防沙。

(4)各种闭锁装置均应有紧急解锁机构。

(5)“五防”中,除防误分合断路器可采用提示性措施外,其他“四防”必须是强制性闭锁。

1.4.10　工作任务思考题

1. 电气设备的状态有几种?特点分别是什么?
2. 倒闸操作的作用是什么?
3. 倒闸操作的主要内容有哪些?
4. 倒闸操作“五制”是什么?

工作任务 1.5　电力系统事故处理

电力系统运行过程中,由于电力系统设备故障或者运行人员工作失误导致的突发影响、电能供应数量或质量超出规定范围及引起火灾或爆炸等严重后果的事件统称为电力系统事故。电力系统事故包括断线、短路、接地、过载、误合闸、误跳闸、电气设备损坏等形式。

引起电力系统事故的原因是多方面的,如自然灾害、外力破坏、设备缺陷、检修质量不过关、运行方式不合理、继电保护误动拒动、电压和频率维护不当和人员工作失误等。

电网、设备发生异常运行、事故,或出现其他不安全现象时,如果不立即进行相关操作,就可能酿成设备损坏、人身伤亡及电网解列等事故。因此,发电厂、变电站运行人员的主要任务就是保证设备正常运行,尽量减少和避免事故的发生,而一旦发生事故,应以最快的速度处理,尽可能多地保留送电范围,此时所进行的必要操作称为事故处理。对于事故,应以预防为主,加强正常运行监督,及时消除缺陷,落实各种反事故措施,加强技术培训,进行反事故演习,提高处理事故的应变水平。

码 1-13　音频-电力系统事故的定义及产生原因

1.5.1　电力系统事故处理的基本原则

发电厂、变电站电气设备发生事故时,各级调度员是事故处理的指挥人,运行值班负责人是事故处理现场的领导人。在事故处理时值班员必须严格遵守发电厂、变电站电力安全操作规程,各级调度规程,现场运行专用规程及其他有关安全工作规定,服从调度指挥,正确执行调度指令。事故处理的基本原则如下:

(1)迅速控制事故的发展,消除事故根源,解除对电网、人身、设备安全的威胁,并在第一时间向各级调度员汇报,迅速、正确地执行调度指令。

(2)尽可能地保持正常设备继续运行,以保证对用户和线路的连续供电。必要时,应在未受到事故损害和威胁的机组上增加负荷,以保证对用户的正常供电。

(3)事故发生后,根据表计、保护、信号及自动装置动作情况进行综合分析、判断,制订处理方案。处理中应防止非同期并列和系统事故扩大。

(4)调整系统的运行方式,使其恢复正常运行。

(5)任何情况下,应首先保证厂、站用电的安全运行和正常供电。

(6)尽快对已停电的用户和线路恢复供电,对重要用户优先恢复供电。

(7)做好主要操作和操作时间的记录,及时将事故处理情况、继电保护和自动装置动作情况等汇报给有关领导和系统调度员。

1.5.2 事故处理的规定

电力系统发生事故时,运行值班人员必须严格执行事故处理的原则和相关操作规程,及时对故障进行处理,并将事故现象和处理情况向当值调度员汇报,正确执行调度指令。事故处理的一般规定如下:

(1)系统发生事故后,事故和受波及的变电站都必须及时、正确、简明扼要地向主管调度进行汇报,并尽快限制事故的发展,消除事故的根源,解除对人身和设备安全的威胁。

(2)处理事故时,值班人员应迅速而无争议地执行值班调度员的一切命令。无原则拖延执行值班调度员命令的人,应负不执行命令的责任,批准不执行该命令的领导人员也要负责。但在下列情况下可自行处理,同时要向调度作简要报告,事后再作详细汇报。

①将直接对人员生命有威胁的设备停电。

②将因故障停运或已损坏的设备隔离。

③当厂、站用电部分或全部停电时,恢复其电源。

④部分机组因故与系统解列,在具备同期条件时恢复与系统同期并列。

⑤其他在厂、站现场规程中规定可以不待调度指令自行处理者。

(3)处理事故时,如果值班长认为值班调度员命令有错误,应予指出,并向他作简单的解释。但值班调度员确定自己的命令正确时,值班长应立即执行。

(4)如果值班调度员的命令直接威胁人身或设备的安全,则无论在任何情况下均不得执行。值班长接到此类命令时应该把拒绝执行命令的理由报告值班调度员和本单位总工程师,然后按照总工程师的指示行动。

(5)交接班期间发生事故,若未办理签字手续,则应由交班人员负责处理,接班人员协助。

(6)处理事故时,当班人员有权召集非当班人员到现场协助处理事故,被召人员不得拖延或拒绝。

(7)与处理事故无关人员,不得进入发生事故地点和控制室,已进入的,当班人员有权令其退出。

(8)处理事故时,必须严格执行接令、监护、复诵、汇报、录音和记录制度,正确使用调度术语和操作术语。

(9)事故处理全过程应进行录音,并将事故处理全过程的资料进行汇总,汇总资料应完整、准确。

1.5.3 事故处理的步骤

码 1-14 微课-电力系统事故处理的步骤

(1)系统发生故障时,运行人员初步判断事故性质和停电范围后迅速向调度汇报故障发生的时间、跳闸断路器、继电保护和自动装置的动作情况及其故障后的状态、相关设备电流、电压、功率变化情况、现场天气情况。

(2)根据初步判断检查保护范围内的所有一次设备故障和异常现象及保护、自动装置动作信息,综合分析判断事故性质,做好相关记录,复归保护信号,把详细情况报告调度。如果人身和设备受到威胁,应立即设法解除设备自保持等。

(3)迅速隔离故障点并尽力设法保持或恢复设备的正常运行。根据应急处理预案和现场运行规程的有关规定采取必要的应急措施,如投入备用电源或设备,对允许强送电的设备进行强送电,停用有可能误动的保护,拉开控制电源解除设备自保持等。

(4)进行检查和试验,判明故障的性质、地点及其范围(绝大多数情况下,事故处理的快慢取决于判明事故的原因或设备是否完整的速度。电气部分发生的事故常常只是由于系统中的某个元件发生了事故,所以应立即判明事故的原因,使停电部分迅速恢复送电)。如果运行人员自己不能检查出或处理损坏的设备时,应立即通知检修或有关专业人员(如试验、继保等专业人员)前来处理。在检修人员到达之前,运行人员应把工作现场的安全措施做好(如将设备停电、安装接地线、装设围栏和悬挂标示牌等)。

(5)除必要的应急处理外,事故处理的全过程应在调度的统一指挥下进行。

(6)做好事故全过程的详细记录,事故处理结束后编写现场事故报告。

事故处理的程序简单概括为及时记录、迅速检查、简明汇报、认真分析、准确判断、限制故障、恢复正常。

1.5.4 事故处理时各岗位人员的职责

(1)处理事故时,运行值班人员必须根据分工,坚守工作岗位,集中注意力,保持设备的正确运行方式,加强运行监视,只有在接到上级命令以后或在万不得已的情况下,方可停止设备运行或离开工作岗位。

(2)值长是发电厂、变电站处理事故的主要负责人,应全面掌握事故情况,及时向调度员报告事故情况,并组织全班人员处理事故。值长在不得不离开事故处理领导岗位时,必须指定其他人员代替自己工作并交代清楚。

(3)当班值班员在处理事故时,应加强对运行设备的监视、检查,及时将发现的异常情况报告值长,并在值长的指挥下进行各项事故处理操作。

(4)处理事故时,值长应指派专人将事故发生的时间、现象、信号、各项操作、先后顺序及与调度联系等情况,详细做好记录,处理事故时的一切联系应进行详细录音。

(5)车间领导和有关工程技术人员,在得知事故消息时,必须立即赶到现场,在统一指挥下,协助事故处理。

1.5.5　工作任务思考

1. 事故处理的原则是什么？

2. 事故处理的一般步骤是什么？

工作任务1.6　绝缘安全工器具检查、使用及维护

绝缘安全工器具按照其功能不同分为基本安全工器具和辅助安全工器具两种。

(1)基本安全工器具是指其绝缘强度足以承受电气设备的工作电压的安全用具,一般作为隔离开关、高压熔断器或携带型接地线等的操作用具,因此又称为绝缘操作用具。

(2)辅助安全工器具是指绝缘强度不能承受设备或线路的工作电压,仅仅作为加强基本安全工器具绝缘的工具。在电气操作中,主要起防护作用。辅助安全工器具通常包括绝缘鞋(靴)、绝缘手套、绝缘垫及绝缘台等。

码1-15　音频-绝缘安全工器具的分类与定义

1.6.1　绝缘杆

绝缘杆也称操作棒或绝缘拉杆,主要用于接通或断开高压隔离开关、跌落式熔断器,安装和拆除临时接地线,以及带点测量和试验工作。绝缘杆主要由工作部分、绝缘部分和握手部分构成。常见绝缘杆如图1-1所示。

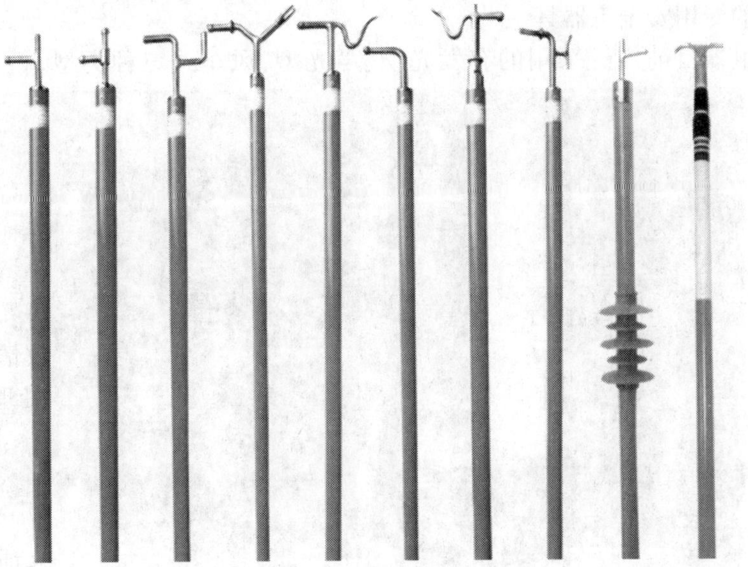

图1-1　常见绝缘杆

绝缘杆的检查及使用维护注意事项如下:

(1)使用前,应检查合格证、标签是否齐全,绝缘杆是否超过了有效试验期,各部分连接是否可靠。

(2)操作前应用干净的棉布将绝缘杆表面擦拭干净,使杆表面干燥、清洁。

(3)绝缘杆规格应与被操作设备电压等级相符,并确认绝缘杆杆身、堵头无破损。

(4)使用时操作人员手拿绝缘杆的握手部分,不能超出护环,且要戴绝缘手套,穿绝缘靴(鞋)。

(5)使用绝缘杆时应注意防止绝缘杆被设备短接,保持有效的绝缘长度。

(6)雨天、雪天在室外操作高压设备时,绝缘杆应有防雨罩,使罩下部分的绝缘杆保持干燥。

码1-16　动画-雨天未用防雨绝缘操作杆的后果

绝缘杆的保管注意事项如下:

(1)绝缘杆应存放在干燥的地方,以免损坏表面的绝缘层。

(2)绝缘杆应放在特制的架子上或垂直悬挂在专用挂架上,以防止其弯曲变形。

(3)绝缘杆不得直接与墙或地面接触,以防止碰伤其绝缘表面。

(4)绝缘杆应定期进行绝缘试验,一般每年试验1次,用作测量的绝缘杆每半年试验1次。

1.6.2　高压验电器

码1-17　动画-未经验电盲目工作的后果

验电器又称携带型(伸缩型)电压指示器。验电器分为高压验电器和低压验电器。这里主要介绍高压验电器(见图1-2)。高压验电器是通过检测流过验电器对地杂散电容中的电流,来检验高压电气设备、线路是否带电的专用安全工器具。

高压验电器目前广泛采用的有发光型、声光型、风车式三种类型。

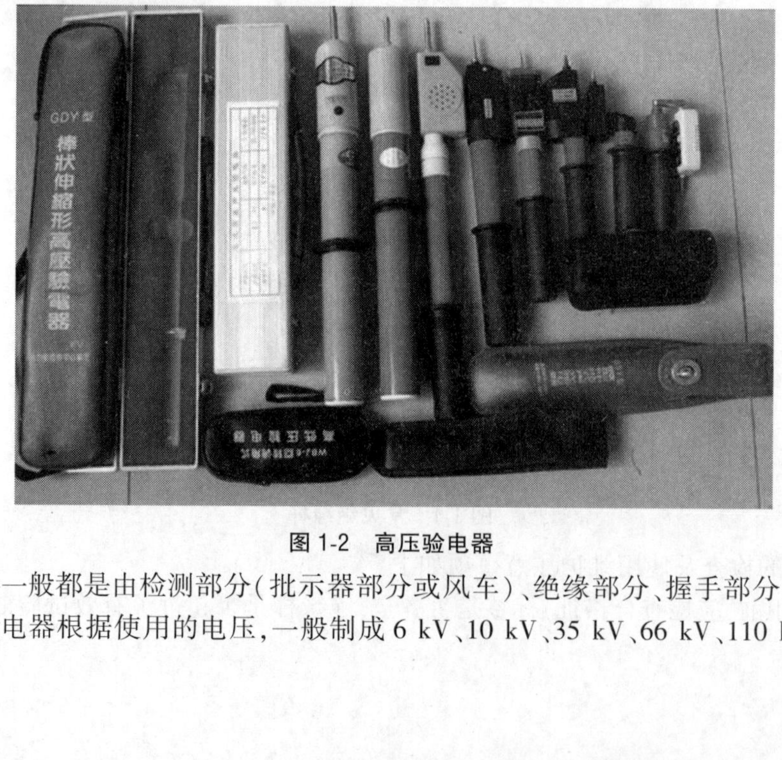

图1-2　高压验电器

高压验电器一般都是由检测部分(批示器部分或风车)、绝缘部分、握手部分三大部分组成。高压验电器根据使用的电压,一般制成6 kV、10 kV、35 kV、66 kV、110 kV、220 kV、

500 kV。

高压验电器的检查及使用维护注意事项如下：

(1)使用前,必须进行自检,并观察外观是否干燥、无破损、有护环,确认验电器完好;确定其额定电压和被测试设备的电压等级一致,否则可能会危及验电器操作人员的人身安全或造成误判断;确认合格证、标签齐全,试验标签在有效期内。

(2)进行 10 kV 以上验电作业时,必须执行《安规》,工作人员戴绝缘手套、穿绝缘靴(鞋)并保证对带电设备的安全距离。

(3)使用时,先在带电设备上进行检验,验证验电器完好,然后在装设接地线或合接地开关处逐相进行验电,验明无电压后再将验电器在带电设备上复核它是良好的,即进行验电"三步骤"。

验电时,验电器的工作触头不能直接接触带电体,应逐渐接近带电体,直到验电器发出声、光或其他报警信号。验电器的工作触头应直接接触被验设备,验电器不应受邻近带电体的影响而发出错误的信号。

(4)验电器应定期做绝缘耐压试验、启动试验。如发现该产品不可靠应停止使用。为保证使用安全,国家有关规定高压验电器多为一年试验周期,《安规》规定试验周期为半年 1 次。

(5)非雨雪高压验电器在雨天、雾天、雪天等不得使用,以防发生危险。

(6)验电器每次使用完毕,在收缩绝缘棒及取下回转批示器放入包装前应将表面尘埃擦拭干净,并存放在干燥、通风无腐蚀气体的场所,不得直接接触地面、墙面,要与其他工器具分开放置。

1.6.3　绝缘夹钳

绝缘夹钳(见图 1-3)是用来安装和拆卸高压熔断器或进行其他类似工作的工具,主要用于 35 kV 及以下的电力系统。

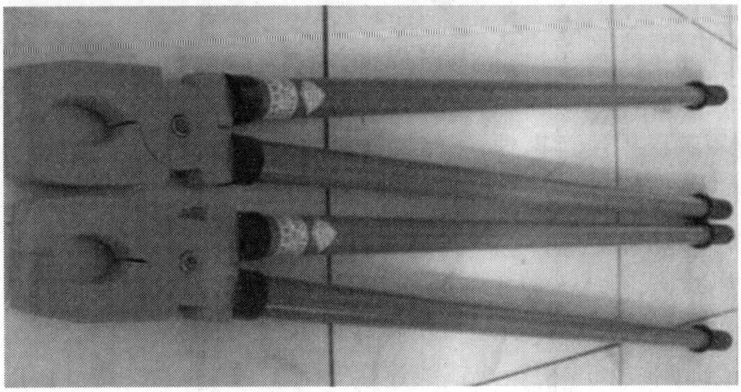

图 1-3　绝缘夹钳

绝缘夹钳由工作钳口、钳绝缘部分(钳身)和握手等三部分组成,各部分都采用绝缘材料制成,所用材料与绝缘杆相同。工作部分是夹钳,用来夹紧熔断器。

绝缘夹钳的使用和保存注意事项如下：

(1)使用时绝缘夹钳不允许装接地线,以免在操作时,由于接地线在空中游荡而造成接地短路和触电事故。

(2)潮湿天气只能使用专用的防雨绝缘夹钳。

(3)作业人员工作时,应戴护目眼镜、绝缘手套和穿绝缘靴(鞋)或站在绝缘台(垫)上,手握绝缘夹钳要精力集中并保持平衡。

(4)绝缘夹钳应保存在特制的箱子或匣子里,以防受潮和磨损。

(5)绝缘夹钳必须按照规定进行定期试验,试验方法同绝缘杆一样,试验周期为1年。

1.6.4 接地线

当高压设备停电检修或进行其他工作时,为了防止停电设备突然来电和邻近高压设备对停电设备产生的感应电压对人体的危害,需要在已停电的设备上可能来电的各侧装设地线,同时将设备上的残余电荷对地放掉。接地线对保证人身安全十分重要,现场工作人员常称其为“保命线”。接地线主要由三相导线、接地线及线夹三部分组成(见图1-4)。

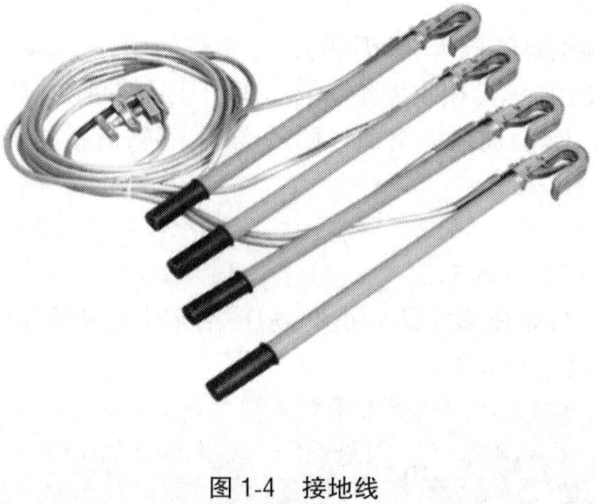

图1-4 接地线

接地线的使用和维护注意事项:

(1)接地线的装设顺序和拆除顺序必须正确。装设接地线必须先接接地端,后接导体端,且必须接触良好,拆接地线的顺序与此相反。

(2)使用时,接地线的线夹装上后接触应良好,并有足够的夹持力,以防短路电流幅值较大时,由于接触不良而熔断。

(3)应检查接地铜线和3根短线铜线连接牢固。

(4)装设接地线必须由两人进行,装、拆接地线均应使用绝缘杆和戴绝缘手套。

(5)接地线在每次装设以前应经过详细检查,损坏的接地线应及时修理或更换,禁止使用不符合规定的导线作接地线或短路线之用。

(6)接地线必须使用专用线夹固定在导线上,严禁用缠绕的方法进行接地或短路。

(7)每组接地线均应统一编号,并存放在固定的地点,存放位置也应编号,防止在较复杂的系统中进行部分停电检修时,发生误拆或忘拆接地线事故。

(8)接地线和工作设备之间不允许连接隔离开关或熔断器,以防止他们断开时,设备失去接地,使检修人员发生触电事故。

1.6.5　绝缘靴(鞋)

绝缘靴(鞋)(见图1-5)的作用是使人体和地面绝缘,绝缘靴是高压操作时用来与地面保持绝缘的辅助安全用具,而绝缘鞋用于低压系统中,两者都可作为防止跨步电压的基本安全用具。

码1-18　动画-作业未使用绝缘手套、绝缘鞋的后果

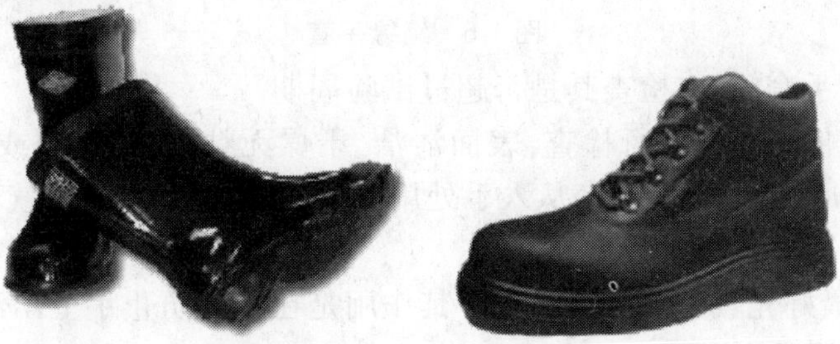

图1-5　绝缘靴(鞋)

绝缘靴(鞋)的使用及保管注意事项如下:

(1)绝缘靴(鞋)应统一编号,每双绝缘靴(鞋)的内帮或鞋底上应有标准号、电绝缘字样和耐压数值。

(2)使用前应检查确认绝缘靴(鞋)完好,表面无裂痕、无漏洞、无气泡、无划痕等缺陷,合格证清晰可辨且不超过试验周期,否则应立即停止使用并及时更换。

(3)使用绝缘靴(鞋)时,应将裤管套入靴筒内,严禁将绝缘靴(鞋)当作雨鞋或挪作他用,其他非绝缘靴(鞋)也不能代替绝缘靴(鞋)使用。

(4)绝缘靴(鞋)如试验不合格,则不能再使用。

(5)绝缘靴(鞋)使用过程中应防止尖锐物刺伤,避免接触高温或腐蚀性物质。

(6)绝缘靴使用后必须擦干净,放置时不得接触油类及腐蚀性药品等,并且要和其他工具分开,成双定置摆放。

(7)使用完毕后,应注意存放在干燥、阴凉处,并放在专用柜中,其上不得堆压任何物件。

1.6.6　绝缘手套

绝缘手套是在电气设备上带电操作时使用的辅助安全用具,用以防止泄漏电流对人体的影响。绝缘手套也可以作为在低压设备带电部分上工作时使用的基本安全用具。按所使用的原料不同可以分为橡胶和乳胶绝缘手套两大类(见图1-6)。

码1-19　视频-绝缘手套

使用绝缘手套时,应按照《安规》中有关规定进行。绝缘手套的试验应每6个月1次,不符合要求时,应立即停止使用。

绝缘手套的检查和使用维护注意事项如下:

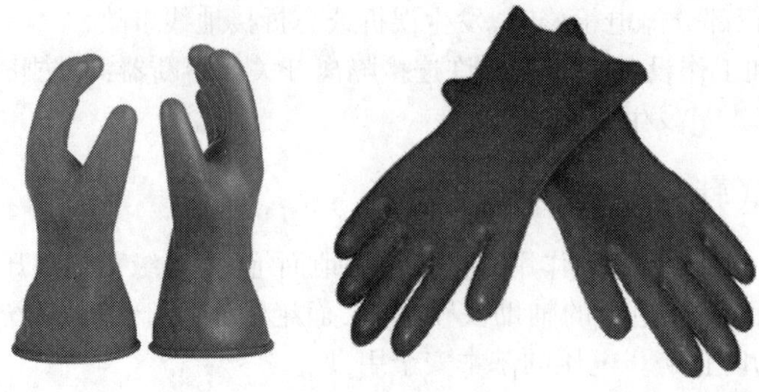

图1-6　绝缘手套

(1)使用绝缘手套前,应检查其是否超过试验周期。

(2)绝缘手套使用前要进行检查:表面清洁、干燥无粘胶、无磨损或破漏。检查方法除观察外,常采用压气法,即将手套从入手处用力卷起,封住手套中空气,并观察手套有无漏气,如有微小漏气等损坏则不能使用。

(3)使用时,最好先戴一双棉纱手套。其作用是在夏季防止手上出汗打滑,在冬季可保温,使手指工作灵活。

(4)使用绝缘手套时,操作人应将外衣袖口套入手套筒口内。

(5)绝缘手套使用后必须擦干净、晾干,最好撒上一些滑石粉,注意存放在干燥处,不得接触油类及腐蚀性物品,并且要和其他工具分开,成双定置摆放。

(6)绝缘手套应统一编号,现场使用的绝缘手套最少应保持两副。

(7)绝缘手套应每半年试验1次。

1.6.7　工作任务思考

1. 什么是验电三步骤?
2. 接地线的装设顺序是什么?拆除顺序是什么?

小　结

工作领域1训练学生电气运行的基本能力,为后面掌握电气运行技能打下基础。

工作任务1.1主要熟悉电气运行相关制度。电气运行管理制度是指保障安全生产、维持正常的生产秩序、提高运行水平的重要管理制度。电气运行管理制度包括工作票制度、操作票制度、交接班制度、设备定期试验与轮换制度、巡视检查制度、运行分析制度等,前5种制度称为"两票三制"。

工作任务1.2主要熟悉工作票填写的规范、工作票执行流程。

工作任务1.3主要熟悉设备巡视的目的、种类、周期和安全要求及方法。设备巡视工作是运行人员日常工作中的一项重要内容,是随时掌握设备运行情况、及时发现设备异常和缺陷、预防事故的发生、确保设备连续安全运行的主要措施。发电厂、变电站的设备巡视检查,一般分为正常巡视、全面巡视、夜间熄灯巡视和特殊巡视。在设备巡视检查中,要做到"四细":细看、细听、细嗅、细摸(指不带电设备外壳),严格按照设备运行规程中的检查项目检查,防止漏查缺陷。

工作任务1.4主要熟悉倒闸操作的基本概念、基本原则,倒闸操作票的填写及操作流程,倒闸操作管理规定,倒闸操作中的误操作等。发电厂及变电站电气设备通常有四种状态:①运行状态;②热备用状态;③冷备用状态;④检修状态。倒闸操作就是将电气设备由一种状态转换为另一种状态或改变系统的运行方式所进行的一系列操作。

发电厂、变电站的电气运行人员要完成一项操作任务一般都要进行十几项甚至是上百项的操作,为了保证倒闸操作的安全性,避免出现人身及设备事故,我们必须将倒闸操作的先后顺序详细地记录下来,并将此记录单称为倒闸操作票,操作人员在倒闸操作过程中以倒闸操作票作为行为标准。

工作任务1.5主要了解电气设备事故的基本概念、处理的基本原则及流程,事故处理时各岗位人员的职责。电力系统运行过程中,由于电力系统设备故障或者运行人员工作失误导致的突发影响、电能供应数量或质量超出规定范围及引起火灾或爆炸等严重后果的事件统称为事故。电力系统事故包括断线、短路、接地、过载、误合闸、误跳闸、电气设备损坏等形式。

引起电力系统事故的原因是多方面的,如自然灾害、外力破坏、设备缺陷、检修质量不过关、运行方式不合理、继电保护误动拒动、电压和频率维护不当和人员工作失误等。

工作任务1.6主要熟悉常见绝缘安全工器具检查、使用及维护。绝缘安全工器具按照其功能不同分为基本安全工器具和辅助安全工器具两种:①基本安全工器具是指其绝缘强度足以承受电气设备的工作电压的安全用具,一般作为隔离开关、高压熔断器或携带型接地线等的操作用具,因此又称为绝缘操作用具。②辅助安全工器具是指绝缘强度不能承受设备或线路的工作电压,仅仅作为加强基本安全工器具绝缘的工具。在电气操作中,主要起防护作用。辅助安全工器具通常包括绝缘鞋(靴)、绝缘手套、绝缘垫及绝缘台等。注意按规定进行检查和使用维护。

工作领域2 水轮发电机组的运行

【思政导引】

两河口水电站——十七年磨一剑,开创9项世界之最

两河口水电站,也称雅砻江两河口水电站,位于四川省甘孜州雅江县境内的雅砻江干流上,在雅江县城上游约25 km,为雅砻江中下游梯级电站的控制性水库电站工程,对整个雅砻江梯级电站的开发影响巨大。电站的开发目的主要是发电,同时具有蓄水蓄能、分担长江中下游防洪任务、改善长江航道枯水期航运条件的功能和作用,其经济效益十分显著。

两河口水电站是中国藏区综合规模最大的水电站工程、拥有295 m土石坝,一举超过三峡工程,成为我国最高的土石大坝,也成为世界之最。电站的总装机容量300万kW,年平均发电量达到110亿kW·h,拥有先进的泄洪设施,发电可供几个省,同时也是藏区最大的水电站,该工程的建设是我国实施西电东送的电源站。电站于2014年10月6日正式开工,2021年9月29日,电站正式投产发电,2022年3月,雅砻江两河口水电站6台机组实现全部投产发电,年发电量110亿kW·h。两河口水电站平均海拔3 000 m,是我国水电开发向高海拔寒冷地区发展的标志性工程,在世界水电建设史上具有里程碑意义。

在全球能源供需持续紧张的大背景下,以及国内能源保供稳价的现实需求下,两河口水电站全部投产可谓是“春天里的小雨,来得正是时候”。年发电量110亿kW·h,就像一颗“定心丸”,既增强了电力企业保供信心,又能让老百姓安心、让企业用户放心,为全国保障能源安全、推动绿色低碳发展贡献力量。

拥有高坝大库的两河口水电站是雅砻江流域清洁能源基地重要组成部分。电站全部投产后,使雅砻江流域整体开发价值得到极大提升。通过两河口等梯级水电站的优化调度和快速调节,可以将随机波动的风电、光伏发电调整为平滑、稳定的优质电力,借助水电外送通道打捆送出,有效破解风能、太阳能开发和消纳难题,实现雅砻江流域水风光清洁能源协同开发和优势互补,为我国以新能源为主体的新型电力系统构建作出积极探索,形成可借鉴、可复制、可参考的模式。

两河口水电站是国内第一座用“施工全过程智能化技术”修建的300 m级超高土石坝工程,填补了高寒地区超高土石坝的建设空白,实现了大坝建设由数字化向智能化的跨越。两河口水电站建设过程中开创9项世界之最,多项关键工程特性指标位居国内外同类型项目前列,在世界水电建设史上具有里程碑意义。提高了经济效率,大大减少了燃煤

对空气的污染，以及对长江流域的生态建设做出了重要的贡献。两河口水电站的建设，标志着我国水电事业的不断突破创新，也带动了东西部的经济发展，对于落实党的二十大提出的“促进区域协调发展，深入实施区域协调发展战略、区域重大战略、主体功能区战略、新型城镇化战略，优化重大生产力布局，构建优势互补、高质量发展的区域经济布局和国土空间体系”具有样板效应。

【学习任务描述】

1. 学习并懂得水轮发电机运行的基本知识。
2. 掌握并具备水轮发电机的运行工况监视职业技能。
3. 掌握并具备水轮发电机的巡视检查及维护职业技能。
4. 掌握并具备水轮发电机的倒闸操作职业技能。
5. 掌握并具备水轮发电机的异常分析与处理职业技能。
6. 掌握并具备水轮发电机的事故处理职业技能。
7. 养成与人合作的团队精神和良好的职业道德。
8. 养成安全生产的工作作风，实践安全第一的生产理念。
9. 培养刻苦钻研、好学上进的精神，树立终身学习的理念。

工作任务 2.1 水轮发电机的运行监视

水轮发电机的结构比较复杂，有机械部分、电气部分及油、气、水系统，它受系统和用户运行方式的影响，易发生故障或者存在不正常运行状态，机组运行时运行人员应对机组的运行工况进行严密监视，并及时消除设备的缺陷，保证机组安全运行。

2.1.1 工作任务分析

(1)在计算机监控的水电厂中，在中央控制室的上位机显示器上，运行值班人员通过画面切换，对水轮发电机进行状态监视、事故监视及故障监视。

(2)运行值班人员监视主控室监控屏上水轮发电机的测量表计、位置指示灯和信号光字牌，抄录运行数据，填写值班日志和运行日志，随时掌握水轮发电机的运行状态。

2.1.2 工作任务实施

学员按人数分成小组，正确进行水轮发电机运行中的数据监视，根据上位机显示器画面，抄录水轮发电机运行参数填入运行日志，也可通过打印机打印水轮发电机运行参数。

操作员工作站正常运行时主接线图上显示有以下内容：

(1)水轮发电机运行参数：有功功率、无功功率、功率因数、视在功率，定子三相电流、定子三相电压、频率，转子电压和电流。

(2)水轮发电机温度：定子绕组的铁芯温度、出口风温。

(3)水轮发电机轴承温度、轴承油位。

(4)水轮发电机机组振动等。

学员应观察上位机显示器画面,认真监视水轮发电机运行状态并抄录水轮发电机运行参数填入运行日志,也可通过打印机打印水轮发电机运行参数。

机组有关数据应按运行日志表格每1 h记录1次,特殊情况下(如机组过负荷、温度异常升高或降低等),可以缩短抄表时间。

2.1.3 工作任务相关知识

2.1.3.1 水轮发电机运行工况监视的内容

(1)监视发电机组及其辅助设备相关数据和状态信息是否正常。

(2)监视励磁调节装置各数据、状态显示是否正常。

(3)监视电气主接线上各设备运行是否正常,有无报警信号。

(4)监视各断路器、隔离开关、接地开关位置指示灯是否正常。

(5)监视与电网相联系的一次系统潮流分布是否正常,频率、电压是否正常。

(6)监视直流系统运行是否正常,有无报警信号。

(7)监视继电保护及自动装置运行是否正常。

(8)监视厂用电系统有关设备参数、状态是否正常。

(9)监视光字牌亮牌情况。

(10)对事故音响、预告音响进行试验检查。

(11)监视本厂微机网络的运行情况。

(12)查看日报表中各整点时段的参数,完成各类报表的制作及打印输出。

(13)填写运行管理信息。

2.1.3.2 水轮发电机运行工况监视的要求

(1)机组有关数据应按运行日志表格每1 h记录1次,特殊情况下(如机组过负荷、温度异常升高或降低等),可以缩短抄表时间。

(2)发电机投入运行后,如无异常现象,应按照发电机制造厂规范及铭牌数据带负荷运行;如发现有绝缘老化、局部异常等情况时,应经试验并报上级主管部门批准后限出力运行。

(3)发电机冷却空气额定进口温度(冷却器出风温度)为35 ℃,最低进风温度以空气冷却器不凝结水珠为标准,空气冷却器进出口温差不超过30 ℃,冷、热风温差与以前比较显著增大时,必须查明原因,设法消除。

发电机进风温度高于或低于额定值时,定子电流的允许值按下述原则确定:

①温度高于额定值时,可按表2-1执行;发电机进风温度(冷却器出风温度)最高不得高于55 ℃。

表 2-1 冷却空气温度与出力的变化关系

冷却空气温度/℃	增高温度/℃	降低定子电流(I/I_e)/%
35~40	1	1.1(7.942 A)
40~45	1	1.5(10.83 A)
45~50	1	2.0(14.40 A)
50~55	1	3.0(21.66 A)

②温度低于额定值时,每降低 1 ℃时,允许定子电流升高额定值的 0.5%,此时转子电流也允许有相应增加。

(4)发电机运行电压的变化范围在额定电压的±5%以内而功率因数为额定值时,其额定容量不变。发电机最高运行电压不得超过额定值的 110%,当电压较额定值增高或降低 1%时,定子电流降低或升高 1%,其出力不变。当电压超过额定值的 105%时,电压每升高 1%,其容量相应降低 2%。

发电机最低运行电压不得低于额定值的 90%,当电压下降到低于额定值的 95%时,定子电流长时期允许的数值,仍不得超过额定值的 105%。

(5)频率变动范围不超过±0.5 Hz 时,发电机可按额定容量运行。当频率异于额定频率时应注意:

①防止发电机过负荷。

②防止发电机励磁电压、电流异常过高或过低。

(6)额定功率因数为 $\cos\varphi=0.8$,功率因数一般不应超过迟相 0.95。在运行中,若功率因数低于定值运行,必须调整负荷使转子电流不超过额定值。

(7)发电机定子三相电流差,不得超过额定电流的 15%,同时任何一相的电流不得大于额定电流,此时应注意检查机组的振动及转子的温升情况,并注意防止负序启动的保护误动;定子两相电流之差不得超过额定电流的 20%,当运行电压为额定电压的 110%时,定子电流不得超过额定电流的 90%。

(8)事故情况下,允许短时过负荷,定子电流可按下表 2-2 执行。

表 2-2 定子电流

定子电流倍数 I/I_e	1.10	1.12	1.15	1.20	1.25	1.30	1.40	1.5	2.0	2.5	3.0	>3.0
持续时间/min	60	30	15	6	5	4	3	2	1	0.5	0.3	0.15

2.1.3.3 机组运行监视画面示例

机组运行监视画面示例见图 2-1~图 2-3。

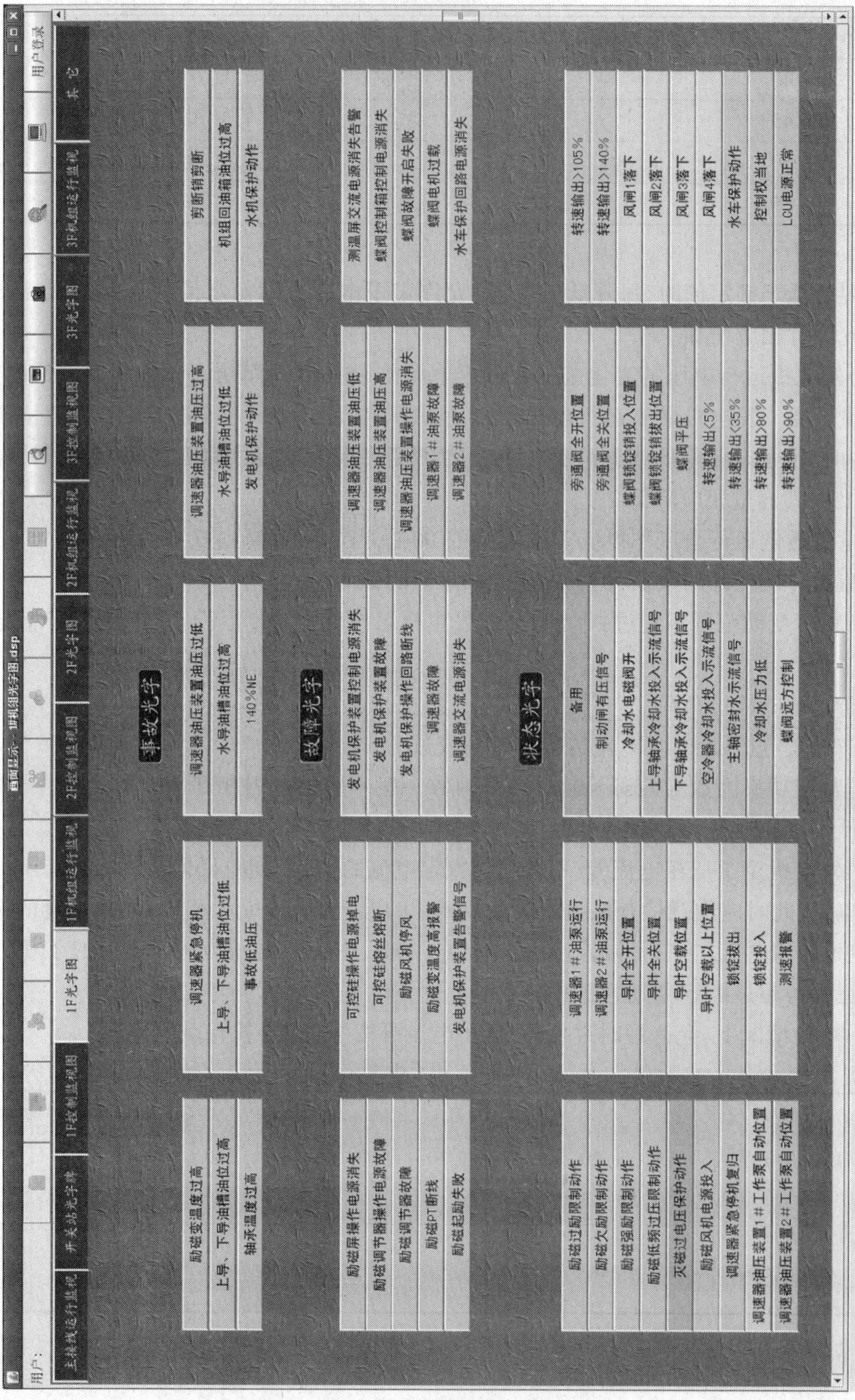
用户：
主接线运行监视
开关站光字牌
1F控制监视图
1F光字图
1F机组运行监视
2F控制监视图
2F光字图
2F机组运行监视
3F控制监视图
3F光字图
3F机组运行监视
其 它
用户登录
事故光字
励磁变温度过高
上导、下导油槽油位过高
轴承温度过高
调速器紧急停机
上导、下导油槽油位过低
事故低油压
调速器油压装置油压过低
水导油槽油位过高
140%NE
调速器油压装置油压过高
水导油槽油位过低
发电机保护动作
剪断销剪断
机组回油箱油位过高
水机保护动作
故障光字
励磁屏操作电源消失
励磁调节器操作电源故障
励磁调节器故障
励磁PT断线
励磁起励失败
可控硅操作电源掉电
可控硅熔丝熔断
励磁风机停风
励磁变温度高报警
发电机保护装置告警信号
发电机保护装置控制电源消失
发电机保护装置故障
发电机保护操作回路断线
调速器故障
调速器交流电源消失
调速器油压装置油压低
调速器油压装置油压高
调速器油压装置操作电源消失
调速器1#油泵故障
调速器2#油泵故障
测温屏交流电源消失告警
蝶阀控制箱控制电源消失
蝶阀故障开启失败
蝶阀电机过载
水车保护回路电源消失
状态光字
励磁过励限制动作
励磁欠励限制动作
励磁强励限制动作
励磁低频过压限制动作
灭磁过电压保护动作
励磁风机电源投入
调速器紧急停机复归
调速器油压装置1#工作泵自动位置
调速器油压装置2#工作泵自动位置
调速器1#油泵运行
调速器2#油泵运行
导叶全开位置
导叶全关位置
导叶空载位置
导叶空载以上位置
锁锭拔出
锁锭投入
测速报警
备用
制动闸有压信号
冷却水电磁阀开
上导轴承冷却水投入示流信号
下导轴承冷却水投入示流信号
空冷器冷却水投入示流信号
主轴密封水示流信号
冷却水压力低
蝶阀远方控制
旁通阀全开位置
旁通阀全关位置
蝶阀锁锭拔入位置
蝶阀锁锭拔出位置
蝶阀平压
转速输出<5%
转速输出<35%
转速输出>80%
转速输出>90%
转速输出>105%
转速输出>140%
风闸1落下
风闸2落下
风闸3落下
风闸4落下
水车保护动作
控制权当地
LCU电源正常

图 2-1　机组光字图

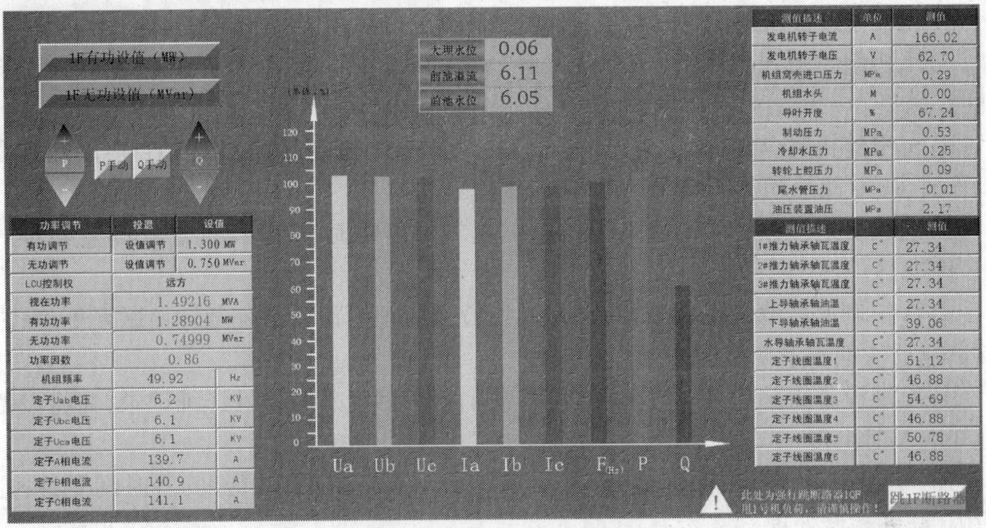

图 2-2　机组运行监视画面

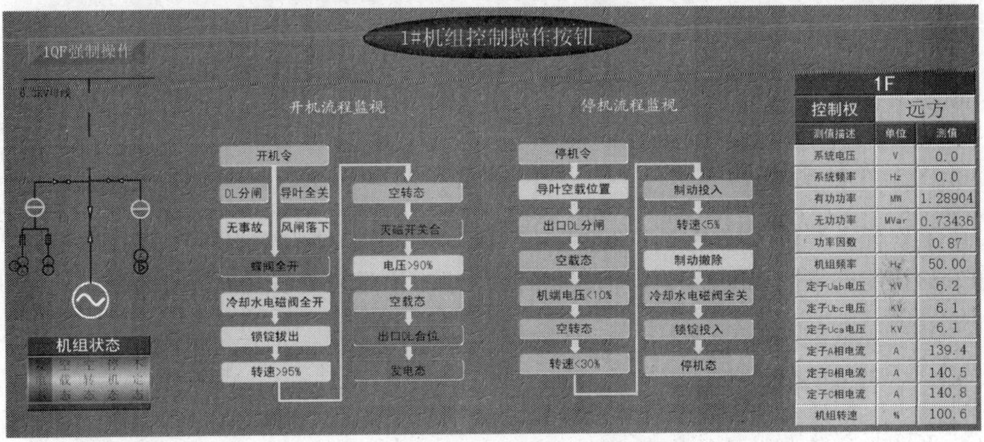

图 2-3　机组控制监视图(开机状态下)

2.1.4　拓展提高

机组运行中的注意事项如下:

(1)机组正常运行中,调速器手动/自动(试验/运行)切换手柄应处于自动(运行)位置,如遇下列情况之一者,经值长同意,可将调速器切换手柄切至“手动(试验)”位置运行:

①调速器电气回路有故障,不能自动控制机组负荷时;

②剪断销剪断时;

③导水机构有短时检修工作(如清扫顶盖、排水孔等)时。

(2)机组交直流操作和保护电源在运行中失去,应及时查明原因并送上。

(3)当机组某轴承温度或油温较正常值异常升高 2~3 ℃,定子铁芯线圈温度升高 4~5 ℃时,应查明原因及时处理,并加强监视。

(4)机组尽可能避免在低负荷振动区域运行,若机组在某一负荷运行,其振动或摆度接近允许值,应报告值长变更机组负荷,使机组脱离振动或摆度大区域运行。

(5)当机组发生强烈冲击后,应监视各表计,测量机组摆度,检查机组各部分无异常变化。

(6)机组停机时,导叶已全关,转速若不能降至35%额定转速(17.5 Hz),而蝶阀联动未动作时,应立即手动关闭蝶阀。

(7)确认机组因保护误动或人为误碰引起事故停机时,应征得同意立即复归事故停机,开机运行。

(8)清扫调速器滤网发现破损及堵塞时,应及时填写设备缺陷通知单联系处理,未处理前调速器滤网不准切换运行。

(9)发现设备缺陷后,应严格按照设备缺陷管理制度及时做好详细记录,并将设备缺陷通知单及时上传。

(10)机组自动开机或停机时,若自动器具动作不良,可手动帮助,若时间允许,应查明原因,联系检修处理。

(11)在开机或停机时,机组在低转速下运行不得超过5 min。

(12)运行设备主要保护装置退出运行,必须经总工程师或生产技术部主任批准。

(13)机组事故停机后,故障、事故信号未经值长允许不得复归,在未查出事故停机原因和消除事故前,不得再次开机。

2.1.5　工作任务评价

本工作任务评价考核主要评价学生在"教、学、做"一体教学过程中对发电机运行监视知识和技能的掌握程度。具体评价标准见附录1中附表1-1设备运行监视工作过程考核评价表。

2.1.6　工作任务思考

1. 发电机运行监视的任务有哪些?
2. 什么是发电机的过负荷运行?
3. 发电机正常运行时,运行电压的规定范围是多少?

工作任务2.2　发电机组的巡视检查

码2-1　微课-水轮发电机组的巡视检查

发电机组在运行中,值班人员应定期进行巡视检查,以便了解和掌握发电机组的运行情况,如发现问题应及时解决,力争把故障消除在萌芽状态。在巡视检查过程中,一般可以通过仪表、保护装置及各种指示信号等设备了解发电机组的运行情况。同时还要依靠运行值班人员的各种感官去观察、监听,及时发现仪表所不能反映的问题,如运行环境的变化、发电机组声响的异常,等等。即使是仪表装置反映的情况也需要通过检查、分析才能做出结论。因此,运行值班人员对发电机组的巡视检查是十分必要的。

2.2.1 工作任务分析

(1)按照水轮发电机组巡视部位及巡视内容,采用目测、耳听、鼻嗅、触试(非带电部位)、仪器检测等方法,对水轮发电机组进行巡视检查,记录巡视结果。

(2)将异常现象与巡视标准进行比较,详细说明。

(3)巡视检查完成后,向值长汇报巡视检查结果。

2.2.2 工作任务准备

(1)熟悉水轮发电机结构原理及型号参数。

(2)熟悉水轮发电机编号、位置及投运情况。

(3)熟悉水轮发电机组巡视部位及巡视标准。

(4)熟悉巡视工具的使用:听针、手电筒、红外测温仪、望远镜、记录本、智能巡检仪等。

(5)做好安全措施:戴安全帽,防摔防撞。

2.2.3 工作任务实施

(1)学员按人数分成小组,穿戴好合格的安全服装、携带好安全工器具。

(2)在现场按规定的巡视线路巡视,对照巡视卡(见表2-3)找出发电机的巡视点,根据每个巡视点的现象判断运行中的发电机有无异常和缺陷。对合格项,在巡视卡"检查结论"栏打"√";对存在缺陷和异常项,在巡视卡"检查结论"栏用文字详细说明。

(3)巡视中注意安全、动作规范。

(4)检查结束后,将安全工器具放回原处,并及时向值长汇报巡视的相关情况。

发电机组运行中巡回检查应重点检查项目见表2-3。

表2-3 发电机组运行中巡视内容及标准

序号	巡视内容	巡视标准	检查结论	备注
1	发电机本体	(1)滑环表面不发黑,无剧烈火花跳动,碳刷软铜线完好,无卡死现象,压簧完好,碳刷在刷握内随滑环旋转均匀抽动; (2)各空气冷却器和管路、接头、阀门无"三漏"(漏油、漏水、漏气)现象,冷风温度均匀,不过热,冷却水压正常; (3)推力轴承、下导轴承及油槽瓦温、油温、油色、油位合格,无漏油、甩油现象,冷却水压力正常,水流畅通; (4)定子外壳不过热,定子、转子线圈及各部引线不发热,电气及机械固定螺丝和销钉无松动脱落; (5)风闸在落下位置,无跳动和爬升现象,机组自动控制屏(简称机自屏)上触摸屏显示"风闸落下",大轴接地碳刷良好; (6)风洞内无异音、异味、异物		

续表 2-3

序号	巡视内容	巡视标准	检查结论	备注
2	励磁装置	(1)励磁系统各部分接线牢固、无松动; (2)各调节柜、整流柜运行正常,盘内各种指示灯正常,盘内无焦臭味,整流柜风机运行正常		
3	压油装置	(1)压油罐、回油箱油压、油位、油色、油质正常; (2)两台油泵均处于“自动”状态,必要时卸压进行自动启停试验		
4	调速器	(1)调速器运行稳定,主配压阀无异常抽动、跳动,表计指示及显示正常; (2)主接力器无异常抽动、跳动,无明显渗漏		
5	风闸系统	(1)加闸用气的气压指示为0.55~0.7 MPa; (2)加闸系统各阀门位置正确,阀门不漏气		
6	机组制动屏、机自屏、蝶阀控制柜	(1)各屏(柜)内电源断路器投切位置正确,无事故及故障指示; (2)屏(柜)内液晶显示屏正常显示且与现场相符,各表计指示正确		
7	水机室	(1)各屏(柜)内电源断路器(刀闸)投切位置正确,信号指示正常; (2)屏(柜)内液晶显示屏正常显示,各表计指示正确,与现场相符		
8	水轮机本体	(1)供水系统阀门位置正确,各压力指示正常,滤水器内无杂音,滤水器进出水压差不超过0.05 MPa; (2)水轮机运转声音正常,无异常振动,各表计指示正确,冷却器和管路、接头、阀门无渗漏,冷却水压正常; (3)主轴密封水压正常,主轴密封装置和导叶轴套无过大漏水,顶盖上无淤积堵塞现象,排水通畅; (4)水导轴承温度正常,油位观察窗可见正常打油,冷却水压正常; (5)剪断销无剪断; (6)机组油、水、气管路接头及阀门无渗漏现象		

续表 2-3

序号	巡视内容	巡视标准	检查结论	备注
9	蝶阀部分	(1)电源投入,各表计及位置指示正确,油压正常,手动/自动切换手柄在“自动”位置; (2)接力器无异常抽动、异响,检修排油阀全关,供油阀全开,蝶阀锁锭在投入位置; (3)油位正常		
10	尾水管、伸缩节部分	(1)尾水管和伸缩节无剧烈振动,伸缩节漏水量不过大; (2)尾水管及蜗壳进入孔不漏水; (3)真空破坏阀无漏水		

2.2.4 工作任务相关知识

2.2.4.1 水轮发电机的巡视项目

(1)发电机声音正常、振动正常,轴向窜动不超标。

(2)发电机定子绕组、铁芯、转子绕组温度正常。

(3)发电机滑环、电刷、弹簧安装牢固、压力适当。

(4)励磁系统的工作状况:励磁屏内的工作电源、可控硅整流元件的冷却风机、整流元件的熔断器、励磁系统各部分接线牢固、无松动。

(5)各调节柜、整流柜运行正常,盘内各种指示灯正常,盘内无焦臭味,整流柜风机运行正常。

(6)发电机各连接部件无过热现象。

(7)保护装置正常运行,无异常报警信号。

(8)发电机轴承温度正常。

(9)大轴接地电刷接触良好,电刷边缘仅允许微小火花。

(10)机组各油槽的油位正常、油质良好。

(11)辅助设备的“工作”和“备用”状态定期切换。

(12)调速器及油压装置的工作状态正常。

(13)机组保护切换片的位置正确。

2.2.4.2 水轮发电机常见缺陷

(1)发电机过负荷。

(2)发电机定子、转子和铁芯温度过高。

(3)发电机电气二次回路故障。

(4)发电机转子一点接地。

2.2.5 拓展提高

(1)在机组和系统发生故障后和机组检修后,应增加巡视检查次数,具体要求由值长决定。

(2)励磁功率柜门在发电机运行时,检查人员不得将门打开。风机滤网应定期清扫(每星期清扫 1 次)。

(3)在气候突然变化时及雷雨季节,系统运行方式改变,对于新投产或检修后的机组,运行人员应根据实际情况增加巡视检查次数。

(4)在巡视检查中,要注意各种电源有无失去。

(5)在巡视检查中及时检查各种信号灯、光字牌是否备全,状态正确,及时联系更换损坏的灯泡。

2.2.6 工作任务评价

本工作任务评价考核主要评价学生在"教、学、做"一体教学过程中对发电机巡视检查知识和技能的掌握程度。具体评价标准见附录 1 中附表 1-2 设备巡视检查工作过程考核评价表。

2.2.7 工作任务思考

1. 发电机正常巡视检查项目有哪些?
2. 水轮发电机常见缺陷有哪些?
3. 如何监视发电机的温度?
4. 如何监视发电机组轴承的油质?
5. 如何监视发电机组声响与振动?

工作任务 2.3 发电机组的倒闸操作

由于发电厂机组设备差异较大,其倒闸操作票也存在较大差异,但总原则是按照开停机操作步骤进行的,在此不再列举发电机组开停机操作票。随着自动化程度不断提高,或采用综合自动化系统,发电厂开停机倒闸操作也越来越简单。

2.3.1 水轮发电机组正常自动开机及并网操作

码 2-2 微课-发电机开机相关知识

2.3.1.1 工作任务分析

水轮发电机组正常开机前应做正常巡视检查,检查机组是否具备开机条件。对于立式机组,如果停机时间较长,开机前需要顶转子,目的是让立式机组的推力轴承建立起油膜,使机组的轴承在启动过程中不至于因干摩擦而损坏。

随着自动化程度的提高,水电厂开机及并网操作已经由主厂房的手动开机转换为在中控室进行自动开机及并网操作。

2.3.1.2 工作任务准备

(1)做好安全措施:戴安全帽、绝缘手套,防摔防撞。

(2)熟悉操作工具使用方法:安全帽、绝缘手套、隔离开关操作杆、高压验电器、三相短路接地线、标示牌、电脑钥匙、录音笔、操作票及夹板等。

2.3.1.3 工作任务实施

学员按人数分成小组,做好安全措施,在教师指导下模拟进行立式水轮发电机组正常开机并网操作。

1. 熟悉立式水轮发电机组正常开机步骤

(1)进行开机前的检查。

(2)当满足开机条件时,退出调速器锁锭,打开调速器总供油阀,开启发电机风机,打开冷却水。打开导叶至空载开度,使转子转速升至额定转速。

码 2-3 微课-发电机组开机流程

(3)合上发电机灭磁开关,起励建压,升压至额定电压。

(4)同期后合上发电机断路器,使发电机并入系统运行。

(5)按照调度命令,带上有功(增加进水量)和无功(增加励磁电流)负荷。

(6)检查机组各部分运行情况,并做好记录。

2. 填写发电机组自动开机并网操作票

(1)做好开机前的准备工作。

(2)按需要进行顶转子操作。

(3)检查确认发电机组各部冷却水压力正常,油色、油位、油质符合要求,机组 LCU(计算监控地控制单元)备用条件满足。

码 2-4 某水力发电公司发电机冷备用转运行倒闸操作票

(4)检查蝶阀控制柜内电源屏上总电源断路器 QF1、调速器 $1^{\#}$油泵电源断路器 QF2、调速器 $2^{\#}$油泵断路器 QF3、蝶阀控制电源断路器 QF4、机组控制电源断路器 QF5、调速器控制电源断路器 QF10、蝶阀动力电源断路器 QF12($3^{\#}$发电机多一个技术供水过滤器电源断路器 QF13)在合位(ON)。检查联络电源断路器 QF7 在断开位置(本机无电源时 QF7 处于合位,$1^{\#}$、$2^{\#}$机互为备用,$3^{\#}$、$4^{\#}$机互为备用)。

(5)检查测温制动屏后照明及风机电源开关断路器 QF0、$1^{\#}$泵控制开关断路器 QF1、$1^{\#}$泵功率开关断路器 QF2、$2^{\#}$泵控制开关断路器 QF3、$2^{\#}$泵功率开关断路器 QF4、$1^{\#}$加热控制开关断路 QF5、$1^{\#}$加热电源开关断路器 QF6、$2^{\#}$加热控制开关断路 QF7、$2^{\#}$加热电源开关断路器 QF8、直流电源开关断路器 QF9 在合位(ON)。

(6)检查机组 LCU 屏后切换装置交流电源开关断路器 QF1、切换装置直流电源开关断路器 QF2、温度巡检仪直流电源开关断路器 QF3、操作回路直流电源开关断路器 QF4、主编程电源开关断路器 QF5、传感器电源开关断路器 QF6、扩展继电器电源开关断路器 QF7、备用可编程电源开关断路器 QF8、测量 TV(电压互感器)开关断路器 QF9 在合位(ON)。

(7)检查调速器柜内交流、直流电源开关断路器均投入(ON),导叶全关,接力器锁锭投入,面板显示无异常,手动/自动(试验/运行)切换手柄至自动(运行)位置,调速器油压符合要求,总供油阀115在全开位置。

(8)检查蝶阀控制柜及蝶阀现地单元无异常、指示正确,蝶阀在全开位置,蝶阀系统主阀及油泵手动/自动切换手柄均处于“自动”位置、油压正常。

(9)检查测温及制动屏电阻测温各表计正常显示,测温制动柜面板上调速器油泵手动/自动切换手柄均处于“自动”位置,风闸制动系统各阀门投切正确,总进气阀307全开、自动刹车供气阀309全开、自动刹车复位排气阀313全开、手动刹车进气阀311全关、手动刹车排气复位阀304全关。制动气压符合要求、制动侧气压为零。

(10)检查机组LCU触摸屏显示正常,符合备用条件:水轮机导叶全关,各部冷却水投入且冷却水压符合要求,油位在规定范围内,风闸全部落下,定子加热驱潮装置投入;调速器接力器锁锭投入,油压在规定范围内,断路器位置为分,蝶阀已开启,无故障及事故报警。

(11)检查天F发电机保护测控装置运行正常。

(12)检查天F发电机保护已按通知单要求整定加用,各压板位置满足机组备用条件。

(13)检查保护测控屏上TK位于“断开”位,1STK位于“断开”位,KSH位于“远方”位置。

(14)检查天F发电机励磁调节柜内交流电源开关QF1和QF2、操作回路交流电源开关QF3、平板电脑交流电源开关QF4、直流电源开关QF5和QF6、操作回路交流电源开关QF7、励磁TV开关QF8、机端TV开关QF9、母线TV开关QF10、调节器背板交流电源开关(1S1、2S1)、调节器背板直流电源开关(1S2、2S2)在合位。

(15)检查天F发电机励磁功率柜内风机电源开关QF2、风机控制电源开关QF3、同步电压开关QF4、直流合闸电源开关QF5、直流起励电源开关QF6以及灭磁开关FMK确在合位。

(16)检查天F发电机励磁空载过压投切压板XB1、励磁开机联动起励压板XB2确已加用,停机联动灭磁开关投切压板确已停用。

(17)检查天71(天72、天73、天74)开关确在“分闸”位置。

(18)检查天713(天723、天734、天744)刀闸确在“接通”位置。

(19)检查天712(天722、天733、天743)刀闸确在“接通”位置。

(20)检查天711(天721、天732、天742)刀闸确在“接通”位置。

(21)在监控后台发开机并网命令,监视机组启动并网。

(22)发电机出口开关并网成功后,检查天71(天72、天73、天74)开关确在“合闸”位置。

(23)按调度命令,调整机组无功、有功负荷。

(24)检查操作员工作站及发电机保护测控装置各数据是否正常。

(25)检查水导轴承打油情况。

(26)加用高周切机压板(加用原则:始终保持一台机的压板处于停用位置)。

(27)全面检查。

3. 模拟发电机组自动开机具体操作

在教师指导下，严格按电气设备倒闸操作流程进行（详见工作领域1电气运行基本能力训练部分介绍）。

码 2-5 微课-发电机手动开机并网操作

1）检查机组开机必备条件

（1）机组无事故。

（2）风闸落下。

（3）开关在断开位。

2）开机前机组操作

当要进行机组操作时，触摸画面中“机组操作”键，则弹出机组操作密码输入画面，见图2-4。

码 2-6 微课-发电机自动开机并网操作

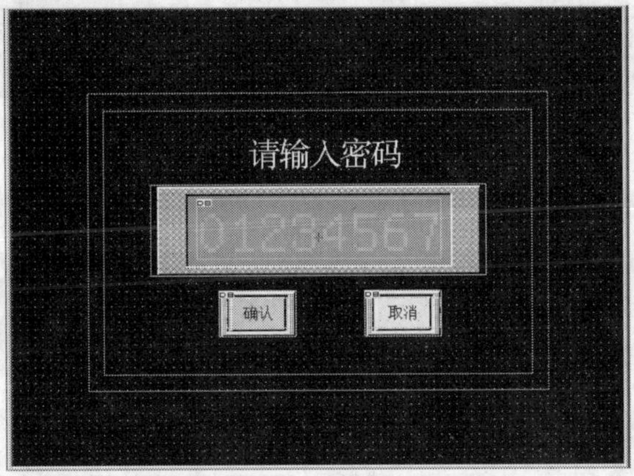

图 2-4 机组操作密码输入画面

触摸密码显示窗口，屏幕弹出一个键盘，输入正确密码并按回车键，则密码显示窗口显示正确密码，此时按“确认”键可进入机组操作画面，见图2-5。

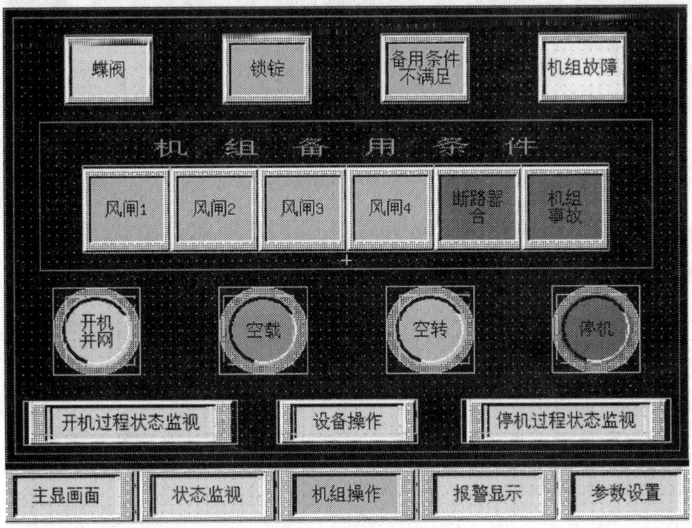

图 2-5 机组操作画面

3)机组的开机操作

进入机组操作画面后,触摸“开机”键,将进入图 2-6 所示的开机操作确认画面。此时触摸“确认”键,若备用条件满足,将发出开机令,画面将切换至开机过程监视画面,见图 2-7;若触摸“取消”键,画面将返回机组操作画面。

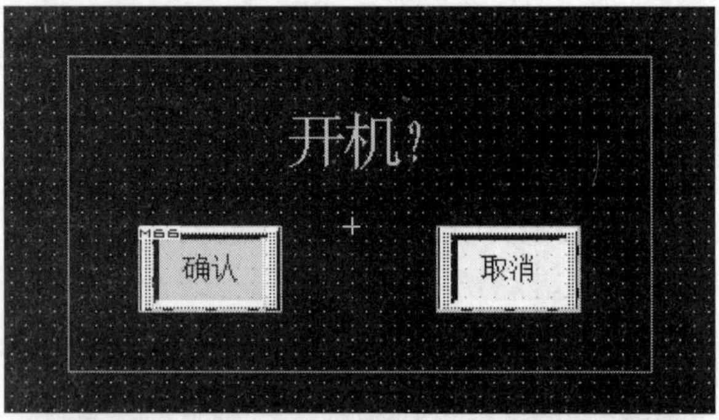

图 2-6　开机操作确认画面

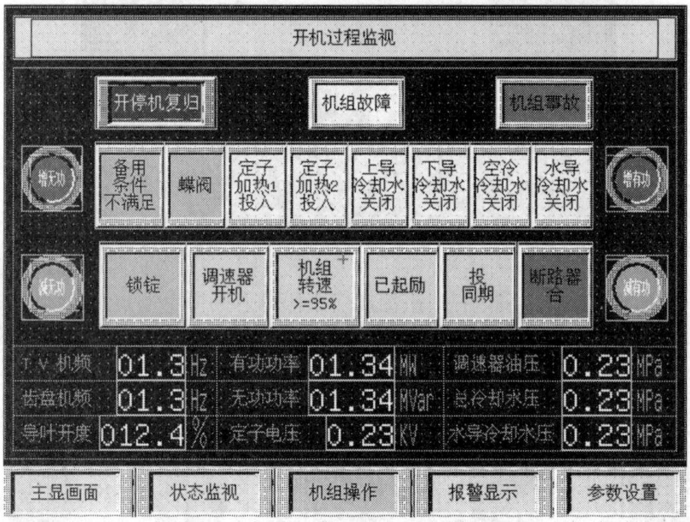

图 2-7　开机过程监视画面

2.3.1.4　工作任务相关知识

发电机组的倒闸操作主要是同期并列操作,同期并列是电力系统运行中一项非常重要的操作任务,必须由具有正值以上资格的运行人员进行。

1. 同期并列应符合的条件

(1)待并列断路器两侧相序、相位基本一致,相角差小于 30°。

(2)待并列断路器两侧电压差:一般情况下,500 kV 系统:<10%;220 kV、330 kV 系统:<20%。

(3)待并列断路器两侧频率差:<0.5 Hz。

2. 同期并列装置的组成

1) 同期测量表计

同期测量表计为组合式同期表,其中包括电压差表、频率差表和同期表三部分。电压差表和频率差表反映待并发电机和运行系统之间的电压差值和频率差值,表针指示正向(向上)或反向(向下)偏转,即为待并系统高于或低于运行系统的电压值和频率值。同期表指针转向顺时针为待并系统相角超前运行系统,逆时针为待并系统相角滞后运行系统。

2) 同期监测继电器

同期监测继电器用来鉴定两个系统的同期条件。当同相的相角差在0°~±30°范围内时触点闭合并列。可防止操作人员对整步表判断不正确,在相角差较大时误并列。

3) 同期表计转换开关

同期表计转换开关包括三个位置:“断开”“粗略”“精确”。平时断路器处在“断开”位置,同期表计退出,以防止同期表和同期继电器因长时间带电而损坏;开关在“粗略”位置时,分别接入电压表和频率表,以监视电压和频率,而同期表不接入,此时比较的是电压的大小和频率,如果是发电厂则可以通过粗调使电压的大小和频率相同;将同期表计转换开关置于“精确”位置时,分别接入电压表、频率表和同期表,此时比较的是电压的大小、频率及相位,如果是发电厂则可以通过细调使相位也一致。

4) 同期闭锁解除转换开关

置同期闭锁解除转换开关于投入同期闭锁位置,同期监测继电器的触点串接于合闸小母线之间,当同期并列条件不满足时,继电器动作,其动断触点断开,闭锁了断路器控制回路。置同期闭锁解除转换开关于解除闭锁位置,同期监测继电器触点被短接,从而解除断路器闭锁回路。

5) 同期开关

同期开关有“投入”和“断开”两个位置,切至“投入”位置时是将两侧电压引至同期小母线。由于在同一时间内只允许对一台断路器进行并列操作,每个同期点断路器均装有同期开关,并共用一个操作把手。操作把手只有在同期开关位于“断开”位置时才能抽出,以保证在同一时间内只对一台断路器进行并列操作。

6) 断路器控制开关

断路器控制开关为手动操作断路器分、合闸的控制开关。

3. 发电厂(变电站)手动准同期的操作步骤

发电厂(变电站)手动准同期的操作步骤如表2-4所示。

表2-4 手动准同期的操作步骤

序号	操作步骤
1	合同期开关于“投入”位置,将两侧电压引至同期小母线上
2	同期闭锁解除转换开关切至同期闭锁投入位置,即投入同期监测继电器
3	将同期表计转换开关切至“粗略”位置,使电压表和频率表投入,监测电压表和频率表读数。对于发电厂,还要根据电压表和频率表的读数进行粗调(粗调励磁电流和进水量),使发电机电压和频率与系统接近相等

续表 2-4

序号	操作步骤
4	将同期表计转换开关切至“精确”位置,使同期表投入,同期表指针开始旋转。对于发电厂,要根据同期表的指针旋转方向进行细调(调节水轮机进水量),调至同期表的指针向顺时针方向缓慢旋转(3~4 r/min)
5	将断路器控制开关切至“预备合闸”位置,同时观察同期表,待指针快靠近红线时(提前5°~10°),将断路器控制开关切至“合闸”位置,实现同期操作
6	合闸成功后红灯闪光,置于“合闸后”位置,红灯停止闪光而发平光
7	退出同期表计转换开关和同期开关

2.3.1.5　拓展提高

1.机组开机条件检查

码 2-7　微课-三维仿真电站1#发电机手动开机操作

(1)机组单元设备(发电机、调速器、蝶阀及相应屏柜)所有操作电源、动力电源、保护电源均投入,机组保护已按保护整定通知单内容整定加用。

(2)机组出口开关在分位,两侧相关刀闸(包括互感器、励变回路刀闸)均在合位。

(3)上位机及机组LCU触摸屏显示满足备用状态:水轮机导叶全关、风闸全部落下、断路器在分开位置、无故障信息、无事故报警。

(4)调速器处于正常的运用状态,面板指示正确,手动/自动(试验/运行)切换手柄处于“自动(运行)”位置,接力器锁锭投入。

(5)调速器油压装置处于正常的运用状态,油压、油位符合要求,总供油阀115全开,测温制动柜面板上调速器油泵手动/自动切换手柄均处于“自动”位置。

(6)蝶阀系统主阀及油泵手动/自动切换手柄均处于“自动”位置,油压正常。

(7)制动系统三通切换阀置于“给气”侧,制动柜内风闸侧气压为零,各阀门处于自动刹车状态。

(8)钢管已充水。

2.禁止开机的情况

机组若遇下列情况之一禁止开机:

(1)进水闸(前池快速闸)、蝶阀、尾水闸门任一未全开时。

(2)机组任一油槽油位或油质不合格时。

(3)供水系统不能正常供给冷却水时。

(4)调速器油罐不能维持正常油压、油位时。

(5)调速系统存在严重缺陷,调速器自动调节失灵而手动又不能控制时。

(6)风闸系统自动与手动均不能加闸时。

(7)机组主要保护不能投入运行时。

(8)油槽油温低于5 ℃时。

3. 顶转子操作

在下列情况下,开机之前应进行顶转子操作:

(1)机组小修及大修后。

(2)推力油槽(推力瓦)检修后。

2.3.1.6 工作任务评价

本工作任务评价考核主要评价学生在“教、学、做”一体教学过程中对发电机开机并网操作知识和技能的掌握程度。具体评价标准见附录1中附表1-3设备倒闸操作工作过程考核评价表。

2.3.1.7 工作任务思考

1. 发电机正常开机步骤有哪些?

2. 哪些情况下,发电机组开机之前应进行顶转子操作?

3. 发电机组同期并列应符合什么条件?

4. 简述发电机组同期并列装置的组成。

2.3.2 水轮发电机组正常自动解列,停机备用操作

2.3.2.1 工作任务分析

在中控室进行发电机组自动解列,停机备用。

2.3.2.2 工作任务准备

(1)做好安全措施:戴安全帽、绝缘手套,防摔防撞。

(2)熟悉操作工具使用方法:安全帽、绝缘手套、隔离开关操作杆、高压验电器、三相短路接地线、标示牌、电脑钥匙、录音笔、操作票及夹板等。

2.3.2.3 工作任务实施

学员按人数分成小组,做好安全措施,在教师指导下模拟进行立式水轮发电机组正常停机操作。

码2-8 微课-水轮发电机的手动停机操作

1. 熟悉水轮发电机组的正常停机操作步骤

(1)减有功负荷(减小进水量)、减无功负荷(减小励磁电流),减至零。

(2)拉开发电机断路器,使发电机与系统解列。

(3)减小发电机励磁电流,使发电机机端电压降至零。

(4)关闭导水机构。

(5)当机组转速降至额定转速的35%左右时,刹车。

(6)关闭冷却水,关闭发电机风机。

(7)投入调速器锁锭,关闭调速器总供油阀。

(8)对机组进行检查并记录。

码2-9 微课-水轮发电机自动停机

2. 模拟发电机组的自动停机具体操作

在教师指导下,严格按电气设备倒闸操作流程进行(详见工作领域1电气运行基本能力训练部分介绍)。

进入机组操作画面后,触摸“停机”键,将进入图2-8所示的停机操

作确认画面。此时触摸“确认”键,将发出停机令,画面将切换至停机过程监视画面,见图 2-9;若触摸“取消”键,画面将返回机组操作画面。

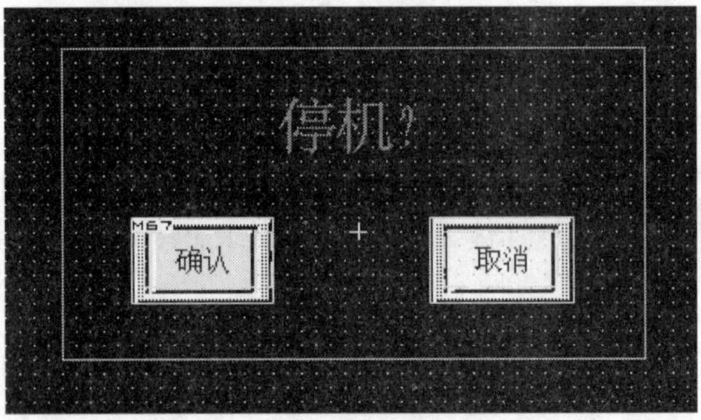

图 2-8　停机操作确认画面

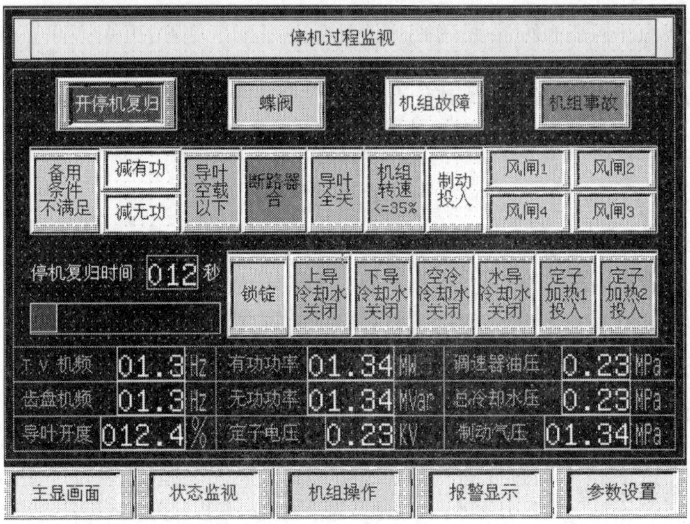

图 2-9　停机过程监视画面

2.3.2.4　**相关知识**

(1)接通知做好停机准备。

(2)在监控后台发停机令,监控机组停机流程执行情况。

(3)停机过程中若 2 min 内机组频率不能降至 17.5 Hz,同时蝶阀关闭程序没启动,应手动关闭蝶阀。

码 2-10　微课-发电机停机流程

(4)停机过程中若机组频率下降至 17.5 Hz 时风闸没有投入,应手动投入风闸进行制动。

(5)待机组停稳后检查风闸已落下(若未落下,应手动撬下),检查定子加热驱潮装置已自动投入。

(6)全面检查。

2.3.2.5　工作任务评价

本工作任务评价考核主要评价学生在“教、学、做”一体教学过程中对发电机停机操作知识和技能的掌握程度。具体评价标准见附录1中附表1-3设备倒闸操作工作过程考核评价表。

2.3.2.6　工作任务思考

1. 发电机正常停机步骤有哪些？

2. 待发电机组停稳后应检查什么？

工作任务2.4　发电机组的异常运行分析及处理

发电机组在运行过程中，由于外界的影响和自身的原因，参数将发生变化，并可能超出正常运行允许的范围。短时间超过规定运行参数或超过规定运行参数不多虽然不会产生严重后果，但长期超过运行参数或者大范围超过运行参数就有可能引起严重的后果，危及发电机组的安全、电力系统的安全，甚至是人身安全。因此，当设备出现异常运行时，必须及时进行处理，避免发展成为事故，造成更大的影响和损失。

2.4.1　工作任务分析

(1)值班人员应随时对发电机组进行监视、检查，通过发电机组的声音、油位、油温、油色、气味等现象的变化，判断发电机组是否出现异常，从而采取相应的处理措施，避免出现发电机组事故。

(2)机组运行中发生故障时，机组LCU触摸屏主画面及监控系统故障指示光字牌由绿色变为黄色，进入“报警显示”可查看详细报警记录，相应故障报警光字牌由绿色变为黄色。值班人员应根据信号，迅速查明原因，并设法尽快消除，将情况及经过详细记录在交接班记录和设备缺陷登记表内，同时报告车间负责人。若故障无法消除，由负责人确定是否停机或联系检修处理。

2.4.2　工作任务准备

(1)做好安全措施：戴安全帽、绝缘手套，防摔防撞。

(2)熟悉异常处理工具使用方法：安全帽、绝缘手套、500 V摇表、2 500 V摇表、三相短路接地线、裸露铜线、尖嘴钳等。

2.4.3　工作任务实施

(1)学员按人数分成小组，正确穿好合格的安全服装，戴好安全帽，携带好安全工器具。

(2)根据相应的作业标准或要求，在运行人员的监护下，模拟对异常情况进行正确处理，到异常情况消失。

(3)对照工具、材料清单清点工器具，处理结束后，将安全工器具放回原处，详细记录并及时汇报处理情况。

【案例2-1】 开停机未完成

若发现以下异常现象,可以判断是开停机未完成:

(1)当发出开机令而机组长时间没并网时。

(2)发出停机令而长时间未复归时。

(3)LCU出现开停机未完成故障信号。

其处理步骤如下:

(1)查看开停机流程界面。

(2)根据流程指示到现场检查各信号是否正确。

(3)检查完毕后可触摸“开停机复归”键清除该故障显示并重新开机。

【案例2-2】 轴承温度升高

若发现温度升高报警显示画面中相应光字牌(×××轴承温度升高)由绿色变为黄色,可以判断是温度升高。

其处理步骤如下:

(1)查明电阻测温装置接线是否松动,若是因为接触不良造成的,应进行紧固。

(2)检查冷却器进、排水阀是否全开,水流、水压是否正常,进、出水口温差是否正常,若不正常应及时调整。

(3)检查油面、油色是否合格,油温是否正常,有无严重漏油、甩油,若不正常应及时处理。

(4)倾听轴承内有无异响,测量机组摆度有无异常增大,若无异常增大,应调整机组负荷。

(5)加强轴瓦温度监视。

(6)若是发电机空气冷却器进/出风温度升高,则:

①查明电阻测温装置接线是否松动,若是因为接触不良造成的,应进行紧固;

②检查冷却器进、排水阀是否全开,水流、水压是否正常,进、出水口温差是否正常,若不正常应及时调整;

③检查各空冷器进出水阀开度是否适当,冷却水压、水流是否正常,各冷却器温度是否普遍升高,应适当增大冷却水流量;

④检查供水系统总水压是否下降,若下降应及时调整;

⑤若空冷器温度整体上升,其他温度正常,应对空冷器冷却水正、反向切换;

⑥上述方法无效,温度继续升高,应及时汇报,降低机组有功和无功负荷,联系检修处理。

【案例2-3】 发电机上导推力(下导)油位过高

若发现以下异常现象,可以判断是发电机上导推力(下导)油位过高:

(1)报警显示栏中上导推力(下导)油位过高光字牌由绿变黄。

(2)从上导(下导)油位计观察油位升高。

其处理步骤如下:

(1)检查上导推力、下导油槽油面是否确实升高:

①从模拟量列表中读取上导(下导)油位读数,确定油位是否升高;

②从上导(下导)油位计观察油位是否升高;

③判断油位升高是否属于误动作。

(2)若油面升高,应判明原因进行处理:

①从油位计处观察,油质呈乳化状态,温度下降,油位上升较快,其原因应是冷却器漏水,可能是冷却器铜管穿孔或连接法兰处密封损坏,应立即停机处理。

②若油位上升不是太多太快,温度同时升高,这是由于温度升高所致。

(3)加强轴瓦温度监视。

【案例2-4】 发电机上导推力(下导)油位过低

若发现以下异常现象,可以判断是发电机上导推力(下导)油位过低:

(1)报警显示栏中上导推力(下导)油位过低光字牌由绿变黄。

(2)从上导(下导)油位计观察油位不足。

其处理步骤如下:

(1)检查上导推力、下导油槽油面是否确实过低:

①从模拟量列表中读取上导(下导)油位读数,确定油位是否过低。

②从上导(下导)油位计观察油位是否过低。

③判断油位过低是否属于误动作。

(2)若油面过低,应判明原因进行处理:检查进、排油阀是否关严,有无严重漏油和甩油现象,若漏油和甩油现象严重,应立即停机处理,否则,加油至正常油位。

(3)加强轴瓦温度监视。

【案例2-5】 水导油位过高、过低

若发现LCU故障显示水导油位过高、过低光字牌亮,可以判断是水导油位过高、过低。

其处理步骤如下:

(1)该故障信号仅用于开机之前的监测,开机后不作监视。

(2)油位过低光字牌亮时,开机之前应给水导下油盆注油,信号复归后才允许开机。

(3)油位过高光宁牌亮时允许开机。

【案例2-6】 风闸指示不复归

若发现以下异常现象,可以判断是风闸指示不复归:

(1)LCU主画面备用条件不满足、风闸光字牌闪烁。

(2)输入开关量画面中,四个风闸除刹车和顶转子时“风闸顶起”光字牌同时亮起呈黄色外,正常状态下均应显示“风闸落下”且光字牌呈黄色,其他现象如顶起时无指示或少指示(一至四个顶起指示未亮为黄色),或一至四个落下指示未亮为黄色和运行中有一至四个“风闸顶起”指示亮为黄色均为不正常状态。

其处理步骤如下:

(1)检查制动侧气压是否为零,三通切换阀是否符合现场实际。

(2)检查风闸是否落下,如未落下,撬下风闸。

(3)检查风闸行程开关位置,如风闸在落下位置,调整行程开关行程。

【案例2-7】 齿盘测速无数据

若发现齿盘机频无数据,可以判断是齿盘测速无数据。

其处理步骤如下：

(1)检查齿盘测速装置接线对接头是否可靠。

(2)检查齿盘测速装置传感器有无信号输出(可观察信号指示灯是否亮)，距离是否符合要求。

(3)检查传感器本身是否损坏。

【案例2-8】 上导冷却水、下导冷却水、水导冷却水、空冷器冷却水中断

若发现相应冷却水中断光字牌亮(黄色)，可以判断是上导冷却水、下导冷却水、水导冷却水、空冷器冷却水中断。

其处理步骤如下：

(1)查明上导示流信号器、下导示流信号器、水导示流信号器、空冷器示流信号器是否误动，若为示流信号器误动作，联系检修调整示流信号器。

(2)查看模拟量显示画面中总冷却水压和水导冷却水压是否正常。

(3)现场检查技术供水系统总水压和水导水压是否正常。

(4)若系水导冷却水中断，应手动冲洗过滤器，使水压正常；若不能正常供水，应打开备用阀门供水。

(5)若仍不能解决，则停机处理。

【案例2-9】 锁锭无法投/退

若发现备用条件不满足，锁锭投入(锁锭退出)光字牌闪烁，可以判断是锁锭无法投/退。

其处理步骤如下：

(1)检查锁锭本身是否因调速器接力器未关闭到位而压住，如因此原因而不能投/退，手动调整导叶开限为零。

(2)检查锁锭投/退是否到位，锁锭投退传感器指示灯在投/退到位时应亮；如果到位，应调整传感器距离，否则，手动将锁锭投/退到位。

(3)检查传感器本身是否损坏。

【案例2-10】 蝶阀油压过高、过低

若发现以下异常现象，可以判断是蝶阀油压过高、过低：

(1)蝶阀控制柜油压异常光字牌亮。

(2)LCU输入开关量蝶阀油压过高/低光字牌亮。

其处理步骤如下：

(1)检查蝶阀油压是否正常。

(2)在蝶阀现地柜上切油泵手动运行，观察油泵运行是否正常。

(3)检查蝶阀控制系统各阀门位置是否正确，接力器是否存在漏油。

(4)检查蝶阀油泵是否处于自动状态，油泵是否能正常启动。

(5)检查蝶阀现地柜回油箱油位是否正常。

(6)调整油位、油压正常。

【案例2-11】 调速器油压装置油压异常

若发现调速器油压装置油压异常光字牌亮，可以判断是调速器油压装置油压异常。

其处理步骤如下：

(1)检查油压装置是否异常。

(2)检查调速系统管路接头、阀门有无严重漏油、跑油并处理。

(3)检查油泵是否能正常启动。

【案例2-12】 剪断销剪断

若发现以下异常现象,可以判断是剪断销剪断:

(1)剪断销剪断光字牌亮。

(2)机组振动及摆度增大,声音异常。

其处理步骤如下:

(1)到水车室检查剪断销是否剪断(拐臂与联杆分离),判明剪断销信号器是否误动作。

(2)若剪断销剪断一个,而系统不允许停机处理,测量机组振动或摆度在允许范围内,可将调速器切换到"手动/试验"运行,运行中机组振动或摆度超过允许值,应手动调整导叶开度,以减小机组振动或摆度,同时要加强机组各部轴瓦温度监视,通知检修人员处理。

(3)若剪断销剪断两个或两个以上,应立即报告值长,停机处理。

【案例2-13】 发电机温度升高

若发现以下异常现象,可以判断是发电机温度升高:

(1)警铃响,监控后台有光字信号弹出,机组故障栏中线圈(铁芯)温度升高,光字牌显示黄色。

(2)机组测温屏显示发电机线圈(铁芯)温度升高过快或不正常升高。

其处理步骤如下:

(1)若是过负荷升高,可适当降低出力。

(2)检查三相电流是否平衡。

(3)检查并调整各部冷却水压。

(4)检查温度计、温度表是否正常。

(5)若采取措施无效,可申请解列,停机处理。

(6)处理完毕,复归光字信号。

【案例2-14】 发电机过负荷

若发现以下异常现象,可以判断是发电机过负荷:

(1)警铃响,监控后台有光字信号弹出。

(2)机组故障栏中过负荷光字牌显示黄色。

其处理步骤如下:

(1)检查定子电流是否超过允许值,注意监视发电机各部温度。

(2)可首先在电压允许范围内,降低无功负荷。

(3)降低无功负荷无效时,适当降低有功负荷。

【案例2-15】 发电机转子一点接地

若发现警铃响,监控后台有光字信号弹出,机组故障栏中转子一点接地光字牌显示红色,可以判断是发电机转子一点接地。

其处理步骤如下:

(1)在保护测控屏上检查正负极对地电阻情况。

(2)检查是否工作人员不小心所致。

(3)清洁擦拭或用气吹扫滑环(注意采取措施,防止工作过程中短路或接地)。

(4)无效时,申请解列,停机处理。

(5)停机之前,应注意电压、电流变化,并将检查情况做好记录。

【案例 2-16】　发电机操作、测控、保护电源中断

若发现警铃响,监控后台有光字信号弹出,机组故障栏中保护异常光字牌显示黄色,可以判断是发电机操作、测控、保护电源中断。

其处理步骤如下:

(1)检查屏后空开是否断开,接线是否松动。

(2)检查直流馈电屏上开关是否断开,直流系统是否故障。

(3)检查后不能确定缺陷原因,通知检修人员处理。

2.4.4　工作任务相关知识

2.4.4.1　报警显示画面

在主显画面的左上角和右上角分别是故障总指示和事故总指示光字牌。当机组有故障时,故障指示光字牌由绿色变为黄色;当机组有事故时,事故指示光字牌由绿色变为红色。机组操作画面有故障总指示和事故总指示光字牌。

2.4.4.2　故障显示和故障复归

当要查看故障详细信息时,可触摸画面下部的“报警显示”键,画面将切换至图 2-10 所示的“故障显示”画面。右下角光字牌显示的有“温度升高报警”,触摸该处可进入图 2-11 所示的“温度升高报警显示”画面。

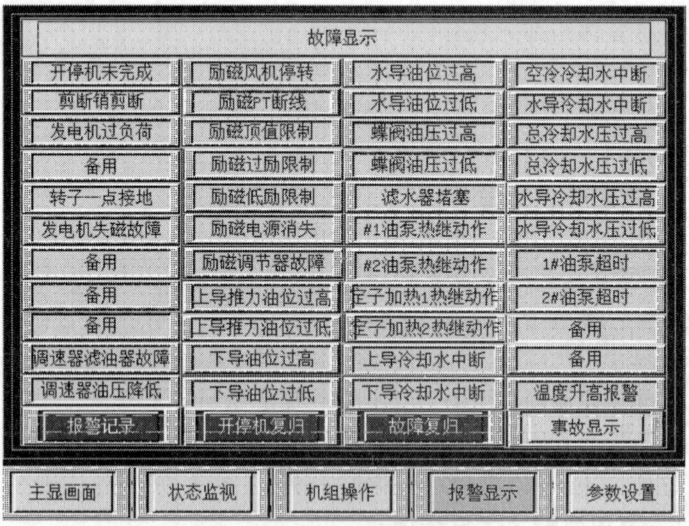

图 2-10　“故障显示”画面

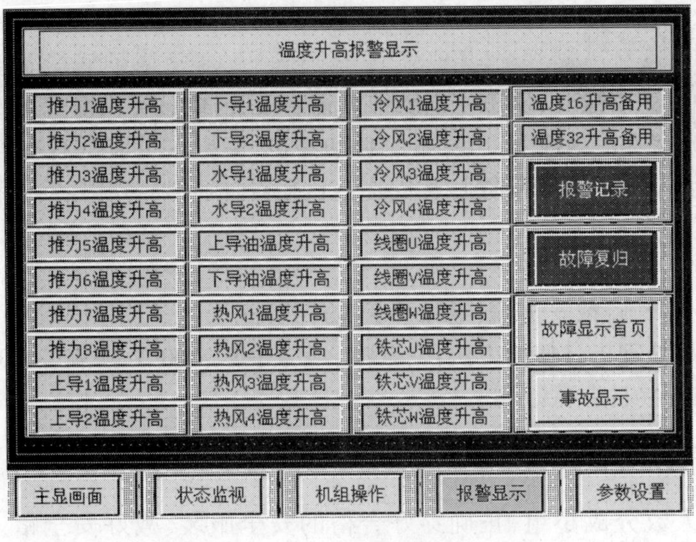

图 2-11 “温度升高报警显示”画面

故障显示:画面中的光字牌上显示了故障的名称,无故障时,相应光字牌为绿色,当有故障时,相应光字牌变为黄色。

故障复归:当机组发生故障时,该故障将会自保持。若该故障已排除,可触摸“故障复归”按钮清除故障指示。

2.4.5 工作任务评价

本工作任务评价考核主要评价学生在“教、学、做”一体教学过程中对发电机各种异常情况处理知识和技能的掌握程度。具体评价标准见附录1中附表1-4设备异常情况处理工作过程考核评价表。

2.4.6 工作任务思考

1. 发电机运行中常发生哪些异常？如何处理？
2. 发电机发生过负荷情况时如何处理？

工作任务2.5 发电机组的事故处理

电力生产过程当中,运行人员的主要任务就是保证设备正常运行,尽量减少和避免事故的发生,而一旦发生事故,应以最快的速度处理,尽可能多地保留送电范围,此时所进行的必要操作称为事故处理。此时,如果不立即进行相关操作,就有可能酿成人身、电网、设备事故,或导致事故扩大。因此,对于事故,应以预防为主,加强正常运行监督,及时消除缺陷,落实各种反事故措施,加强技术培训,进行反事故演习,提高处理事故的应变水平。

2.5.1 工作任务分析

机组运行中发生事故时,值班室电脑中央音响报警,机自屏及监控系统事故画面显示相应信息,相应光字牌由绿色变红色,机组自动停机,值班人员应沉着冷静,正确判断,迅速处理,并详细记录相关情况和向上级汇报。

2.5.2 工作任务准备

(1)做好安全措施:戴安全帽、绝缘手套,防摔防撞。

(2)熟悉事故处理工具使用方法:安全帽、绝缘手套、500 V 摇表、2 500 V 摇表、三相短路接地线、裸露铜线、尖嘴钳等。

2.5.3 工作任务实施

(1)学员按人数分成小组,正确穿好合格的安全服装、戴好安全帽、携带好安全工器具。

(2)根据相应的作业标准或要求,在运行人员的监护下,在现场对事故处理预案进行演习,对事故情况进行正确处理。

(3)对照工具、材料清单清点工器具,处理结束后,将安全工器具放回原处,详细记录并及时汇报处理情况。

【案例 2-17】 机组过速

若发现以下现象,则可判断是发电机组过速:

(1)事故显示栏中机组过速光字牌显示红色。

(2)机组转速上升,PT(电压互感器)测速和齿盘测速达到或超过 70 Hz(140%)。

(3)机组声音异常,振动及摆度增大。

(4)蝶阀自动关闭。

其处理步骤如下:

(1)监视自动关机情况:

①检查发电机出口开关天 71(天 72、天 73、天 74)已断开,若未断开,应立即手动帮助。

②导叶开度全关到零。

③监视蝶阀关闭情况,若未自动关闭,应手动关闭。

④机组频率降到 17.5 Hz($35\%N_e$)时自动加闸,若自动刹车拒动,应立即手动刹车。

(2)若过速未引起自动停机,应视为拒动,立即按下紧急停机按钮。

(3)机组事故停机后,应复归紧急停机按钮。

(4)将调速器切换阀置于手动(试验)位置,配合检修人员对机组进行全面检查,特别是应仔细检查转动部分有无异常。

(5)若确认过速保护误动作,应立即复归紧急停机按钮后开机并网或备用。

【案例 2-18】 机组轴承温度过高

若发现以下现象,则可判断是发电机组轴承温度过高:

(1)事故显示栏中机组推力、上导、下导、水导温度过高,任一光字牌显示红色。

(2)机组推力、上导、下导、水导温度任一超过整定事故温度。

其处理步骤如下:

(1)监视自动关机情况:

①检查发电机出口开关天71(天72、天73、天74)已断开,若未断开,应立即手动帮助。

②导叶开度全关到零。

③监视蝶阀关闭情况,若未自动关闭,应手动关闭。

④机组频率降到17.5 Hz(35%N_e)时自动加闸,若自动刹车拒动,应立即手动刹车。

(2)若温度过高未引起自动停机,应视为拒动,立即按下紧急停机按钮。

(3)通知检修人员处理。

【案例2-19】 调速器低油压事故

若发现以下现象,则可判断是调速器低油压事故:

(1)事故显示栏中调速器事故光字牌显示红色。

(2)调速器油压低于1.9 MPa。

其处理步骤如下:

(1)监视自动关机情况:

①检查发电机出口开关天71(天72、天73、天74)已断开,若未断开,应立即手动帮助。

②导叶开度全关到零。

③监视蝶阀关闭情况,若未自动关闭,应手动关闭。

④机组频率降到17.5 Hz(35%N_e)时自动加闸,若自动刹车拒动,应立即手动刹车。

(2)若低油压未引起自动停机,应视为拒动,立即按下紧急停机按钮。

(3)通知检修人员处理。

【案例2-20】 发电机差动保护动作

若发现以下现象,则可判断是发电机差动保护动作:

(1)蜂鸣器响,监控后台有光字信号弹出,机组事故栏中差动保护光字牌显示红色。

(2)保护动作,机组解列停机。

其处理步骤如下:

(1)若发电机出口开关天71(天72、天73、天74)和FMK(发电机灭磁开关)未断开,应立即断开。

(2)若着火,应立即灭火。

(3)对差动保护范围内的一次设备进行外观检查有无异常。

(4)通知修试人员对发电机绝缘、二次回路进行全面检查。

(5)若检查无异常,经生产经理或总工程师批准后,可开机做递升加压试验;若有异常,应立即停机检修。

(6)若升压空载运行3~5 min无异常,可申请并网,递增负荷。

码2-11 微课-发电机差动保护动作事故处理

【案例 2-21】 复压过流保护动作

若发现以下现象,则可判断是复压过流保护动作:

(1)蜂鸣器响,监控后台有光字信号弹出,机组事故栏中复压过流光字牌显示红色。

(2)保护动作,机组解列停机。

其处理步骤如下:

(1)若发电机出口开关天 71(天 72、天 73、天 74)和 FMK 未断开,应立即断开。

(2)对一次设备做详细的外观检查。

(3)若差动保护未投入时复压过流保护动作且原因不明,可按差动保护动作处理。

(4)若差动保护已正常投入,应与调度联系是否系统事故。

(5)消除事故后,可复归光字信号,开机并网。

【案例 2-22】 发电机过电压保护动作

若发现以下现象,则可判断是发电机过电压保护动作:

(1)蜂鸣器响,监控后台有光字信号弹出,机组事故栏中发电机过电压光字牌显示红色。

(2)保护动作,机组解列停机。

其处理步骤如下:

(1)若发电机出口开关天 71(天 72、天 73、天 74)和 FMK 未断开,应立即断开。

(2)若原因不明,应立即停机通知修试人员对发电机进行绝缘、二次回路检查。

(3)检查无异常后,可复归光字信号,开机空载运行。

(4)空载运行无异常后,申请并网。

【案例 2-23】 发电机失磁保护动作

若发现以下现象,则可判断是发电机失磁保护动作:

(1)蜂鸣器响,监控后台有光字信号弹出,机组事故栏中失磁事故光字牌显示红色。

(2)保护动作,机组解列停机,灭磁开关跳开。

其处理步骤如下:

(1)若发电机出口开关天 71(天 72、天 73、天 74)和 FMK 未断开,应立即断开。

(2)若确系人为误动作引起,可不检查,立即投入运行。

(3)若其他保护未动作,只因 FMK 跳闸引起,应特别注意:

①发电机出口开关未断开,应立即断开。

②立即退出励磁调节装置。

③检查 FMK 的操作回路、操作机构有无异常。

④通知修试人员处理。

(4)处理正常后,复归光字信号,申请开机。

【案例 2-24】 发电机发生剧烈振荡或失去同步

若发现以下现象,则可判断是发电机发生剧烈振荡或失去同步:

(1)发电机发出有节奏的轰鸣声。

(2)定子电流、有功功率、无功功率、转子电流值来回剧烈摆动。

(3)强励装置可能动作。

其处理步骤如下：

(1)应尽可能增加发电机的励磁电流。

(2)应适当调整机组有功负荷(若转速升高降低有功负荷，转速降低增加有功负荷)。

(3)采取措施1 min内无效时，应立即停机处理。

(4)恢复正常后，申请开机并网。

【案例2-25】 发电机非同期并列

若发现以下现象，则可判断是发电机非同期并列：

(1)定子电流突然升高。

(2)发电机和母线上各电压降低。

(3)机组发出“吼”的声音并较大振动。

(4)定子电流、电压值剧烈摆动。

其处理步骤如下：

(1)若机组无强烈振动和声响，可不必解列停机。

(2)若机组强烈振动不衰减，应立即解列停机。

(3)通知修试人员检查发电机各部绝缘、同期回路情况以及定子绕组端部有无变形并处理。

(4)检查无异常后，经总工程师批准后可开机起励。

(5)空载运行无异常后，申请并网。

【案例2-26】 发电机转子两点接地

若发现以下现象，则可判断是发电机转子两点接地：

(1)蜂鸣器响，监控后台有光字信号弹出，机组事故栏中转子两点接地光字牌显示红色。

(2)保护动作，机组解列停机，灭磁开关跳开。

其处理步骤如下：

(1)若发电机出口开关天71(天72、天73、天74)和FMK未断开，应立即断开。

(2)检查转子回路有无着火，若发生着火，应立即灭火。

(3)通知修试人员处理。

(4)处理正常后，复归光字信号，申请开机。

【案例2-27】 发电机转子匝间短路

若发现以下现象，则可判断是发电机转子匝间短路：

(1)机组振动。

(2)转子电流增加并摆动。

其处理步骤如下：

(1)减少无功、有功负荷。

(2)停机通知检修人员处理。

【案例2-28】 发电机励磁回路断线或接触不良

若发现以下现象，则可判断是发电机励磁回路断线或接触不良：

(1)发电机转子电流为零(转子回路断开)或接近于零(励磁回路断开)。

(2)转子电压升高或降低。

(3)定子电流升高并摆动。

(4)定子电压降低并摆动。

(5)无功表指示在零以下。

其处理步骤如下:

(1)若转子电流指示降低,应检查分流回路接触是否良好,否则应立即停机。

(2)通知检修人员对励磁回路、转子进行检查处理。

【案例 2-29】 发电机着火

若发现以下现象,则可判断是发电机着火:

(1)发电机保护动作,机组解列停机。

(2)风洞盖板处冒烟,可闻到绝缘焦味,同时可能出现火星。

其处理步骤如下:

(1)若保护拒动,应按下紧急停机按钮停机并报告车间领导。

(2)确认发电机无电压后,打开消防阀门进行灭火(无须全开时则不要全开),直至火灭。

(3)若热风口打开,应立即关闭。

(4)灭火中应注意:

①不准破坏风洞密封。

②若灭火装置故障而不能使用时,值班人员必须设法使用灭火器等一切能灭火的措施进行灭火。

③灭火时不得使用泡沫灭火器或沙子(地面油类灭火时,可用沙子灭火,但应注意不使沙子落到发电机内或其轴承上)。

④火扑灭后,进入风洞内必须戴防毒面具。

(5)汇报公司领导研究处理。

【案例 2-30】 发电机滑环打火处理

(1)运行人员应定期对滑环、碳刷运行情况进行检查并清擦,轻微打火时,可不必立即停机。

(2)当有不合格的碳刷运行,滑环打火时,应通知检修人员更换。

(3)当火花较大可能造成绝缘损坏引起短路事故时,应立即按下紧急停机按钮停机,并通知检修人员处理。

2.5.4 工作任务相关知识

2.5.4.1 事故显示

当要查看事故详细信息时,可在“故障显示”画面中,触摸画面下部的“事故显示”键,画面将切换至图2-12所示的“事故显示”画面。

事故显示画面中的光字牌上显示了事故的名称,无事故时,相应光字牌为绿色,当有事故时,相应光字牌变为红色。

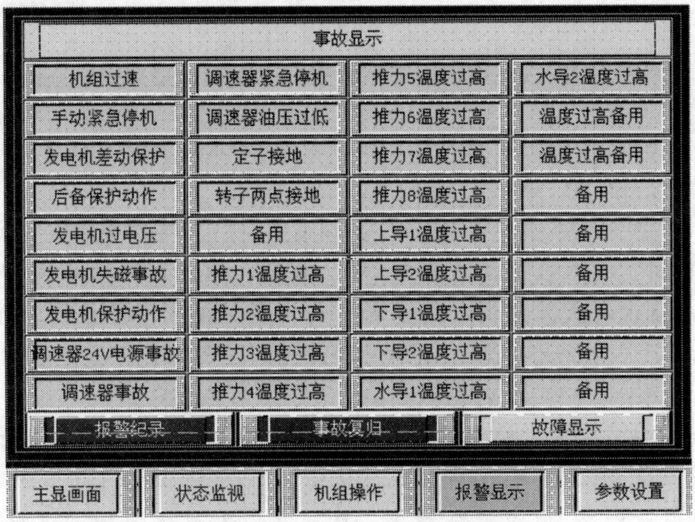

图 2-12 “事故显示”画面

2.5.4.2 事故复归

当机组发生事故时,该事故将会自保持;若该事故已排除,可触摸“事故复归”按钮清除事故指示。

2.5.5 拓展提高

若遇下列情况之一,并已确定构成事故时,可按下机组 LCU 屏内紧急停机按钮:

(1)机组突然连续发出强烈的冲击声或撞击声,并且一时无法消除时。

(2)机组振动、摆度突然超过允许值,且无法消除,并继续恶化时。

(3)轴承温度每分钟升高 2~3 ℃,且继续上升接近停机温度时。

(4)确认发电机着火。

(5)机组转速上升至 140%n_N,导叶不能关闭时。

(6)严重危及设备和人身安全时。

2.5.6 工作任务评价

本工作任务评价考核主要评价学生在“教、学、做”一体教学过程中对发电机各种事故处理知识和技能的掌握程度。具体评价标准见附录 1 中附表 1-5 设备事故处理工作过程考核评价表。

2.5.7 工作任务思考

1. 发电机主差动保护动作分闸应如何处理?
2. 发电机起火如何处理?
3. 发电机出现哪些情况时,应立即停止运行?

小　结

工作领域2主要训练学生掌握发电厂中水轮发电机的运行工况监视、巡视检查、倒闸操作、异常运行分析与处理、事故处理等职业技能。

工作任务2.1主要熟悉水轮发电机运行工况监视的内容及要求。在计算机监控的水电厂中,在中央控制室的上位机显示器上,运行值班人员通过画面切换,对水轮发电机进行状态监视、事故监视及故障监视。运行值班人员监视主控室监控屏上水轮发电机的测量表计、位置指示灯和信号光字牌,抄录运行数据,填写值班日志和运行日志,随时掌握水轮发电机的运行状态。

工作任务2.2主要熟悉水轮发电机的正常巡视检查项目和运行维护内容。按照发电机组巡视部位及巡视内容,采用目测、耳听、鼻嗅、触试(非带电部位)、仪器检测等方法,对发电机组进行巡视检查,记录巡视结果。将异常现象与巡视标准进行比较,并详细说明。巡视检查完成后,向值长汇报巡视检查结果。

工作任务2.3主要熟悉水轮发电机倒闸操作原则、水轮发电机开停机操作。发电机组的倒闸操作主要是同期并列操作,同期并列是电力系统运行中一项非常重要的操作任务,必须由具有正值以上资格的运行人员进行。随着水电厂自动化程度的提高,水电厂开机及并网操作已经由主厂房的手动开停机转换为在中控室进行自动开机及并网操作,在中控室进行发电机组自动解列、停机备用。

工作任务2.4主要熟悉水轮发电机的常见异常现象及正确处理方法。值班人员应随时对发电机组进行监视、检查,通过发电机组的声音、油位、油温、油色、气味等现象的变化,判断发电机组是否出现异常,从而采取相应的处理措施,避免出现发电机组事故。值班人员在发电机组运行中发现不正常现象时,应设法尽快消除,同时报告车间负责人并将情况及经过详细记录在交接班记录和设备缺陷登记表内。

工作任务2.5主要熟悉水轮发电机的事故现象及正确处理方法。机组运行中发生事故时,值班室电脑中央音响报警,机自屏及监控系统事故画面显示相应信息,相应光字牌由绿色变红色,机组自动停机,值班人员应沉着冷静,正确判断,迅速处理,并详细记录相关情况和向上级汇报。

工作领域3 变压器的运行

【思政导引】

榆横—潍坊1 000 kV特高压交流输变电工程——撑起西电东送的桥梁

榆横—潍坊工程途经陕西、山西、河北、山东4省,新建晋中、石家庄、潍坊3座变电站和榆横开关站,变电容量1 500万kVA,扩建济南变电站出线间隔,全线双回路架设,全长2×1 048.5 km。工程投资241.8亿元,于2015年5月获得国家发展和改革委员会核准,于2017年建成投运。榆横—潍坊工程是迄今为止输电距离最长的特高压交流工程,工程首次采用解体运输变压器,降低大件运输风险,减少工程费用。工程还全面采用我国自主开发的特高压交流输电技术和装备。

榆横—潍坊1 000 kV特高压交流输变电工程于2017年5月18日开始系统调试,8月5日顺利完成5大类36项调试项目,并同步完成了榆横站和潍坊站扩建工程的建设和调试。2017年8月14日11时,榆横—潍坊1 000 kV特高压交流输变电工程顺利完成72 h试运行,正式投入运行,标志着列入国家大气污染防治行动计划重点输电通道的"四交"特高压工程建设任务全部圆满完成。

榆横—潍坊工程对于促进陕西与山西能源基地开发,加快资源优势向经济优势转化,拉动内需和经济增长,带动装备制造业转型升级,提高华北地区电网承载能力具有重要意义,与党的二十大提出的"加快建设现代化经济体系,着力提高全要素生产率,着力提升产业链供应链韧性和安全水平,着力推进城乡融合和区域协调发展,推动经济实现质的有效提升和量的合理增长"要求相契合。

(1)促进了陕西与山西能源基地开发与外送。陕西、山西作为我国的煤炭大省,靠近东部发达地区,区位优势突出,是建立大型煤电基地的首选。国家规划重点建设的13个大型煤炭基地中,神东、陕北、黄陇3个基地均位于或部分位于陕西,最大可支撑新增煤电装机超过5 000万kW。山西也是国家"十二五"规划纲要确定的五大综合能源基地之一,晋北、晋中、晋东煤炭基地均被列入我国13个大型煤炭基地,开展前期工作煤电项目约8 000万kW,亟需加快建设外送通道。

(2)有效缓解了华北地区电力供需矛盾。京津冀鲁地区经济发达,电力需求持续快速增长,由于一次能源资源匮乏,土地和环保空间有限,电力供需矛盾日益凸显,且为改善大气环境质量,需要进一步控制煤电机组建设,大规模接受区外电力的要求极为迫切。考虑在建、已获得核准和路条的电源后,亟须从区外大量输入电力。榆横—潍坊工程建成后,与锡盟—山东等特高压交流工程形成互联,充分发挥了特高压交流大容量、远距离、多落点和网络功能优势,有力支撑了华北特高压交直流主网架构建,提高了华北地区电网承载能力,大幅提高“西电东送”能力,有效缓解了华北地区用电紧张局面。

(3)有力拉动经济增长。特高压电网投资大,具有产业链长、带动力强、中长期经济效益显著等优势,对稳增长、调结构、惠民生将发挥十分关键的推动作用。

【学习任务描述】

1. 学习并懂得变压器运行的基本知识。
2. 掌握并具备变压器的运行工况监视职业技能。
3. 掌握并具备变压器的巡视检查及维护职业技能。
4. 掌握并具备变压器的倒闸操作职业技能。
5. 掌握并具备变压器的异常分析与处理职业技能。
6. 掌握并具备变压器的事故处理职业技能。
7. 养成与人合作的团队精神和良好的职业道德。
8. 养成安全生产的工作作风,实践安全第一的生产理念。
9. 培养刻苦钻研、好学上进的精神,树立终身学习的理念。

工作任务 3.1 变压器的运行监视

运行监视是运行值班人员日常工作的主要任务,变压器是电力系统最核心的元件,它的运行监视必须严格遵守变压器技术说明和要求进行。

3.1.1 工作任务分析

(1)在计算机监控的水电厂中,在中央控制室的上位机显示器上,运行值班人员通过画面切换,对变压器进行状态监视、事故监视及故障监视。

(2)运行值班人员监视主控室监控屏上变压器测量表计、位置指示灯和信号光字牌,抄录运行数据,填写值班日志和运行日志,随时掌握变压器的运行状态。

3.1.2 工作任务实施

学员按人数分成小组,正确进行变压器运行中的数据监视,根据上位机显示器画面,抄录变压器运行参数填入运行日志,也可通过打印机打印变压器运行参数。

操作员工作站正常运行时主接线图上显示有:

(1)变压器各侧电压、电流、有功功率、无功功率、功率因数。

(2)变压器油温。

(3)主变压器有载分接开关位置等。

学员应观察上位机显示器画面,认真监视变压器运行状态并抄录变压器运行参数填入运行日志,也可通过打印机打印变压器运行参数。每小时抄表一次,如变压器过负荷,则至少 0.5 h 记录 1 次,严重过负荷时,10 min 记录 1 次。

当操作员工作站不能正常显示这些数据时,应及时向有关维护人员反映,同时到变压器保护屏查看相应保护测控装置的测量保护参数是否正确,有无报警信息。

当主变温度显示不正常时,应到主变保护屏处查看温度测量装置的测量是否正确,并与主变现场用于温控的温度表进行比较,不一致应尽快向车间领导反映。

3.1.3　工作任务相关知识

3.1.3.1　变压器运行工况监视内容

(1)监视主变及厂用变温度、主变冷却系统运行是否正常。

(2)监视主变及其辅助设备相关数据和状态信息是否正常。

(3)监视电气主接线上各设备运行是否正常,有无报警信号。

(4)监视各断路器、隔离开关、接地开关位置指示灯是否正常。

(5)监视与电网相联系的一次系统潮流分布是否正常,频率、电压是否正常。

(6)监视直流系统运行是否正常,有无报警信号。

(7)监视继电保护及自动装置运行是否正常。

(8)监视厂用电系统有关设备参数、状态是否正常。

(9)监视光字牌亮牌情况。

(10)对事故音响、预告音响进行试验检查。

(11)监视本厂微机网络的运行情况。

(12)查看日报表中各整点时段的参数,完成各类报表的制作及打印输出。

(13)填写运行管理信息。

3.1.3.2　变压器运行工况监视的要求

(1)变压器正常运行应按铭牌规范,其冷却装置必须按规定同时投入。

(2)变压器在检修或长时间停运后,投入运行前应测量绝缘电阻,且合格。

(3)变压器正常运行时的允许温度和温升。

①变压器正常运行时的允许温升为 55 ℃,绕组的允许温升为 65 ℃。

②当周围空气温度为 40 ℃时,变压器的允许温度为 105 ℃,上层油温不得超过 95 ℃。

②变压器正常运行时上层油温一般不得超过 75 ℃。

④当上层油温高于 55 ℃时,冷却风扇自动启动,当上层油温降至 45 ℃时风扇自动停止。

(4)变压器正常运行时,无论变压器在哪挡运行,运行电压不得高于该挡(该运行分接头)额定电压的 105%,不得低于该挡(该运行分接头)额定电压的 95%,此时,其容量保持不变,变压器可带该挡的额定电流运行。

(5)变压器的过负荷运行。

①变压器任一侧电流超过其额定值,该变压器就是过负荷运行。变压器正常运行时,一般不宜过负荷。如遇事故,可在短期急救负载下运行,但此时应投入全部冷却器,并尽量压减负载,减少时间,一般不超过 0.5 h。

②事故过负荷按 0.5 h 方式运行时,其负载系数不得超过表 3-1 的规定。

表 3-1　短期急救负载出现时允许的负载系数 K_2 值

K_1	环境温度/℃					
	40	30	20	10	0	-10
0.7	1.45	1.50	1.50	1.50	1.50	1.50
0.8	1.42	1.48	1.50	1.50	1.50	1.50
0.9	1.38	1.45	1.50	1.50	1.50	1.50
1.0	1.34	1.42	1.48	1.50	1.50	1.50
1.1	1.30	1.38	1.42	1.50	1.50	1.50
1.2	1.26	1.32	1.38	1.45	1.50	1.50

注:K_1 为短期急救负载出现前的负载系数;负载系数为该侧的负荷电流和该侧的运行档位额定电流的比值。

③事故过负荷按过负荷方式运行时,其时间不得超过表 3-2。

表 3-2　过负荷允许持续时间

负荷倍数	1.30	1.45	1.6	1.75	2.00
允许持续时间/min	120	80	45	20	10

④当变压器有严重缺陷(如冷却系统不正常,严重漏油,有局部过热现象,油中溶解气体分析结果异常等)或绝缘有弱点时,不允许超过运行挡位额定电流运行。

⑤变压器一般不宜过负荷运行,但在特殊需要时,也可根据现场情况适当正常过负荷,其值不得超过表 3-3 的规定。

表 3-3　允许过负荷时间

过负荷倍数 I/I_e	过负荷前上层油温升/℃					
	18	24	30	36	42	48
1.05	5:50	5:25	4:50	4:00	3:00	1:30
1.10	3:50	3:25	2:50	2:10	1:25	0:30
1.15	2:50	2:35	1:50	1:20	0:35	
1.20	2:05	1:40	1:15	0:45		
1.25	1:35	1:15	0:50	0:25		
1.30	1:10	0:50	0:30			
1.35	0:55	0:35	0:15			
1.40	0:40	0:25				
1.45	0:25	0:10				
1.50	0:15					

注:上述时间表示为"小时:分钟",环境温度 40 ℃。

⑥无论是正常过负荷,还是事故过负荷,变压器的运行极限温度及温升均不得超过第(3)条的规定,当接近极限值时必须随时停运变压器。

(6)变压器运行中操作员工作站的数据监视。

①操作员工作站正常运行时,其主接线图上显示有高压侧电流、电压、有功功率、无功功率、温度等数据,运行值班人员应认真监视其运行状态并1 h抄表1次,如变压器过负荷,则至少0.5 h记录1次;严重过负荷时,10 min记录1次。

②当操作员工作站不能正常显示这些数据时,应及时向有关维护人员反映,同时到变压器保护屏查看相应保护测控装置的测量保护参数是否正确,有无报警信息。

③当主变温度显示不正常时,应到主变保护屏处查看温度测量装置的测量是否正确,并与主变现场用于温控的温度表进行比较,不一致时应尽快向车间领导反映。

(7)变压器正常运行时,当值值长或班长每班至少两次检查主变压器的运行情况,每周一的22时左右应进行1次熄灯检查,仔细观察各侧套管,各侧连线接头有无放电和过热状况及其他异常状况。

3.1.3.3 变压器的允许运行方式

1. 允许温度

变压器在运行中,电能在铁芯和绕组中的损耗转变为热能,引起各部位发热,使变压器温度升高。当热量向周围辐射传导,发热和散热达到平衡状态时,各部分的温度趋于稳定。

变压器运行时各部分的温度是不相同的,绕组温度最高,其次是铁芯,绝缘油的温度最低。为了便于监视运行中变压器各部分温度情况,规定以上层油温来确定变压器运行中的允许温度。变压器的允许温度主要取决于绕组的绝缘材料。我国电力变压器大部分采用A级绝缘,即浸渍处理过的有机材料,如纸、木材、棉纱等。对于A级绝缘的变压器,在正常运行中,当周围空气温度最高为40 ℃时,变压器绕组的极限工作温度为105 ℃。由于绕组的平均温度比油温高10 ℃,同时为了防止油质劣化,所以规定变压器上层油温最高不超过95 ℃,而在正常情况下,为使绝缘油不过速氧化,上层油温不超过85 ℃。对于采用强迫油循环水冷和风冷的变压器,上层油温不宜经常超过75 ℃。

若变压器的温度长时间超过允许值,则变压器的绝缘容易损坏。因为绝缘长期受热后要老化,温度越高,绝缘老化越快。当绝缘老化到一定程度时,在运行振动和电动力作用下,绝缘容易破裂,且易发生电气击穿而造成故障。

此外,当变压器绝缘的工作温度超过允许值后,由于绝缘的老化过程加快,其使用寿命将缩短。例如:

绝缘工作温度为95 ℃时,使用年限为20年;

绝缘工作温度为105 ℃时,使用年限为7年;

绝缘工作温度为120 ℃时,使用年限为2年。

可见,变压器的使用年限主要取决于绕组的运行温度。因此,变压器必须在其允许的温度范围内运行,以保证变压器合理使用寿命。

2. 允许温升

变压器温度与周围空气温度的差值叫变压器的温升。当变压器的温度升高时,绕组的电阻会加大,使铜损增加。因此,对变压器在额定负荷时各部分的温升做出的规定为允许温升。

对 A 级绝缘的变压器,当周围最高温度为 40 ℃时,国家标准规定绕组的温升为 65 ℃,上层油温的允许温升为 45 ℃。只要上层油温及其温升不超过规定值,就能保证变压器在规定的使用年限内安全运行。

3. 变压器的过负荷能力

变压器的过负荷能力,是指它在较短的时间内,所能输出的最大容量。在不损害变压器绝缘和降低变压器使用寿命的条件下,它可能大于变压器的额定容量,因此变压器的额定容量和过负荷能力具有不同的意义。

变压器的过负荷能力分为正常情况下的过负荷能力和事故情况下的过负荷能力。变压器正常过负荷能力可以经常使用,而事故过负荷能力只允许在事故情况下使用。

4. 电压变化允许范围

变压器在电力系统中运行,由于系统运行方式的改变以及负荷的变化,电网电压总有一定的波动,所以加在变压器一次绕组上的电压也可能有波动。当电网电压小于变压器分接头电压时,对于变压器本身没有什么损害,只是可能降低一些出力。但当电网电压高于变压器额定电压很多时,则对变压器运行会产生不良影响。

当变压器的电源电压增高时,变压器的励磁电流增加,造成变压器铁芯损耗加大而过热。同时,由于励磁电流的增加,变压器消耗的无功功率也随之增加,会使变压器实际出力降低。另外,对 Y,yn0 接线的变压器,当励磁电流增加时,磁通密度增大,磁路饱和,会引起一次、二次绕组电动势波形发生畸变,产生的高次谐波对变压器绝缘有一定的危害。

因此,变压器的电源电压一般不得超过额定值的 5%。不论电压分接头在任何位置,如果电源电压不超过额定值的 5%,则变压器二次绕组可带额定负荷。

5. 变压器绝缘电阻允许值

变压器安装或检修以及长期停用后,在投入运行前,均应测量绕组的绝缘电阻,测量绝缘电阻是检查变压器绕组状态最基本的方法。测量时根据变压器的电压等级选择相应等级要求的兆欧表。一般采用电压为 500~2 500 V 的兆欧表,使用时将仪表放平稳,当转速达到 120 r/min 时,读取绝缘电阻值。

测量结果应与历次情况或原始数据比较,认为合格时,便可将变压器投入运行。如绝缘电阻不合格,应查明原因。通常用吸收比法判明变压器绕组的受潮程度,要求吸收比 $R_{60s}/R_{15s}>1.3$。绝缘电阻的吸收比一般与变压器的上层油温、电压等级有关,上层油温在 10~30 ℃时,35~60 kV 不低于 1.2,110 kV 以上不低于 1.3。当绝缘很好时,吸收比可接近于 2,如吸收比小于 1.2,则认为变压器有受潮现象。所以,测量吸收比是判别一台变压器的绕组绝缘是否受潮的一个主要方法。

为了使历年测得的绝缘电阻有可比性,规定变压器绕组的绝缘电阻测定以第 60 s 测得的结果为准,而且变压器必须在冷态和热态下各摇测 1 次,记录摇测时的上层油温,所用的兆欧表电压等级也应当相同。

3.1.4　工作任务评价

本工作任务评价考核主要评价学生在“教、学、做”一体教学过程中对变压器运行监视知识和技能的掌握程度。具体评价标准见附录1中附表1-1设备运行监视工作过程考核评价表。

3.1.5　工作任务思考

1. 变压器运行监视的任务有哪些?
2. 什么是变压器的过负荷运行?
3. 变压器正常运行时,运行电压的规定范围?

工作任务3.2　变压器的巡视检查

变压器在运行中,值班人员应定期进行检查,以便了解和掌握变压器的运行情况,如发现问题应及时解决,力争把故障消除在萌芽状态。在巡视检查过程中,一般可以通过仪表、保护装置及各种指示信号等设备了解变压器的运行情况;同时,还要依靠运行值班人员的各种感官去观察、监听,及时发现仪表所不能反映的问题,如运行环境的变化、变压器声响的异常等,即使是仪表装置反映的情况也需要通过检查、分析才能做出结论。因此,运行值班人员对变压器的巡视检查是十分必要的。

3.2.1　工作任务分析

(1)按照变压器巡视部位及巡视内容,采用目测、耳听、鼻嗅、触试(不带电部位)、仪器检测等方法,对变压器进行巡视检查,记录巡视结果。

(2)将异常现象与巡视标准进行比较,详细说明。

(3)巡视检查完成后,向值长汇报巡视检查结果。

码3-1　音频-巡视检查SF7-8000变压器

3.2.2　工作任务准备

(1)熟悉变压器结构原理及型号参数。

(2)熟悉变压器编号、位置及投运情况。

(3)熟悉变压器巡视部位及巡视标准。

(4)熟悉巡视工具使用方法:听针、手电筒、红外测温仪、望远镜、记录本、智能巡检仪等。

(5)做好安全措施:戴安全帽,防摔防撞。

3.2.3　工作任务实施

(1)学员按人数分成小组,穿戴好合格的安全服装、携带好安全工器具。

(2)按规定的巡视线路巡视变压器,对照巡视卡(见表3-4~表3-9)找出变压器的巡视点,根据每个巡视点的现象判断运行中变压器有无异常和缺陷,对合格项,在巡视卡“检查结论”栏打“√”;对存在缺陷和异常项,在巡视卡“检查结论”栏用文字详细说明。

(3)巡视中注意安全、动作规范。

(4)检查结束后,将安全工器具放回原处,并及时向值长汇报巡视的相关情况。

表 3-4 变压器本体巡视内容及标准

序号	巡视内容	巡视标准	检查结论	备注
1	上层油温	(1)温度计完好; (2)记录上层油温; (3)主控室远方测温与本体温度指示数值相符; (4)相同条件下,上层油温高 10 ℃及以上,或负荷不变但油温不断上升,均为异常		
2	油位油色	(1)储油柜的油位正常,油位应与温度相对应; (2)油色正常,为透明的淡黄色		
3	本体附件及各连接处无渗油、漏油	各部位无渗油、漏油,外壳清洁,1 min 超过 1 滴为漏油		
4	气体继电器	(1)瓦斯继电器内应充满油,应无气体; (2)防雨措施完好		
5	运行中的声音	正常运行时,有连续不断的“嗡嗡”电磁声		
6	压力释放装置	防爆系统完整(防爆膜完整无裂纹)		
7	呼吸器	(1)吸附剂干燥,变色硅胶不变色,吸潮后由蓝色变为粉红色; (2)呼吸器畅通,外部无油迹,油位正常		
8	外壳及接地	外壳接地良好,中性点接地刀闸在规定运行位置		

表 3-5 套管及主导流部分巡视内容及标准

序号	巡视内容	巡视标准	检查结论	备注
1	套管	(1)套管油位正常; (2)油色正常,为透明的淡黄色; (3)套管外部无破损、裂纹,清洁,无放电痕迹; (4)法兰无裂纹和严重锈蚀		
2	主导流部分	(1)引线无断股,无损伤,松紧适度; (2)接头接触良好,连接处无过热,可使用测温仪检测		

表 3-6 有载调压装置巡视内容及标准

序号	巡视内容	巡视标准	检查结论	备注
1	运行状态指示	有载分接开关的分接位置及电源指示正常		
2	有载调压机构	有载分接开关的在线滤油装置工作位置及电源指示正常,密封良好		

表 3-7 主变风冷系统巡视内容及标准

序号	巡视内容	巡视标准	检查结论	备注
1	油泵和风扇	(1)油泵、风扇电动机电缆完好; (2)油泵和风扇电动机声响正常,无过热现象; (3)风扇叶子无抖动碰壳现象		
2	冷却系统	(1)冷却系统运行正常,手动、自动运行灵活,运转方向正确(顺时针); (2)冷却器组数应按规定投入,分布合理,运行中的冷却器的油流继电器指示在"流动位置",无颤动现象; (3)冷却器检查及试验正常,辅助、备用冷却器运转和信号正常		

表 3-8 主变中性点设备巡视内容及标准

序号	巡视内容	巡视标准	检查结论	备注
1	电流互感器	套管外部无破损、裂纹,引线接头接触良好,无渗油、漏油		
2	接地装置	变压器各部件的接地完好		
3	避雷器	(1)瓷套清洁,无放电现象,瓷套、法兰无裂纹、破损; (2)避雷器内部无异常声响,不歪斜; (3)引线无松股、断股和弛度过紧、过松现象,接头无松动、发热或变色现象;接地良好; (4)放电计数器指示数正常,并做好记录		

表 3-9　主变端子箱及风冷控制箱巡视内容及标准

序号	巡视内容	巡视标准	检查结论	备注
1	箱体箱门	控制箱和二次端子箱内清洁,箱门应关严		
2	内部	(1)控制箱内电源切换正常、指示正确; (2)继电器、接触器动作正确,无烧损及脱扣现象; (3)自动驱潮装置运行正常; (4)箱内接线无松动、无脱落、无发热现象		

3.2.4　工作任务相关知识

根据运行规程规定,对变压器巡视检查和维护的项目如下。

3.2.4.1　变压器的外部检查

(1)检查油枕内和充油套管内油面的高度,封闭处有无渗漏油现象。如油面过高,一般是由于冷却装置运行不正常或变压器内部故障等所造成的油温过高引起的。如油面过低,应检查变压器各密封处是否有严重漏油现象,油截门是否关紧。油标管内的油色应是透明微带黄色,如呈红棕色,可能是油位计脏污所造成,也可能是变压器油运行时间过长、油温高,使油质变坏引起。

(2)检查变压器上层油温。变压器上层油温一般应在 85 ℃以下,对强迫油循环水冷的变压器应为 75 ℃。如油温突然升高,则可能是冷却装置有故障,也可能是变压器内部故障。对油浸自冷变压器,如散热装置各部分温度有明显不同,则可能是管路有堵塞现象。

(3)检查变压器的响声是否正常。变压器正常运行时,一般有均匀的“嗡嗡”声,这是由于交变磁通引起铁芯振颤而发出的声音。如果运行中有其他声音,则属于声音异常。

(4)检查绝缘套管是否清洁,有无破损裂纹及放电烧伤痕迹。

(5)检查冷却装置运行情况是否正常。对于强迫油循环水冷或风冷的变压器,应检查油、水、温度、压力等是否符合规定。冷却器中,油压应比水压高 $1.0\times10^5 \sim 1.5\times10^5$ Pa。冷却器出水中不应有油,水冷却器部分应无漏水。

(6)检查一次、二次母线,不应过松过紧,接头应接触良好,不过热。

(7)呼吸器应畅通,硅胶吸潮不应达饱和(通过观察硅胶是否变色来鉴别)。

(8)防爆管上的防爆膜应完整无裂纹、无存油,压力释放装置密封良好。

(9)气体继电器无动作。

(10)外壳接地应良好。

3.2.4.2　变压器负荷检查

(1)室外安装的变压器,如没有固定安装的电流表,应测量最大负荷及代表性负荷。

(2)室内安装的变压器装有电流表、电压表的,应记录小时负荷,并画出日负荷曲线。

(3)测量三相电流的平衡情况,对 Y,yn0 连接的变压器,其中性线上的电流不应超过低压绕组额定电流的25%。

(4)变压器的运行电压不应超过额定电压的±5%。如果电源电压长期过高或过低，应调整变压器分接头使电压趋于正常。

3.2.4.3 运行环境检查

检查变压器室通风是否良好，门窗是否完整。

3.2.4.4 停电清扫

变压器除巡视检查外，应有计划地进行停电清扫。停电清扫内容如下：

(1)清扫瓷套管及有关附属设备。

(2)检查母线及接线端子等连接接触情况。

(3)摇测绕组的绝缘电阻以及接地电阻。

3.2.4.5 变压器油质量的简易鉴别

由于对变压器油的要求很高，严格地讲，不经过耐压试验和简化试验很难说明油是否合格，但不合格的油有时可从外观加以鉴别：

(1)油的颜色。新油一般为浅黄色，氧化后颜色变深。新油呈深暗色是不允许的。运行中油的颜色迅速变暗，表示油质变坏。

(2)透明度。新油在玻璃瓶中是透明的，并带有蓝紫色的荧光，如果失去荧光和透明度，说明有机械杂质和游离碳。

(3)气味。变压器油应没有气味，或带一点煤油味，如有别的气味，说明油质变坏。如：烧焦味——油干燥时过热；酸味——油严重老化；乙炔味——油内产生过电弧；其他味——随容器产生。

3.2.5 拓展提高

3.2.5.1 变压器的特殊巡视

1. 新投入或经过大修的变压器的巡视要求

(1)变压器声音应正常，如发现响声特别大、不均匀或有放电声，应认为内部有故障。

(2)油位变化应正常，随温度的增加略有上升，如发现假油面，应及时查明原因。

(3)用手触摸每一组冷却器，温度应正常，以证实冷却器的有关阀门已打开。

(4)油温变化应正常，变压器带负荷后，油温应缓慢上升。

(5)应对新投运变压器进行红外测温。

2. 异常天气时的巡视项目和要求

(1)气温骤变时，检查储油柜油位和瓷套管油位是否有明显变化，各侧连接引线是否有断股或接头处发红现象。各密封处有无渗漏油现象。

(2)大风、冰雹后，检查引线摆动情况及有无断股，设备上有无其他杂物，瓷套管有无放电痕迹及破裂现象。

(3)雷雨、浓雾、毛毛雨、下雪时，检查瓷套管有无沿表面闪络和放电，各接头在小雨中和下雪后不应有水蒸气上升或立即融化现象，否则表示该接头运行温度比较高，应用红外线测温仪进一步检查其实际情况。下雪天气检查引线积雪情况，应及时处理引线积雪过多和冰柱。

(4)高温天气应检查油温、油位、油色和冷却器运行是否正常。必要时,可启动备用冷却器。温度高报警时,一般不提倡直接给变压器外壳冲水降温,因为用水冲洗主变外壳,温度的下降很明显,但那只是上层油温的暂时变化,实际铁芯和绕组的温度仍然很高,会造成误判断。此时可以冲洗散热片,提高散热效率。

3.异常情况下的巡视项目和要求

(1)系统发生外部短路故障后或中性点不接地系统发生单相接地时,应加强对变压器的监视。

(2)运行中变压器冷却系统发生故障,切除全部冷却器时,应尽快查明原因,在许可时间内采取措施恢复冷却器正常运行,在处理过程中注意监视负载、油温。

(3)变压器顶层油温异常升高时,检查变压器的负载和冷却介质的温度,并与在同一负载和冷却介质温度下正常的温度比较;检查温度测量装置是否正常;检查变压器冷却装置和变压器室的通风情况。

(4)过载时应检查并记录负荷电流,检查油温和油位的变化,检查变压器声音是否正常,接头是否发热,冷却装置投入量是否足够,运行是否正常,防爆膜或压力释放器是否动作。在过负荷运行期间,应增加巡视次数,并监视变压器的温度。

(5)变压器发生短路故障或穿越性故障时,应检查变压器有无喷油,油色是否变黑,油温是否正常,电气连接部分有无发热、熔断,瓷质外绝缘有无破裂,接地引下线等有无烧断。

(6)母线电压超过变压器运行挡电压较长时间,应加强监测变压器的上层油温,还应注意监测变压器本体各部的温度,防止变压器局部过热。

4.带缺陷运行时巡视项目和要求

(1)铁芯多点接地而接地电流较大且色谱异常时,应安排检修处理。在缺陷消除前,可采取措施将电流限制在100 mA以下,并加强监视。

(2)对存在其他缺陷的变压器应缩短巡视时间,若发现有明显变化则按照缺陷升级后的规定进行处理。

(3)变压器有部分冷却装置故障,应加强温度监视。

(4)近期缺陷有发展时应增加巡视次数或派专人巡视。

3.2.5.2 变压器定期巡视

(1)外壳及箱沿应无异常发热(每周1次)。

(2)各部位的接地应完好(每周1次)。

(3)各种标记应齐全明显(每周1次)。

(4)各种保护装置应齐全、良好(每周1次)。

(5)消防设施应齐全完好(每月1次)。

(6)贮油池和排油设施应保持良好状态情况(每月1次)。

(7)控制箱和二次端子箱的清扫情况(每月1次)。

(8)控制箱防潮装置运行良好(每周1次)。

3.2.5.3 变压器常见缺陷

(1)本体部分缺陷:渗油、硅胶失效、接地不良、绝缘油参数和设备电气参数不合格。

(2)建筑方面缺陷:基础或电杆酥裂,门型架构焊接点、挂线点强度低。

(3)外接部分缺陷:引线过热、震动大,挂有杂物,绝缘子表面放电、断裂。

(4)附件部分缺陷:风冷电源故障,消防设备管道锈蚀、开裂、压力过高等。

(5)二次部分缺陷:电流、电压回路断线、短路,误接线,直流回路接地等。

3.2.5.4 油浸式变压器油的运行

1. 变压器油的性能

(1)比重:油在20~40 ℃时的比重不超过0.895,由于油的比重小,油内的杂质和水分容易沉淀。

(2)黏度:油在50 ℃时的黏度不超过1.8°E,由于油的黏度小,其对流散热作用较好。

(3)闪点:是指油加热后产生的蒸气与空气混合,遇到明火能发生燃烧的最低温度。闪点表示油的蒸发度,油的闪点越低,其蒸发度越高。油蒸发时成分变坏,黏度加大,体积减小,并可能产生可爆性气体,因此油的闪点越高越好,一般应不低于135 ℃。

(4)凝固点:油的黏度随温度而变化,温度越低,黏度越大。当温度低到一定程度时,油不再流动而凝固,这时的温度称为油的凝固点。变压器油的标号表示凝固点的温度,如25号油表示油在-25 ℃时凝固;45号油表示油在-45 ℃时凝固。凝固点低,油的对流散热性能好。

(5)酸价:表示油中游离酸的含量。酸价的大小表明油的氧化程度和劣化程度。其大小用中和1 g油中的全部游离酸所需要的氢氧化钾的毫克数来表示。酸价越高,说明氧化越严重,因此油的酸价越低越好。

(6)酸、碱、硫及机械混合物:这些杂质对电气设备的绕组、绝缘物、导线和油箱都有腐蚀作用,因此含量越低越好。

(7)安定度(安定性):变压器和空气长期接触和受热,会氧化成酸、树脂、沉淀物等,称为老化现象。安定度是指抗拒绝缘老化的能力,安定度越高越好。安定度的大小,通常以人工氧化后油的酸价和沉淀物的含量来表示,这两个指标越低,油的安定度越高。

2. 变压器油的劣化原因

(1)变压器油在运行中,有可能与空气接触发生氧化,氧化后生成的各种氧化物具有酸性的特点。此外,空气中的湿度会使油受潮,这不仅降低了击穿电压,还会增加介质损耗值。而且受潮后的油对金属有腐蚀作用,引起油中大量沉淀物的产生。一般认为氧化后的油比新油易受潮,而且劣化速度加快2~4倍。

(2)在运行过程中,温度的升高也会使油的劣化加速。根据实测,当平均温度每升高10 ℃时,油的劣化速度就会增加1.5~2倍。试验证明,油的氧化起始温度是60~70 ℃,在这个温度下,油很少发生变质,当温度到达120 ℃时,氧化激烈,温度到达160 ℃时,油迅速变坏。

(3)紫外线的作用也会增加油的氧化速度,因此应避免油受光线的直射。一般油不应装在透明的容器中。

(4)在变压器油的运行过程中,应经常对充油设备进行检查,检查设备的严密性,油枕、呼吸器的工作性能,以及油色、油量是否正常。

(5)应结合变压器的运行维护工作,定期取油样或根据需要不定期取油样(如发现故障后),做油的气相色谱分析,以预测变压器的潜伏性故障,这是防止变压器事故的有效措施。

3. 取油样

从变压器中取油样应在天气干燥时进行。取样时,应从变压器底部油阀门处放油,首先将积水放掉,并放走底部积存的污油,然后用干净布将油阀门擦净,继续放少许油进行冲洗,并用清洁油将取样瓶洗涤干净,再将油灌入瓶内。灌油时,应严防泥土、水分、灰尘、纤维等杂质进入油样内。

装油容器最好用带毛玻璃塞的玻璃瓶,装油后用塞子将瓶口塞紧,再用火漆或蜡加封,以免油内进入潮气。

取样多少取决于试验项目,一般耐压试验应不少于 0.5 L(约 0.45 kg),简化试验不少于 1 L(约 0.9 kg)。

启瓶试验时,如室内温度比取油样时高,则应使两者温度接近后才能启瓶塞,以防止油样受潮。

4. 变压器油的简化试验

新的和运行中的变压器油都需要做试验。按照变压器运行规程,变压器油每年都要取油样进行试验。试验项目一般有耐压试验、介质损耗试验及简化试验。

为了掌握变压器油运行中的情况,一般可不做全部试验项目,而仅做以下简化试验项目。

(1)酸价:酸价的标准是,新油不应超过 0.05 KOH mg/g,运行中的油不应超过 0.4 KOH mg/g。

(2)耐压试验:同前述。

(3)闪点:一般在 135~140 ℃。

(4)游离碳、水分、机械混合物:最好没有。

(5)酸碱度:新油的 pH 值为 5.4~5.6。

变压器油通过简化试验后,若符合上述标准,即认为合格;若不符合标准,必须针对存在的问题进行处理。如当耐压强度不合格时,需进行过滤;又如当某些化学性能不合格时,需进行再生处理等。

每次取油样试验的结果,还应与上一次取样试验的结果作比较,以掌握油质性能变化的趋势。

运行中的变压器油,对电压在 35 kV 及以上的变压器,每年至少取样做一次简化试验;对电压在 35 kV 以下的变压器,则每两年至少做一次简化试验。此外,还应在两次简化试验之间做一次耐压试验。在变压器经受短路故障后,或出现异常情况时,应取油样进行分析。

5. 运行中的变压器补油

补油时应注意以下几点:

(1)35 kV 及以上变压器应补入相同牌号的油,并应做耐压试验。

(2)10 kV 及以下变压器可补入不同牌号的油,但补油前应做混油耐压试验。

(3)补油前应将重瓦斯保护掉闸压板退出,补油后要检查气体继电器,并及时放出气体。若在24 h后无问题,可重新将重瓦斯保护接入掉闸回路。

(4)对在运行中已经变质的油应及时进行处理,使其恢复到标准值。如发现油受潮,应进行干燥;如油已老化,应进行净化和再生。一般可采用过滤法、澄清法、干燥法将油与水分、杂质分离,或者使用化学处理法,除去油中的酸碱,再过滤、干燥,使油再生,恢复其原有的良好性能。

3.2.6　工作任务评价

本工作任务评价考核主要评价学生在“教、学、做”一体教学过程中对变压器巡视检查知识和技能的掌握程度。具体评价标准见附录1中附表1-2设备巡视检查工作过程考核评价表。

3.2.7　工作任务思考

1. 变压器正常巡视检查项目有哪些?

2. 怎样判断变压器油油质好坏?

3. 新安装或大修后的变压器应做哪些巡视检查?

4. 假如巡视中发现变压器有下列情形,应如何处理?

(1)变压器外壳有漏油现象,且油标内显示油位低于正常范围,甚至看不到油位显示。

(2)冷却风扇停止转动。

(3)变压器呼吸器内硅胶大部分已受潮变色。

工作任务3.3　变压器的倒闸操作

变压器的倒闸操作通常包括对变压器充电、变压器接带负荷、变压器的并列与解列、拉开空载变压器等,是电气倒闸操作中最常见的典型操作之一。

变压器在操作中的危险主要有： 是切合空载变压器过程中可能出现的操作过电压,危及变压器绝缘;二是变压器空载电压升高,使变压器绝缘遭受损坏。

3.3.1　主变由检修转运行

3.3.1.1　工作任务分析

(1)对于检修后的变压器,首先应收回所有工作票,确认现场工作人员全部退出现场,并在安全措施未拆除前,由运行人员和检修负责人一起进行仔细检查,检查完毕后,应拆除所有临时安全措施,办理工作票终结手续,一切正常后对变压器进行合闸送电操作。

(2)主变由检修改为运行操作内容包括:

①中性点操作。

②主变由检修转冷备用操作。

③主变由冷备用转热备用操作。

④主变由热备用转运行操作。

(3)电气主接线如图3-1所示。

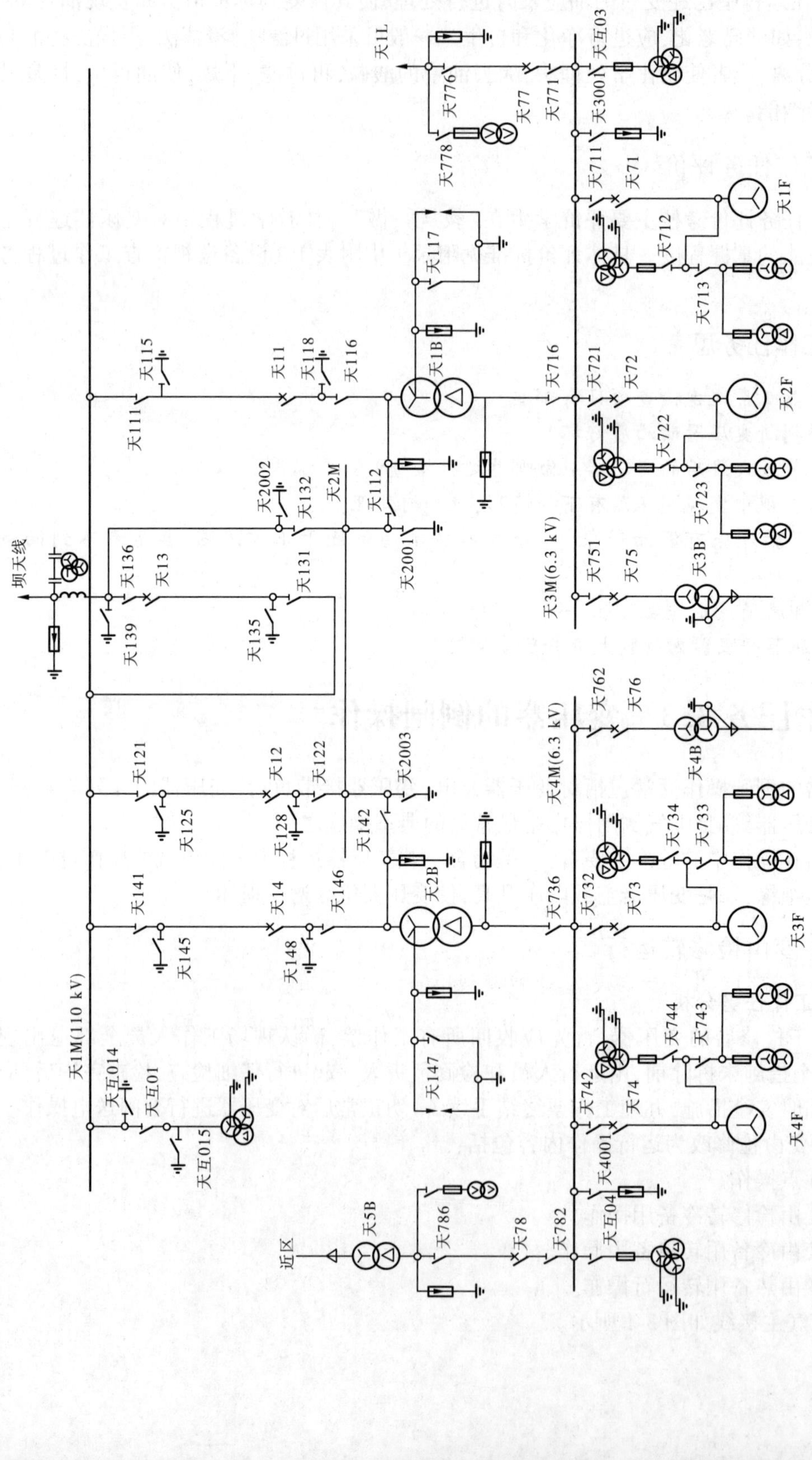
坝天线
天1M(110 kV)
天互014
天互01
天互015
天111
天115
天11
天118
天116
天1B
天117
天1L
天776
天778
天77
天771
天3001
天互03
天711
天71
天1F
天712
天713
天716
天721
天72
天2F
天722
天723
天3M(6.3 kV)
天751
天75
天3B
天2002
天132
天2M
天112
天2001
天136
天13
天131
天139
天135
天121
天125
天12
天128
天122
天2003
天142
天141
天145
天14
天148
天146
天2B
天147
天736
天732
天73
天3F
天734
天733
天4M(6.3 kV)
天762
天76
天4B
天742
天74
天744
天743
天4F
天4001
天互04
天782
天78
天786
天5B
近区

图 3-1 电气主接线图

3.3.1.2 工作任务准备

(1)做好安全措施:戴安全帽、绝缘手套,防摔防撞。

(2)熟悉操作工具使用方法:安全帽、绝缘手套、隔离开关操作杆、高压验电器、三相短路接地线、标示牌、电脑钥匙、录音笔、操作票及夹板等。

3.3.1.3 工作任务实施

学员按人数分成小组,做好安全措施,在教师指导下模拟进行将主变由检修改为运行操作。

1. 熟悉主变恢复送电操作步骤

(1)拆除安全措施。

(2)检查主变确已具备送电条件,所有安全措施均已拆除。

(3)检查主变两侧开关及其他一次设备具备送电条件,所有安全措施均已拆除(6.3 kV 母线无电压,无短路)。

(4)检查主变二次设备完整、正常,各保护均按整定通知单要求整定加用;加用 110 kV 母差、6.3 kV 母差跳主变 110 kV 侧开关压板。

(5)合上中性点接地刀闸。

(6)检查 110 kV 侧开关确在"分闸"位置,先合上其主变 6.3 kV 侧刀闸,再合上主变开关母线侧刀闸、主变侧刀闸。

(7)合上 110 kV 侧开关,检查主变及 6.3 kV 母线充电正常。

(8)检查风冷装置正常。

(9)检查主变潮流、信号显示正常。

(10)拉开主变中性点地刀(视情况选用此项)。

2. 填写倒闸操作票

110 kV 天 1#主变天 1B(天 11 开关—天 716 刀闸)或 110 kV 天 2#主变天 2B(天 14 开关—天 736 刀闸)由检修转运行操作(6.3 kV 母线无电压,从 110 kV 侧向 6.3 kV 侧充电)的操作项目如下:

(1)拆除天 1B(天 2B)与天 116 刀闸(天 146 刀闸)之间的接地线。

(2)检查天 1B(天 2B)与天 116 刀闸(天 146 刀闸)之间的接地线确已拆除。

(3)拆除天 1B(天 2B)与天 716 刀闸(天 736 刀闸)之间的接地线。

(4)检查天 1B(天 2B)与天 716 刀闸(天 736 刀闸)之间的接地线确已拆除。

(5)检查天 1B(天 2B)保护测控屏差动保护电源开关 1DK 确在合位。

(6)检查天 1B(天 2B)保护测控屏高后备保护电源开关 31DK 确在合位。

(7)检查天 1B(天 2B)保护测控屏低后备保护电源开关 21DK 确在合位。

(8)检查天 1B(天 2B)保护测控屏本体保护电源开关 35DK 确在合位。

(9)合上天 1B(天 2B)保护测控屏操作电源开关 1-4DK、2-4DK。

(10)检查天 1B(天 2B)保护测控屏温度变送器电源开关 WJDK 确在合位。

(11)检查天 1B(天 2B)保护测控屏高压侧 TV 电源开关 31ZKK 确在合位。

(12)检查天 1B(天 2B)保护测控屏低压侧 TV 电源开关 21ZKK 确在合位。

(13)检查天 1B(天 2B)差动速断软压板确已加用。

(14)检查天 1B(天 2B)比例差动软压板确已加用。

(15)检查天 1B(天 2B)高后备复压方向过流Ⅰ段软压板确已加用。

(16)检查天 1B(天 2B)高后备零流Ⅰ段软压板确已加用。

(17)检查天 1B(天 2B)高后备零流Ⅱ段软压板确已加用。

(18)检查天 1B(天 2B)高后备间隙软压板确已加用。

(19)检查天 1B(天 2B)低后备复压方向过流Ⅰ段保护软压板确已加用。

(20)加用天 1B(天 2B)差动保护投退硬压板 1LP1。

(21)加用天 1B(天 2B)差动保护跳高压侧开关硬压板 1QP1 至“2-1”位置。

(22)加用天 1B(天 2B)差动保护跳高压侧开关硬压板 1QP2 至“2-1”位置。

(23)加用天 1B(天 2B)差动保护跳天 1F(天 3F)硬压板 1LP2。

(24)加用天 1B(天 2B)差动保护跳天 2F(天 4F)硬压板 1LP3。

(25)加用天 1B(天 2B)差动保护跳天 3B(天 4B)硬压板 1LP4。

(26)检查天 1B 差动保护跳 1L(天 77 开关)硬压板 1LP5 确已停用[或加用天 2B 差动保护跳天 5B(天 78 开关)硬压板 1LP5]。

(27)加用天 1B(天 2B)高压侧过流保护硬压板 31LP9。

(28)加用天 1B(天 2B)间隙过流保护硬压板 31LP8。

(29)加用天 1B(天 2B)零流保护硬压板 31LP10。

(30)加用天 1B(天 2B)高后备保护跳高压侧开关硬压板 31QP1 至“2-1”位置。

(31)加用天 1B(天 2B)高后备保护跳高压侧开关硬压板 31QP2 至“2-1”位置。

(32)加用天 1B(天 2B)高后备保护跳天 1F(天 3F)硬压板 31LP1。

(33)加用天 1B(天 2B)高后备保护跳天 2F(天 4F)硬压板 31LP2。

(34)加用天 1B(天 2B)高后备保护跳天 3B(天 4B)硬压板 31LP6。

(35)检查天 1B 高后备保护跳天 1L(天 77 开关)硬压板 31LP7 确已停用[或加用天 2B 高后备保护跳天 5B(天 78 开关)硬压板 31LP7]。

(36)加用天 1B(天 2B)高后备复压输出 1 硬压板 31LP3。

(37)加用天 1B(天 2B)高后备复压输出 2 硬压板 31LP4。

(38)加用天 1B(天 2B)低压侧复压方向过流保护硬压板 21LP7。

(39)加用天 1B(天 2B)低后备保护跳高压侧开关硬压板 21QP1 至“2-1”位置。

(40)加用天 1B(天 2B)低后备保护跳高压侧开关硬压板 21QP2 至“2-1”位置。

(41)加用天 1B(天 2B)低后备保护跳天 1F(天 3F)硬压板 21LP1。

(42)加用天 1B(天 2B)低后备保护跳天 2F(天 4F)硬压板 21LP2。

(43)加用天 1B(天 2B)低后备保护跳天 3B(天 4B)硬压板 21LP3。

(44)检查天 1B 低后备保护跳天 1L(天 77 开关)硬压板 21LP4 确已停用[或加用天 1B 低后备保护跳天 5B(天 78 开关)硬压板 21LP4]。

(45)加用天 1B(天 2B)低后备复压输出 1 硬压板 21LP5。

(46)加用天 1B(天 2B)低后备复压输出 2 硬压板 21LP6。

(47)加用天1B(天2B)本体保护跳1F(天3F)硬压板35LP1。

(48)加用天1B(天2B)本体保护跳2F(天4F)硬压板35LP2。

(49)加用天1B(天2B)本体保护跳3B(天4B)硬压板35LP3。

(50)检查天1B本体保护跳天1L压板35LP4确已停用(或加用天2B本体保护跳天5B硬压板35LP4)。

(51)加用天1B(天2B)本体(重瓦斯)保护输入硬压板35QP1至"跳闸"位置。

(52)加用天1B(天2B)本体保护高压侧开关硬压板35QP5至"2-1"位置。

(53)加用天1B(天2B)本体保护高压侧开关硬压板35QP6至"2-1"位置。

(54)加用110 kV母差保护跳天1B(天2B)硬压板1LP3(1LP2)。

(55)加用6.3 kV母差保护跳天1B(天2B)硬压板1LP6。

(56)检查110 kV直流合闸电源开关3Z(或14Z)确在合位。

(57)检查低压间110 kV刀闸操作电源刀闸409-3确在合位,电压正常。

(58)检查天1B(天2B)中性点接地刀闸操作电源正常。

(59)检查天118(天148)接地刀闸确在"断开"位置。

(60)检查天115(天145)接地刀闸确在"断开"位置。

(61)检查天11(天14)开关确在"分闸"位置。

(62)检查天11(天14)开关机构箱远方/就地转换开关确在"远方"位置。

(63)检查天116(天146)刀闸机构箱远方/就地转换开关确在"远方"位置。

(64)检查天111(天141)刀闸机构箱远方/就地转换开关确在"远方"位置。

(65)检查天112(天142)刀闸确在"断开"位置。

(66)检查天716(天736)刀闸确在"断开"位置。

(67)检查天互03(天互04)刀闸确在"接通"位置。

(68)检查天3001(天4001)刀闸确在"接通"位置。

(69)检查天71天、天72、天75(天73、天74、天76、天78)开关确在"分闸"位置。

(70)检查天711、天721、天751(天732、天742、天762、天782)刀闸确在"断开"位置。

(71)检查天3M(天4M)无电压、无短路条件。

(72)检查天1B(天2B)保护测控屏远方/就地转换开关1-1KSH确在"远方"位置。

(73)合上天117(天147)中性点接地刀闸。

(74)检查天117(天147)中性点接地刀闸确在"接通"位置。

(75)合上天716(天736)刀闸。

(76)检查天716(天736)刀闸确在"接通"位置。

(77)合上天111(天141)刀闸。

(78)检查天111(天141)刀闸确在"接通"位置。

(79)合上天116(天146)刀闸。

(80)检查天116(天146)刀闸确在"接通"位置。

(81)合上天11(天14)开关。

(82)检查天 11(天 14)开关确在“合闸”位置。

(83)检查主变无异常。

(84)检查监控系统各数据正常。

(85)拉开天 117(天 147)中性点接地刀闸(根据现场情况,选择此项)。

(86)检查天 117(天 147)中性点接地刀闸确在“断开”位置(根据现场情况,选择此项)。

(87)全面检查。

3. 模拟天电主变由检修改为运行具体操作

在教师指导下,严格按电气设备倒闸操作流程进行(详见工作领域 1 电气运行基本能力训练部分介绍)。

3.3.1.4　工作任务相关知识

1. 变压器的停电送电操作注意事项

(1)主变停电操作按低、中、高压侧顺序进行,送电操作按高、中、低压侧顺序进行。

(2)当 110 kV、220 kV 旁路断路器代主变相应的总路断路器运行时,应注意差动保护电流回路的切换 。

(3)大电流接地系统中,为防止操作过电压,在主变高、中压侧停、送电时,操作前先将操作侧中性点接地。

(4)变压器冷备用转运行前,应先投入保护,投入有载调压、测温电源,并将变压器通风冷却装置投“自动”启动方式。

(5)新装或变动过内外接线以及改变过接线组别的变压器,并列运行前,一定要核相,以免造成短路。

(6)大修后的变压器应进行 3 次空载冲击合闸。

(7)若两台变压器共用一台高压断路器,当一台变压器运行时,将备用变压器重瓦斯保护连接片投至信号位置,防止备用变压器重瓦斯保护误动作,将运行变压器跳开,并将备用变压器跳其他保护压板退出。

2. 变压器的调压操作注意事项

变压器调压方式分为无载调压和有载调压两种。

(1)无载调压的操作,必须在变压器停电状态下由检修人员进行,调整分接头应严格按照制造厂规定的调整方法进行,防止将分接头调乱。

(2)有载调压变压器的调压操作可以在变压器运行状态下进行。对于有载调压变压器,运行人员可根据调度颁发的电压曲线自行调整电压。分接头的位置应有专门记录,在模拟图上应有标志,并在分接头调整后及时更正无载调压变压器分接头的变动,应记入变压器挡位切换和值班操作记录簿。

3. 变压器进行合闸送电操作前检查项目

(1)变压器、套管油位指示应在标准线范围内,油色正常。

(2)温度表指示正确。

(3)瓦斯继电器内无气体。

(4)变压器顶部及进出线无杂物。

(5)分接开关位置指示正确。

(6)接地电阻≤0.5 Ω。

(7)变压器套管、支持绝缘子应清洁,无破损裂纹、无放电痕迹。

(8)变压器油枕、散热器无漏油现象,所有阀门开闭正确,呼吸器符合要求。

(9)冷却装置能正常投运。

(10)保护装置能正常投运(变压器大修、事故抢修、换油后,应待油中气体全部排除后,方可将瓦斯保护投入至“跳闸”位置;大修后的变压器,应在投入前做3次冲击试验,同时检查在励磁涌流作用下,继电保护装置是否误动)。

(11)开关能否正常分合。

(12)变压器各接线端子应牢固可靠,无过热痕迹。

(13)检查修试记录、各测试数据(包括绝缘电阻)应合格。

3.3.1.5 工作任务评价

本工作任务评价考核主要评价学生在“教、学、做”一体教学过程中对变压器由检修改为运行操作知识和技能的掌握程度。具体评价标准见附录1中附表1-3设备倒闸操作工作过程考核评价表。

3.3.1.6 工作任务思考

1. 主变由检修改为运行操作内容包括哪些?

2. 变压器停送电操作原则是什么?

3.3.2 主变由运行改为检修

码3-2 微课-变压器的倒闸操作(运行转检修)

3.3.2.1 工作任务分析

主变由运行改为检修操作内容包括:

(1)中性点操作。

(2)主变由运行转热备用操作。

(3)主变由热备用转冷备用操作。

(4)主变由冷备用转检修操作。

3.3.2.2 工作任务准备

(1)做好安全措施:戴安全帽、绝缘手套,防摔防撞。

(2)熟悉操作工具使用方法:安全帽、绝缘手套、隔离开关操作杆、高压验电器、三相短路接地线、标示牌、电脑钥匙、录音笔、操作票及夹板等。

3.3.2.3 工作任务实施

学员按人数分成小组,做好安全措施,在教师指导下模拟进行主变由运行改为检修操作。

1. 熟悉一台主变停电检修操作步骤

(1)调整该主变负荷为零。

(2)根据需要倒换厂用电。

(3)合上中性点刀闸(操作中两台主变中性点刀闸均投入,停运后拉开该主变中性点刀闸,另一主变中性点刀闸处于投入状态)。

(4)拉开主变 110 kV 侧开关。

(5)检查主变 110 kV 侧开关确已断开后,拉开其两侧刀闸(先主变侧,后母线侧)。

(6)拉开主变 6.3 kV 侧刀闸(天 716 或天 736 刀闸)。

(7)停用主变风冷装置。

(8)停用 110 kV 母差跳本主变 110 kV 侧开关压板 1LP3(或 1LP2)。

(9)停用 6.3 kV 母差跳本主变 110 kV 侧开关压板 1LP6。

(10)停用主变保护硬压板。

(11)按要求做好其他安全措施。

2. 填写倒闸操作票

110 kV 天 1# 主变天 1B(天 11 开关—天 716 刀闸)或 110 kV 天 2# 主变天 2B(天 14 开关—天 736 刀闸)由运行转检修操作的操作项目如下:

(1)接调度命令,将相应负荷转移、机组停机(具体操作见发电机部分)。

(2)检查低压间 110 kV 刀闸操作电源刀闸 409-3 确在合位,电压正常。

(3)检查天 1B(天 2B)主变中性点接地刀闸操作电源正常。

(4)合上天 147(天 117)中性点接地刀闸。

(5)检查天 147(天 117)中性点接地刀闸确在"接通"位置。

(6)拉开天 11(天 14)开关。

(7)检查天 11(天 14)开关确在"分闸"位置。

(8)检查各表计指示正确。

(9)拉开天 116(天 146)刀闸。

(10)检查天 116(天 146)刀闸确在"断开"位置。

(11)拉开天 111(天 141)刀闸。

(12)检查天 111(天 141)刀闸确在"断开"位置。

(13)检查天 112(天 142)刀闸确在"断开"位置。

(14)拉开天 716(天 736)刀闸。

(15)检查天 716(天 736)刀闸确在"断开"位置。

(16)在天 1B(天 2B)与天 116(天 146)刀闸之间验明确无电压并挂上接地线一组。

(17)在天 1B(天 2B)与天 716(天 736)刀闸之间验明确无电压并挂上接地线一组。

(18)停用 110 kV 母差保护跳天 1B(天 2B)硬压板 1LP3(或 1LP2)。

(19)停用 6.3 kV Ⅰ段(Ⅱ段)母差保护跳天 1B(天 2B)硬压板 1LP6。

(20)停用天 1B(天 2B)差动保护投退硬压板 1LP1。

(21)停用天 1B(天 2B)差动保护跳高压侧开关硬压板 1QP1。

(22)停用天 1B(天 2B)差动保护跳高压侧开关硬压板 1QP2。

(23)停用天 1B(天 2B)差动保护跳天 1F(天 3F)硬压板 1LP2。

(24)停用天 1B(天 2B)差动保护跳天 2F(天 4F)硬压板 1LP3。

(25)停用天1B(天2B)差动保护跳天3B(天4B)开关硬压板1LP4。

(26)停用天1B(天2B)差动保护跳天1L(天5B)硬压板压板1LP5。

(27)停用天1B(天2B)高后备保护跳高压侧开关硬压板31QP1。

(28)停用天1B(天2B)高后备保护跳高压侧开关硬压板31QP2。

(29)停用天1B(天2B)高后备保护跳天1F(天3F)硬压板31LP1。

(30)停用天1B(天2B)高后备保护跳天2F(天4F)硬压板31LP2。

(31)停用天1B(天2B)高后备保护跳天3B(天4B)硬压板31LP6。

(32)停用天1B(天2B)高后备保护跳天1L(天5B)硬压板31LP7。

(33)停用天1B(天2B)高后备复压输出1硬压板31LP3。

(34)停用天1B(天2B)高后备复压输出2硬压板31LP4。

(35)停用天1B(天2B)高后备间隙保护硬压板31LP8。

(36)停用天1B(天2B)高后备复压过流保护硬压板31LP9。

(37)停用天1B(天2B)高后备零流保护硬压板31LP10。

(38)停用天1B(天2B)低后备保护跳高压侧开关硬压板21QP1。

(39)停用天1B(天2B)低后备保护跳高压侧开关硬压板21QP2。

(40)停用天1B(天2B)低后备复压过流保护硬压板21LP7。

(41)停用天1B(天2B)低后备保护跳天1F(天3F)硬压板21LP1。

(42)停用天1B(天2B)低后备保护跳天2F(天3F)硬压板21LP2。

(43)停用天1B(天2B)低后备保护跳天3B(天4B)硬压板21LP3。

(44)停用天1B(天2B)低后备保护跳天1L(天5B)硬压板21LP4。

(45)停用天1B(天2B)低后备复压输出1硬压板21LP5。

(46)停用天1B(天2B)低后备复压输出2硬压板21LP6。

(47)停用天1B(天2B)本体保护跳天1F(天3F)硬压板35LP1。

(48)停用天1B(天2B)本体保护跳天2F(天4F)硬压板35LP2。

(49)停用天1B(天2B)本体保护跳天3B(天4B)硬压板35LP3。

(50)检查天1B本体保护跳天1L压板35LP4确已停用(或停用天2B本体保护跳天5B硬压板35LP4)。

(51)停用天1B(天2B)本体保护输入硬压板35QP1。

(52)停用天1B(天2B)本体保护跳高压侧开关切换压板35QP5。

(53)停用天1B(天2B)本体保护跳高压侧开关切换压板35QP6。

(54)停用天1B(天2B)本体保护跳天1L(天5B)硬压板35LP4。

(55)断开天1B(天2B)保护测控屏操作电源开关1-4DK、2-4DK。

(56)全面检查。

3.模拟主变由运行改为检修具体操作

在教师指导下,严格按电气设备倒闸操作流程进行(详见工作领域1电气运行基本能力训练部分介绍)。

3.3.2.4 **工作任务相关知识**

(1)一台主变压器停电退出运行需考虑另一台主变的负荷能力以及厂用电和近区用电方式的安排。

(2)停运主变时,应考虑操作过电压对变压器绝缘强度的影响。

(3)对长期停运的变压器,应定期充电,同时投入冷却装置。

3.3.2.5 **工作任务评价**

本工作任务评价考核主要评价学生在"教、学、做"一体教学过程中对变压器由运行改为检修操作知识和技能的掌握程度。具体评价标准见附录1中附表1-3设备倒闸操作工作过程考核评价表。

3.3.2.6 **工作任务思考**

1. 主变由运行改为检修操作内容包括哪些?

2. 主变由运行改为检修操作,本体保护要停用吗?

工作任务3.4 变压器的异常运行分析及处理

变压器正常运行时,上层油温不超过允许值,运行电压一般不应高于该运行分接头额定电压的105%,变压器在额定冷却条件下按铭牌规范可长期运行。

在不损坏变压器绕组绝缘和不减少变压器使用寿命的前提下,变压器可以在负荷高峰及冬季过负荷运行。当电力系统或用户变电站发生事故时,为保证对重要设备的连续供电,允许变压器短时过负载。

当变压器有较严重的缺陷(如冷却系统不正常、严重漏油、有局部过热现象、油中溶解气体分析结果异常等)或绝缘有弱点时,申请调试退出运行。

3.4.1 工作任务分析

(1)值班人员应随时对变压器进行监视、检查,通过对变压器的声音、油位、油温、油色、气味等的变化,判断变压器是否出现异常,从而采取相应的处理措施,避免出现变压器事故。

(2)值班人员在变压器运行中发现不正常现象时,应设法尽快消除,同时报告车间负责人并将情况及经过详细记录在交接班记录和设备缺陷登记表内。

3.4.2 工作任务准备

(1)做好安全措施:戴安全帽、绝缘手套,防摔防撞。

(2)熟悉事故处理工具使用方法:安全帽、绝缘手套、500 V摇表、2 500 V摇表、气体收集瓶、三相短路接地线、裸露铜线、尖嘴钳等。

3.4.3 工作任务实施

(1)学员按人数分成小组,正确穿好合格的安全服装,戴好安全帽,携带好安全工器具。

(2)根据相应的作业标准或要求,在运行人员的监护下,模拟对异常情况进行正确地处理,直到异常情况消失。

(3)对照工具、材料清单清点工器具,处理结束后,将安全工器具放回原处,详细记录并及时汇报处理情况。

【案例 3-1】 变压器声音异常及处理

变压器正常运行时,应是均匀的"嗡嗡"声,主要是励磁电流产生的磁场作用使硅钢片振动及铁芯的接缝和叠层之间的电磁力作用引起振动的声音。若变压器声音不均匀或有异音,说明变压器异常。

(1)变压器声音比平时增大,声音均匀,可能有以下原因:

①电网发生过电压、单相接地或产生谐振过电压时,都会使变压器的声音增大,出现这种情况时,可结合电压表计的指示进行综合判断。

②变压器过负荷时,将会发出沉重的"嗡嗡"声,若发现变压器的负荷超过允许的正常过负荷值,应根据现场规程的规定降低变压器负荷。

其处理步骤如下:

①分析原因。

②做好记录。

③加强监视。

④若是由于过电压引起的,则采取措施降低电压。

⑤若是由于过负荷引起的,则按照过负荷处理原则进行。

⑥尽快使变压器恢复正常运行。

(2)变压器有杂音,可能有以下原因:

①由于变压器上的某些零部件松动而引起的振动。

②如果伴有变压器声音明显增大,且电流电压无明显异常时,则可能是内部夹件或压紧铁芯的螺钉松动,使硅钢片振动增大造成的。

其处理步骤如下:

①如不影响变压器运行,可暂不作处理。

②做好记录。

③加强监视。

④汇报调度及有关领导申请停电检查处理。

(3)变压器有放电声,可能有以下原因:

①变压器有"劈啪"的放电声,若在夜间或阴雨天气下,看到变压器套管附近有蓝色的电晕或火花,则说明瓷件污秽严重或设备线卡接触不良。

②若是变压器内部放电,则是不接地的部件静电放电或线圈匝间放电,或由于分接开关接触不良放电。

其处理步骤如下:

①汇报调度及有关领导。

②申请对变压器进行停电检查处理。

(4)变压器有爆裂声，说明变压器内部或表面绝缘击穿。处理步骤为立即将变压器停用检查。

(5)变压器有水沸腾声，且温度急剧变化，油位升高，则应判断为变压器绕组发生短路或分接开关接触不良引起的严重过热。处理步骤为立即将变压器停用检查。

【案例 3-2】 变压器过负荷处理

运行中的变压器过负荷时，可能出现电流表指示超过稳定值，信号、警铃动作等。其处理步骤如下：

(1)检查各侧电流是否超过规定值，并汇报当值值班员。

(2)检查变压器的油位、油温是否正常，同时将冷却器全部投入运行。

码 3-3 微课-变压器过负荷异常处理

(3)及时调整运行方式，如有备用变压器，应投入运行。

(4)联系调度，及时调整负荷的分配情况。

(5)如属正常过负荷，可根据过负荷的倍数确定允许运行时间，并加强监视油位、油温，不得超过允许值，若超过允许运行时间，应立即减少负荷。

(6)如属事故过负荷，则过负荷的允许倍数和时间应按制造厂的规定执行。若过负荷倍数及时间超过允许值时，也应按规定减少变压器的负荷。

(7)对变压器及其有关系统进行全面检查，如果发现异常，应汇报并进行处理。

【案例 3-3】 变压器油温异常及处理

在正常负荷和正常冷却条件下，变压器上层油温较平时高出 10 ℃以上，或变压器负荷不变而油温不断上升，则应认为变压器温度异常，此时后台音响发出报警声，监控系统主变油温异常光字牌亮。

其处理步骤如下：

(1)检查变压器的负载和冷却介质的温度，并与在同一负载和冷却介质温度下正常的温度核对。

(2)核对温度测量装置，检查变压器就地及远方温度计实际指示是否一致，用手触摸比较其他相本体油温有无明显差别。

(3)检查变压器冷却装置，若温度升高的原因是冷却系统的故障，且在运行中无法修理，应将变压器停运检修；若不能立即停运，值班人员应调整负荷至允许温度下的相应容量。

(4)在正常负荷及环境温度和冷却器正常运行方式下，变压器温度不正常并不断上升，且经检查证明温度指示正确，则认为变压器已发生内部故障，应及时向各级调度汇报，申请将变压器退出运行，并做好记录。

(5)当变压器油温达到 85 ℃并超过时，应立即向调度申请将变压器退出运行。

【案例 3-4】 变压器油位异常及处理

变压器的油枕上都装有油位表，上面一般表示出温度为−20 ℃、+20 ℃、+40 ℃时的 3 条油位线。根据这 3 条标志线可以判断是否需要加油或放油。

1. 高油位

高油位处理步骤如下:

(1)运行中的变压器出现油位过高或有油从油枕中溢出时,应首先检查变压器的负荷和温度是否正常。

(2)如果负荷和温度均正常,则可判断是呼吸器或油标管堵塞造成的假油位。

(3)经当值调度员同意后,将气体(重瓦斯)保护改投信号,然后疏通呼吸器等进行处理。

(4)如因环境温度过高,则应通知车间设法放油,使油位降至与当时油温相对应的高度,以免溢油。

2. 低油位

变压器油位过低会使气体(轻瓦斯)保护动作;严重缺油时,铁芯和绕组暴露在空气中,容易受潮,并可能造成绝缘击穿。

低油位处理步骤如下:

(1)采用真空注油法对运行中的变压器进行加油。

(2)如因大量漏油使油位迅速降低,低至气体继电器以下或继续下降时,应立即停用变压器。

3. 假油位

若变压器温度变化正常,而油位不正常或不变,则说明是假油位。造成假油位的原因有:非胶囊密封式油枕油标管堵塞,呼吸器堵塞,防爆管通气孔堵塞。

假油位处理步骤如下:

(1)应先将重瓦斯保护退出。

(2)找到堵塞点,进行疏通。

【案例3-5】 冷却装置异常运行的处理

运行中的变压器绕组和铁芯要产生热能,可以利用变压器油流将热能带走,变压器冷却装置是为增加散热效果而设置的。当变压器冷却装置故障时,冷却效果变差,变压器运行温度迅速上升,继而变压器绕组和铁芯温度上升,变压器的绝缘在高温下其寿命急剧减少。因此,对冷却设备的故障必须高度重视,迅速处理。

变压器冷却装置常见的故障有:冷却器工作电源中断、冷却器控制电源消失、单台冷却器自动开关事故跳闸、冷却风扇或水泵机械或电气故障、备用冷却器不能正常切换、散热器管路堵塞等。变压器冷却系统(指潜油泵、冷却水系统)故障,变压器发出冷却器备用投入和冷却器全停信号。

其处理步骤如下:

(1)立即检查备用冷却器是否已投入运行。

(2)立即检查断电原因,尽快恢复冷却装置的正常运行方式。

(3)加强对变压器上层油温及油位的监视,特别是在冷却装置全停时间内。

(4)如冷却系统一时不能恢复,则应申请降低负荷或申请变压器退出运行,防止变压器运行超过规定的无冷却时间,造成过热而损坏。

【案例3-6】　有载分接开关异常处理

有载分接开关是能够进行带负荷调压的一种装置,包括选择开关和切换开关。选择开关的作用是选择所需调压的挡位;切换开关的作用是当选择开关选择好挡位后进行挡位的切换,切换开关在进行挡位的切换时是要产生电弧的,因此有载分接开关有灭弧装置。常见异常及处理方法如下。

1. 分接开关拒动

其处理步骤如下:

(1) 检查操作方式选择开关位置是否正确。

(2) 检查操作回路直流电源有无异常。

(3) 检查操动机构交流电源有无异常。

2. 分接开关瓦斯保护动作

其处理步骤如下:

(1) 运行人员应进行缺陷记录。

(2) 汇报调度及相关部门。

(3) 由检修人员处理。

3. 分接开关内部有异响

其处理步骤如下:

(1) 运行人员应进行缺陷记录。

(2) 立即汇报调度及相关部门。

(3) 根据调度命令决定是否将变压器停运。

【案例3-7】　轻瓦斯信号动作处理

瓦斯保护是变压器的主要保护,它能监视变压器内部发生的大部分故障,常常是先轻瓦斯保护动作发出信号,然后重瓦斯保护动作分闸掉牌。

轻瓦斯保护动作的原因有以下几个方面:

(1) 滤油、加油和冷却系统不严密,致使空气进入变压器。

(2) 温度下降和漏油致使油位缓慢降低。

(3) 变压器内部故障,产生少量气体。

(4) 变压器内部短路。

(5) 保护装置二次回路故障引起保护误动。

当外部检查未发现变压器有异常现象时,应做如下处理:

(1) 轻瓦斯信号动作,值班人员应解除音响,对异常现象进行详细记录。

(2) 对变压器进行全面检查,查明动作原因是否为空气进入变压器内或油位降低或二次回路故障。

(3) 如外部检查不出原因,则需通知生产车间由试验人员取气,鉴定继电器内积聚的气体性质,判断是否可以继续运行。

①如积聚在气体继电器内的气体不可燃,是无色无臭的,且混合气体中主要是惰性气体,氧气含量大于16%,油的闪点不降低,则说明是空气进入继电器内,此时变压器可继

续运行。

②如气体是可燃的,则说明变压器内部有故障,应根据气体继电器内积聚的气体性质来鉴定变压器内部故障的性质。如气体为黄色不易燃的,且一氧化碳含量大于1%~2%,为木质绝缘损坏;如气体为灰色和黑色易燃的,且氢气含量在30%以下,有焦油味,闪点降低,则说明油因过热而分解或油内曾发生过闪络故障;如气体为浅灰色带强烈臭味且可燃的,是纸或纸板绝缘损坏。

如上述分析对变压器内的潜伏性故障还不能作出正确判断,则可采用气相色谱分析作出适当判断。

进行气相色谱分析时,可从氢、烃类、一氧化碳、二氧化碳、乙炔的含量变化来判断变压器的内部故障,一般情况下:当氢、烃类含量急剧增加,而一氧化碳、二氧化碳含量变化不大时,为裸金属(如分接开关)过热性故障;当一氧化碳、二氧化碳含量急剧增加时,为固体绝缘物(木质、纸、纸板)过热性故障;当氢、烃类气体增加时,乙炔含量很高,为匝间短路或铁芯多点接地等放电性故障。

(4)检修人员到现场进行排气。

若轻瓦斯保护信号因油内剩余空气分出而动作,值班人员应放出其内聚的空气,并注意下次动作的间隔时间。

3.4.4 拓展提高

变压器有下列情况之一者,应立即停运。

(1)变压器内部有异常且沉重的响声,响声明显增大,内部有爆裂声。

(2)严重漏油或油枕或防爆门喷油,使油面下降到低于油位计的指示限度。

(3)套管严重破损,有放电现象或爆炸。

(4)变压器着火。

(5)变压器油内有水和游离碳,而且超过规定标准。

(6)油质急剧劣化。

(7)外壳变形。

(8)在负荷和冷却条件相同时,温度异常超过10 ℃。

(9)上层油温达95 ℃。

当发生危及变压器安全的故障,而变压器的有关保护装置拒动时,值班人员应立即将变压器停运。

当变压器附近的设备着火、爆炸或发生其他情况,对变压器构成严重威胁时,值班人员应立即将变压器停运。

3.4.5 工作任务评价

本工作任务评价考核主要评价学生在“教、学、做”一体教学过程中对变压器异常情况处理知识和技能的掌握程度。具体评价标准见附录1中附表1-4设备异常情况处理工作过程考核评价表。

3.4.6 工作任务思考

1. 变压器运行中常发生哪些异常？如何处理？
2. 哪些原因会使变压器缺油？
3. 电压过高对运行中的变压器有何危害？
4. 怎样根据变压器的温度判断变压器是否正常？数值如何？
5. 变压器运行中出现假油位的原因有哪些？
6. 变压器出现哪些情况时，应立即停止运行？
7. 运行中的变压器，能否根据其发出的声音来判断运行情况？

工作任务3.5 变压器的事故处理

变压器属于重要的电气设备，一旦发生故障，就会中断对部分用户的供电，修复周期长，会造成严重的经济损失。因此，正确、快速地处理事故，防止事故的扩大、减小事故的损失，显得尤为重要。

3.5.1 工作任务分析

(1)根据事故现象和保护动作情况判断变压器事故跳闸的原因及故障点的可能范围，并迅速汇报调度。

(2)如综合判断后可证明变压器跳闸不是内部故障所致，确认故障点在主变压器及其引线以外，在故障排除后可申请调度将变压器重新投入运行。

(3)若确认故障点在主变内或变压器引线上，如瓦斯、差动等主保护动作，必须进行电气试验及色谱分析，查明变压器内部是否有故障。在未查明原因和消除故障之前，不得送电运行，应根据调度命令停电检修。

3.5.2 工作任务准备

(1)做好安全措施：戴安全帽、绝缘手套，防摔防撞。

(2)熟悉事故处理工具使用方法：安全帽、绝缘手套、500 V摇表、2 500 V摇表、三相短路接地线、裸露铜线、尖嘴钳等。

3.5.3 工作任务实施

(1)学员按人数分成小组，正确穿好合格的安全服装，戴好安全帽，携带好安全工器具。

(2)根据相应的作业标准或要求，在运行人员的监护下，在现场对事故处理预案进行演习，对事故情况进行正确的处理。

(3)对照工具、材料清单清点工器具，处理结束后，将安全工器具放回原处，详细记录并及时汇报处理情况。

【案例 3-8】 主变压器重瓦斯保护动作处理

重瓦斯保护动作跳闸时,在查明原因消除故障前不得将变压器投入运行。

码 3-4 微课-变压器瓦斯保护动作事故处理

若发现如下现象,则可判断是主变压器重瓦斯保护动作:

(1)监控系统发出报警,主变重瓦斯事故光字牌亮。

(2)开关跳闸。

(3)后台弹出主变重瓦斯事件报文。

(4)主变保护屏保护装置本体跳闸灯亮。

其处理步骤如下:

(1)若变压器着火,在确认两侧开关确已断开,主变不带电后立即灭火并通知车间负责人按有关预案展开施救。

(2)由检修人员对变压器外观、保护及二次回路进行检查:是否呼吸不畅或排气未尽;保护及直流等二次回路是否正常;对变压器外部全面检查,看是否破裂、变形、喷油、喷烟、喷火及严重漏油等明显故障现象。

(3)由试验人员从瓦斯继电器内取气样化验。检查或校核瓦斯保护和提取瓦斯气体,气体继电器中积集气体量是否可燃;分析气体继电器中的气体和油中溶解气体的色谱。

(4)通知试验专责人员从主变内取油样进行油质化验,分析故障性质。

(5)由检修人员用 2 500 V 摇表测主变绝缘,测量绝缘电阻。

(6)若系外部故障引起,待事故消除后,可以将主变压器重新投入运行。

(7)若变压器内外部检查均无异常,在得到技术人员许可后可复归保护装置。

(8)如确认重瓦斯保护误动,应停用该保护,但差动保护必须加用。

如以上检查未发现任何问题,经主管厂长或总工程师批准,可对变压器进行零起升压,无问题后投入运行。

【案例 3-9】 变压器差动保护动作处理

若发现如下现象,则可判断是主变压器差动保护动作:

(1)监控系统发出报警,比率差动或差动速断光字牌亮。

(2)开关跳闸。

(3)后台弹出主变比率差动或差动速断事件报文。

(4)主变保护屏保护装置比率差动或差动速断动作灯亮。

其处理步骤如下:

(1)若变压器着火,在确认两侧开关已断开,主变不带电后立即灭火并通知车间负责人按有关预案展开施救。

(2)由检修人员对变压器的保护及二次回路进行检查,判断是否为保护误动。应注意动作前,站内是否有操作,是否有 CT 断线等异常。检查差动保护范围内无明显故障,在调令下,可试送一次。

(3)由检修人员对差动保护范围内的一次设备进行检查,是否有明显故障点;包括主变本体、中性点、避雷器、电流互感器等。

(4)测量变压器绝缘电阻。由检修人员用2 500 V摇表测主变绝缘。

(5)由试验人员从主变内取油样化验。

(6)若系外部故障引起,待事故消除后,可以将主变压器重新投入运行。

(7)若变压器内外部检查均无异常,在得到技术人员许可后可复归保护装置。

(8)如检查明显为保护误动,经厂长或总工程师同意可退出该保护,将变压器投入运行,但差动和重瓦斯必须投入。

(9)差动保护动作信号未经值长同意不得复归。

(10)差动保护和重瓦斯保护同时动作,表明故障在变压器内部,应对变压器进行内部检查,报告调度和主管领导。

【案例3-10】 主变后备保护动作处理

其处理步骤如下:

(1)记录主控盘、保护盘光字信号,同时复归跳闸断路器把手和音响报警,并立即汇报调度。待事故原因分析判断完成后,方可复归保护动作信号。

(2)检查站用电备自投装置是否启动、备用变压器是否投入,若未动作,应手动投入。

(3)检查变压器本体、相邻设备有无明显异常。当发现是因线路故障而引起线路断路器拒动时,可在隔离故障点后,立即恢复主变压器的运行。

(4)当未发现站内设备故障或不能确定线路越级跳闸时,则可在调度指令下断开所有下一级断路器,试送主变跳闸断路器,成功后再逐台试送各断路器。若试送至某断路器再次跳闸,则说明该断路器单元有故障,应汇报调度停用检查。如果试送母线时发生主变断路器再次跳闸,则说明母线有故障,未排除故障前严禁送电。

【案例3-11】 变压器过激磁保护动作处理

其处理步骤如下:

(1)迅速查明过激磁原因,并遵守过激磁允许时间的规定。

(2)检查油温、油箱温度有无异常。

(3)如未发现异常,可将变压器投入运行。

【案例3-12】 运行中冷却器全停处理

其处理步骤如下:

(1)尽快设法恢复冷却器运行。

(2)如果冷却器不能立即恢复运行,向调度申请开启备用机组,转移负荷,将负荷减至空载。

(3)联系检修,尽快恢复冷却器运行。

(4)冷却器全停发信号超过规定时间20 min与系统解列,上层油面温升超过60 ℃时,立即将该变压器停用。

【案例3-13】 变压器着火处理

其处理步骤如下:

(1)变压器起火时,首先应检查变压器各侧开关是否已跳闸,否则应立即手动将变压器各侧开关、刀闸拉开,切除冷却器电源,通风机停止运行。若危及相邻设备的安全运行,也应及时停止相邻设备的运行。

(2)立即切除变压器所有二次控制电源。

(3)立即向消防部门报警。

(4)应立即将情况向调度及有关部门汇报。

(5)确保人身安全的情况下采取必要的灭火措施,防止火势蔓延。若器身着火,用干式灭火器、四氯化碳或1211灭火器等灭火,不能扑灭时再用泡沫灭火器灭火,变压器油流到地面时可用干砂来灭火。若发生喷油,且溢油着火,应用干砂灭火。干式变压器着火,严禁用沙子灭火。参加灭火的人员应戴防毒面具。

(6)必要时开启事故放油阀排油,如变压器内部故障引起着火,则不能排油,以防发生爆炸。

(7)如变压器着火后引起变压器爆裂,油已积满事故排油坑,应立即派人检查事故排油管阀门是否打开,检查事故排油池的放油阀是否关闭,以防油流入技术供水室。

【案例3-14】　变压器开关自动跳闸处理

其处理步骤如下:

(1)首先解除喇叭音响信号,然后根据信号灯闪光查看哪些开关跳闸,并将其控制开关把手复位。

(2)查明跳闸原因。根据掉牌指示,查明何种保护动作和开关跳闸时有何种外部现象,如表计指示、灯光指示、声音变化等,判断故障点的远近和性质,并报告调度,复归把手和掉牌信号前必须查看清楚,最好由两人进行,以防搞错。

(3)检查跳闸开关及有关设备有无异常情况和明显故障,若检查判断结果不是引出线及其母线和有关设备故障,而是外部线路故障造成越级误动或保护装置二次回路故障,为迅速恢复供电,变压器可不经内部检查重新投入运行,但必须取得调度同意。

(4)如为变压器主保护(重瓦斯、纵差)或后备保护动作跳开各侧开关,没有足够证据证明不是变压器内部故障(包括所属设备故障)时,则必须进行内外部检查,不许强送电。

(5)整个事故检查和处理过程应及时向调度报告,并做好各种记录。

变压器跳闸后,应立即查明原因。如综合判断证明变压器跳闸不是由于内部故障所引起,可重新投入运行。

3.5.4　工作任务相关知识

3.5.4.1　变压器故障的主要类型及原因

变压器的故障一般都发生在绕组、铁芯、套管、分接开关、油箱、冷却装置等部件上。

1. 变压器绕组故障

变压器绕组主要故障是匝间短路和对外壳短路及断线。匝间短路主要是绝缘老化引起的。变压器长期过负荷及发生穿越性短路时,过电流作用会使绕组绝缘老化、变形甚至损坏,绕组绝缘受到机械损伤会产生匝间短路。

2. 变压器铁芯故障

变压器铁芯损坏最严重的情况就是所谓的“铁芯起火”。这是由于个别钢片间的绝缘破损或夹紧螺钉间的绝缘破损,因涡流而产生局部过热引起的。

3. 套管故障

变压器套管漏油是最常见的套管故障。严重的套管故障表现在套管对外壳击穿、套管闪络。

4. 分接开关及其他故障

分接开关的故障大部分是开关的接触面烧毁,其原因是接触面积不足或接触面压力不够,使其触头表面腐蚀、氧化,或触头之间的接触压力下降使接触电阻增大,而形成变压器的过热性故障。

3.5.4.2　变压器主要保护配置

故障发生后,某些参数达到变压器保护整定值,从而保护动作,将故障变压器切除。变压器的主要保护配置有:瓦斯保护,过流保护,差动保护,接地短路保护,过负荷保护,过激磁保护,非全相保护,其他对温升和冷却装置的保护等。

3.5.4.3　变压器事故跳闸的现象

(1)喇叭叫,变压器各侧断路器位置红灯灭、绿灯闪光,相应电流、有无功功率表指示为零。

(2)主控盘发出“主变保护动作”“主变事故跳闸”“冷控电源消失”“掉牌未复归”“故障录波器动作”等异常光字牌。

(3)变压器保护屏对应保护信号灯亮或保护信号掉牌,微机保护则打印详细的动作报告。

(4)备自投装置动作正常,则应自动投入备用设备,装有远切装置或低频(低压)减载装置的变电站,远切装置或低频(低压)减载装置应正常动作。

3.5.4.4　变压器故障跳闸处理的原则

变压器故障跳闸的原因多种多样,从总体上来讲,处理时应按照以下原则进行:

(1)变压器事故跳闸后,应立即检查另一台主变是否过负荷,且不论是否过负荷,均应向调度汇报其负荷(有功、无功、温度、电流),如有变压器过负荷,则应立即手动投入其所有风扇。

(2)当变压器事故跳闸,使站内失去中性点接地运行时,应及时汇报调度并倒换中性点(注意保护相应切换)。

(3)两台并列运行的主变,其中一台主变开关跳闸,应注意是否退出两台主变后备保护跳各侧母联或分段的保护压板。

3.5.5　拓展提高

正常运行时,变压器轻瓦斯保护一般作用于发信号告警,而重瓦斯保护动作于跳闸。但当变压器在正常运行中需要进行如带电滤油、气体继电器试验、冷却器潜油泵更换和呼吸器更换硅胶等工作时,应先将重瓦斯保护通过切换片改接为只发信号,待工作结束后将重瓦斯由信号告警方式改为跳闸方式。对于带电滤油工作,应待变压器完全排除完气体后方能投入跳闸方式。

3.5.6 工作任务评价

本工作任务评价考核主要评价学生在“教、学、做”一体教学过程中对变压器事故处理知识和技能的掌握程度。具体评价标准见附录1中附表1-5设备事故处理工作过程考核评价表。

3.5.7 工作任务思考

1. 变压器主保护动作跳闸应如何处理?
2. 变压器起火如何处理?

小　结

工作领域3训练学生掌握在发电厂和变电站中变压器的运行工况监视、巡视检查、倒闸操作、异常进行分析与处理、事故处理等职业技能。

工作任务3.1主要熟悉变压器运行监视的内容及要求。运行监视是运行值班人员日常工作的主要任务,在计算机监控的水电厂中,在中央控制室的上位机显示器上,运行值班人员通过画面切换,对变压器进行状态监视、事故监视及故障监视。运行值班人员监视主控室监控屏上变压器测量表计、位置指示灯和信号光字牌,抄录运行数据,填写值班日志和运行日志,随时掌握变压器的运行状态。

工作任务3.2主要熟悉变压器的正常巡视检查项目和运行维护内容。按照变压器巡视部位及巡视内容,采用目测、耳听、鼻嗅、触试(不带电部位)、仪器检测等方法,对变压器进行巡视检查,记录巡视结果。将异常现象与巡视标准进行比较,详细说明。巡视检查完成后,向值长汇报巡视检查结果。

工作任务3.3主要熟悉变压器倒闸操作原则及变压器开停机操作。变压器的倒闸操作是电气倒闸操作中最常见的典型操作之一。对于检修后的变压器,首先应收回所有工作票,确认现场工作人员全部退出现场,并在安全措施未拆除前,由运行人员和检修负责人一起进行仔细检查,检查完毕后,应拆除所有临时安全措施,办理工作票终结手续,一切正常后对变压器进行合闸送电操作。

工作任务3.4主要熟悉变压器的常见异常现象及正确处理方法。值班人员应随时对变压器进行监视、检查,通过对变压器的声音、油位、油温、油色、气味等现象的变化,判断变压器是否出现异常,从而采取相应的处理措施,避免出现变压器事故。值班人员在变压器运行中发现不正常现象时,应设法尽快消除,同时报告车间负责人并将情况及经过详细记录在交接班记录和设备缺陷登记表内。

工作任务3.5主要熟悉变压器的几种事故现象及正确处理方法。根据事故现象和保护动作情况判断变压器事故跳闸的原因及故障点的可能范围,并迅速汇报调度。如综合判断后可证明变压器跳闸不是由内部故障所致,确认故障点在主变及其引线以外,在故障排除后可申请调度将变压器重新投入运行,否则必须进行电气试验及色谱分析,查明变压器内部是否有故障。若确认故障点在主变内或其引线上,如瓦斯、差动等主保护动作,在未查明原因和消除故障之前,不得送电运行,应根据调度命令停电检修。

工作领域4 高压断路器的运行

【思政导引】

白鹤滩水电站——让水电之梦在金沙江铸就

白鹤滩水电站位于四川省凉山州宁南县和云南省昭通市巧家县境内，是金沙江下游干流河段梯级开发的第二个梯级电站，具有以发电为主，兼有防洪、拦沙、改善下游航运条件和发展库区通航等综合效益。水库正常蓄水位825 m，相应库容206亿m^3，白鹤滩水电站安装16台中国自主研制、全球单机容量最大功率百万千瓦水轮发电机组，总装机容量1 600万kW，年平均发电量602.4亿kW·h。白鹤滩水电站仅次于三峡水电站成为中国第二大水电站和世界第二大水电站，能够满足约7 500万人一年的生活用电需求，可替代标准煤约1 968万t，减排二氧化碳约5 200万t。

2022年11月15日，在四川省凉山彝族自治州布拖县，国家电网白鹤滩至浙江±800 kV特高压直流输电工程（以下简称"白浙工程"）四川段最后一个架线区段导线展放顺利完成，实现全线贯通，同时，也标志着白浙工程全线贯通。据了解，白鹤滩至浙江±800 kV特高压直流输电工程于2022年底投入运行，每年可输送电量超300亿kW·h。由白鹤滩水电站发出的清洁电能沿着这条能源大动脉输送至千家万户，清洁水电消纳减少燃煤消耗1 057万t、二氧化碳排放1 919万t，切实推动能源清洁低碳高效利用，助力积极稳妥推进碳达峰碳中和。贯彻了党的二十大报告提出的"积极稳妥推进碳达峰碳中和，立足我国能源资源禀赋，坚持先立后破，有计划分步骤实施碳达峰行动，深入推进能源革命"要求，对落实国家大气污染防治行动计划，改善大气环境质量等均具有十分重要的意义。

工程的开发将给库区社会经济发展带来良好的契机，库区交通、基础设施建设等都将得到极大的改善，带动相关产业的发展，对地区社会经济发展必将起到积极的带动作用，同时，工程的建设对促进西部开发，实现"西电东送"，促进西部资源和东部、中部经济的优势互补和西部地区经济发展都具有深远的意义。

【学习任务描述】

1. 学习并懂得高压断路器运行的基本知识。
2. 掌握并具备高压断路器的巡视检查及维护职业技能。
3. 掌握并具备高压断路器的异常分析与处理职业技能。
4. 掌握并具备高压断路器的事故处理职业技能。
5. 养成与人合作的团队精神和良好的职业道德。
6. 养成安全生产的工作作风，实践安全第一的生产理念。
7. 培养刻苦钻研、好学上进的精神，树立终身学习的理念。

工作任务 4.1　高压断路器的巡视检查

断路器在运行中,值班人员应定期进行巡视检查,以便随时掌握设备的运行情况,及时发现设备存在的异常和缺陷,预防事故的发生,确保设备持续安全运行。在巡视检查过程中,运行值班人员可以借助工器具进行巡视,及时发现设备运行中存在的缺陷。

4.1.1　工作任务分析

(1)按照高压断路器巡视部位及巡视内容,采用目测、耳听、鼻嗅、触试(非带电部位)、仪器检测等方法,对高压断路器进行巡视检查,记录巡视结果。

(2)将异常现象与巡视标准进行比较,详细说明。

(3)巡视检查完成后,向值长汇报巡视检查结果。

4.1.2　工作任务准备

(1)熟悉高压断路器结构原理及型号参数。

(2)熟悉高压断路器编号、位置及投运情况。

(3)熟悉高压断路器巡视部位及巡视标准。

(4)熟悉巡视工具的使用:听针、手电筒、红外测温仪、望远镜、记录本、智能巡检仪等。

(5)做好安全措施:戴安全帽,防摔防撞。

码 4-1　视频-高压断路器巡视检查

4.1.3　工作任务实施

(1)学员按人数分成小组,正确穿好合格的安全服装,戴好安全帽,携带好安全工器具、标准巡视卡。

(2)按照规定的巡视路线巡视高压断路器,对照巡视卡(见表 4-1、表 4-2)找出高压断路器相关的巡视点,根据巡视点的现象判断运行中高压断路器存在何种缺陷,在运行人员的监护下依次进行。对合格项,在巡视卡"检查结论"栏打"√";对有缺陷或异常项,在巡视卡"检查结论"栏用文字详细说明。

(3)巡视中注意安全、动作规范。

(4)检查结束后,将安全工器具放回原处,并及时向值长汇报巡视的相关情况。

表 4-1　SF_6 断路器标准巡视卡

序号	巡视内容	巡视标准	检查结论	备注
1	铭牌、标志牌	设备名称、编号齐全、完好		
2	SF_6 气体压力	(1)压力表读数在正常范围内,并记录数值; (2)密度继电器完好、正常,无异常报警信号; (3)断路器本体周围无刺激性气味及其他异味、异常声音		

续表 4-1

序号	巡视内容	巡视标准	检查结论	备注
3	位置指示器	断路器分、合位置指示正确，并与实际运行工况相符		
4	本体	外观清洁、无异物、无异常声响，管道阀门开闭状态正确		
5	外绝缘	套管、绝缘子无断裂、裂纹、损伤，无放电闪络		
6	连接线	连接线卡接触良好，无松动、过热		
7	接地螺栓	压接良好，无锈蚀		
8	弹簧操动机构	(1)机构箱门平整，开启灵活，关闭紧密； (2)运行状态时，储能电机的电源闸刀或熔芯在闭合位置； (3)检查储能电机、行程开关节点无卡涩、变形，分合闸线圈无冒烟、异味； (4)分闸备用时，分闸连杆应复归，分闸锁扣到位，合闸弹簧应处在储能状态； (5)防凝露电加热器正常完好		
9	液压操动机构	(1)机构箱门平整，开启灵活，关闭紧密； (2)机构内油箱油位正常、无渗漏油； (3)油压力表指示正常； (4)油泵电源正常，运转正常，每天启、停次数正常时不超过2次； (5)机构箱内二次接线接触良好； (6)加热器正常完好		
10	其他	基础无下沉、倾斜等		

表 4-2 真空断路器标准巡视卡

序号	巡视内容	巡视标准	检查结论	备注
1	铭牌、标志牌	设备名称、编号齐全、完好		
2	真空灭弧室	无放电、无异音、无破损、无变色等异常		
3	位置指示器	断路器分、合位置指示正确，并与实际运行工况相符		
4	引线接触部分	接触良好、无过热变色现象		
5	连接杆、转轴、拐臂	无变形、无裂纹、轴销齐全		
6	接地螺栓	压接良好，无锈蚀		

续表 4-2

序号	巡视内容	巡视标准	检查结论	备注
7	电磁操动机构	(1)机构箱门平整,开启灵活,密封良好; (2)分合闸线圈及合闸接触器线圈无冒烟、异味; (3)操作电源回路接线端子无松脱、无铜绿或锈蚀; (4)传动系统轴销无松脱; (5)电加热器正常完好		
8	弹簧操动机构	(1)机构箱门平整,开启灵活,关闭紧密; (2)运行状态时,储能电机的电源闸刀或熔芯在闭合位置; (3)储能电机、行程开关节点无卡涩、变形,分合闸线圈无冒、烟异味; (4)分闸备用时,分闸连杆应复归,分闸锁扣到位,合闸弹簧应处在储能状态; (5)防凝露电加热器正常完好		
9	其他	基础无下沉、无倾斜		

4.1.4　工作任务相关知识

根据运行规程规定,高压断路器的一般巡视检查项目如下。

4.1.4.1　本体

(1)外观清洁、无异物、无异常声响。

(2)断路器套管电流互感器无异常声响、外壳无变形、密封条无脱落。

(3)分、合闸指示正确,与实际位置相符;SF_6 密度继电器(压力表)指示正常,外观无破损或渗漏,防雨罩完好。

(4)外绝缘无裂纹、破损及放电现象,增爬伞裙粘接牢固、无变形,防污涂料完好,无脱落、起皮现象。

(5)引线弧垂满足要求,无散股、断股,两端线夹无松动、裂纹、变色现象。

(6)均压环安装牢固,无锈蚀、变形、破损。

(7)套管防雨帽无异物堵塞,无鸟巢、蜂窝等。

(8)金属法兰无裂痕,防水胶完好,连接螺栓无锈蚀、松动、脱落。

(9)传动部分无明显变形、锈蚀,轴销齐全。

4.1.4.2　操动机构

(1)液压操动机构压力表指示正常。

(2)液压操动机构油位、油色正常。

(3)弹簧储能机构储能正常。

4.1.4.3 其他

(1)名称、编号、铭牌齐全、清晰，相序标志明显。

(2)机构箱、汇控柜箱门平整，无变形、锈蚀，机构箱锁具完好。

(3)基础构架无破损、开裂、下沉，支架无锈蚀、松动或变形，无鸟巢、蜂窝等异物。

(4)接地引下线标志无脱落，接地引下线可见部分连接完整可靠，接地螺栓紧固，无放电痕迹，无锈蚀、变形现象。

(5)原存在的设备缺陷无发展。

4.1.5 拓展提高

高压断路器的特殊巡视检查包括以下内容：

(1)新设备投运的巡视检查周期应相对缩短，投运 72 h 后转入正常巡视。

(2)发电机、主变或线路发生事故跳闸后，应对断路器进行下列检查：

①SF_6 气体压力是否在正常值范围内，真空泡的外观颜色是否一致，有无颜色变化，外观有无破损现象。

②各引线连接点有无发热或熔化，分、合闸线圈有无焦味。

③本体各部分有无位移、变形、松动和损坏现象。

④断路器位置及保护动作信息是否正确。

⑤瓷件有无破损、裂缝及放电闪络痕迹。

(3)高峰负荷时应检查断路器各连接部位是否发热、变色、打火，并增加巡视次数。

(4)天气突变，气温骤降时，应检查 SF_6 气体压力是否正常，连接导线是否紧牢等。

(5)下雪天气应观察各接头处有无融雪现象，以便发现接头发热，雪天、浓雾天气，应检查套管有无严重放电闪络现象。

(6)雷雨、大风过后，应检查套管和瓷件有无闪络痕迹，室外断路器有无杂物，导线有无断股或松股等现象。

4.1.6 工作任务评价

本工作任务评价考核主要评价学生在“教、学、做”一体教学过程中对高压断路器巡视检查知识和技能的掌握程度。具体评价标准见附录 1 中附表 1-2 设备巡视检查工作过程考核评价表。

4.1.7 工作任务思考

1. 高压断路器在什么情况下要进行特殊巡视？

2. 高压断路器正常巡视项目有哪些？

工作任务4.2 高压断路器的异常运行分析及处理

4.2.1 工作任务分析

(1)值班人员应随时对高压断路器进行监视、检查,通过对高压断路器的温度及气味等现象的变化,判断高压断路器是否出现异常,从而采取相应的处理措施,避免出现高压断路器事故。

(2)值班人员在高压断路器运行中发现不正常现象时,应设法尽快消除,同时报告车间负责人并将情况及经过详细记录在交接班记录和设备缺陷登记表内。

4.2.2 工作任务准备

(1)做好安全措施:戴安全帽、绝缘手套,防摔防撞。

(2)熟悉异常处理工具的使用方法:安全帽、绝缘手套、绝缘靴、五防钥匙、500 V 摇表、2 500 V 摇表、三相短路接地线、裸露铜线、尖嘴钳等。

4.2.3 工作任务实施

(1)学员按人数分成小组,正确穿好合格的安全服装,戴好安全帽,携带好安全工器具。

(2)根据相应的作业标准或要求,在运行人员的监护下,模拟对异常情况进行正确处理,直到异常情况消失。

(3)对照工具、材料清单清点工器具。处理结束后,将安全工器具放回原处,详细记录并及时汇报处理情况。

【案例4-1】 断路器拒绝合闸及处理

断路器拒绝合闸是指断路器在发出合闸命令后不合闸或是合不上。断路器拒绝合闸可能有以下原因:

(1)断路器机构异常:

①合闸机构卡涩。

②连杆销子脱落。

③液压操动机构压力低于定值或弹簧储能操动机构未储能,合闸回路被闭锁。

④SF_6 断路器气体压力过低,使合闸回路被闭锁。

⑤断路器与辅助触点联动机构脱落,造成与合闸回路相连的断路器动断辅助触点断开而不能合闸。

(2)电气控制回路故障:

①控制回路断线,如控制熔断器熔断、断路器控制开关接触不良、断路器动断触点接触不良。

②合闸电压太低甚至为零。

③合闸回路断线,如合闸线圈被烧坏、合闸接触器触点接触不良等。

其处理步骤如下：

(1)检查控制熔断器、合闸熔断器是否完好，若损坏则及时进行更换。

(2)检查合闸电源电压是否过低，若过低应进行缺陷记录，汇报调度和相关部门，由检修人员处理。

(3)检查断路器的“远方/就地”切换开关，若未切换至“远方”，则由运行人员进行切换。

(4)检查SF_6气体压力是否过低从而造成密度继电器闭锁控制回路，若压力过低，应汇报上级调度和相关部门，由检修人员处理。

(5)运行人员检查液压或气动机构压力是否过低，是否在弹簧储能机构未储能闭锁情况下断路器合闸，若属于上述现象，应进行缺陷记录，汇报上级调度和相关部门，由检修人员处理。

若上述检查均正常，仍合不上闸，可能是断路器辅助触点接触不良、合闸线圈烧坏或断线、断路器故障，应进行缺陷记录，汇报上级调度和相关部门，由检修人员处理。

【案例4-2】 断路器缺相运行及处理

220 kV及以上电压等级的断路器，其操动机构采用分相操动机构。对于分相操动机构来说，出现一相断开、其余两相运行，或两相断开、另一相还在运行等情况时都称为非全相运行(又称缺相运行)。断路器非全相运行将产生负序和零序分量，对设备产生一定的危害。如果长时间非全相运行，可能会造成负序和零序保护的误动，甚至形成事故。发生非全相运行可能有以下原因：

(1)机械方面原因。

机械方面主要是断路器操动机构失灵，分为传动部分故障和断路器本体故障。

①断路器传动部分故障。主要有操动机构出现机构脱扣、铁芯卡死等；液压机构液压低于规定值导致的分合闸闭锁；弹簧机构弹簧储能不足、锁扣不可靠等。

②断路器本体故障。主要是动静触头松动、接触不好、行程调整不好等，在自动重合闸动作的过程中，断路器由于自动掉相或拒合也会引起缺相运行。

(2)电气方面原因。

电气方面故障主要有密度继电器闭锁、操作回路故障、二次回路绝缘不良、转换接点触头接触不良或压力不够等引起的分合闸回路不通等。

其处理步骤如下：

(1)线路开关缺相运行，应迅速汇报调度中心，立即降低线路载流电流，将母联断路器断开，若开关拒动，则进行倒母线，将一条母线停电，然后由检修人员进行处理。

(2)发电机出口断路器缺相运行时，应立即降低有功、无功负荷为零，尽量减小发电机负序电流，严禁灭磁并必须保持机组转速额定，使机组解列，由检修人员处理。

(3)若断路器在运行操作时出现缺相运行，现场值班人员应立即断开断路器并报告上级调度和有关部门，由检修人员处理。

码4-2 视频-SF_6断路器气压降低及处理

【案例4-3】 SF_6断路器气压降低及处理

SF_6断路器是采用具有优良灭弧性能的SF_6气体作为灭弧介质的断

路器。其绝缘强度和灭弧能力取决于 SF_6 气体的密度。SF_6 气体密度继电器监视运行中的 SF_6 断路器气体压力的变化,分为两级报警信号:当气压比额定工作气压降低 5%~10%时,密度继电器动作报出补气压力信号;当气压比额定气压降低 8%~15%时,密度继电器动作报出闭锁压力信号,开关跳合闸回路也将被闭锁。引起 SF_6 断路器气压下降的原因有:

(1)SF_6 断路器本体缺陷,如焊缝渗漏、密封面的紧固螺栓松动等。

(2)瓷套和法兰胶合处接触不良,瓷套胶垫老化。

(3)压力表接头处密封垫损伤。

(4)SF_6 密度继电器失灵。

(5)传动轴及轴套表面有纵向伤痕、磨损、老化等。

其处理步骤如下:

(1)密度继电器动作发补气压力信号。

SF_6 气体压力比额定工作气压低 5%~10%时发补气压力信号。

①及时检查压力表指示,检查信号报出是否正确,运行人员初步判断是否存在漏气现象。

②若检查中没有出现漏气现象,属于长时间运行正常的气压下降,则应进行缺陷记录,报上级调度部门,并由检修人员带电补气。补气以后,继续监视气压。

③若检查中发现存在漏气现象,应汇报调度和相关部门,根据调度指令及时转移负荷或改变运行方式,将故障断路器断开(此时 SF_6 的气压尚可保证灭弧),停电处理。

(2)密度继电器动作发闭锁压力信号。

SF_6 气体压力比额定工作气压低 8%~15%时发闭锁压力信号。此信号报出,说明气体压力下降很多,存在漏气现象,而且此时断路器已经不具备灭弧能力,断路器的跳、合闸回路已被闭锁。

①先拔掉熔丝,以防闭锁不可靠,开关跳闸不能灭弧。

②进行缺陷记录,并立即汇报上级调度和有关部门。

③根据调度指令,隔离故障断路器,处理漏气并进行补气操作。

【案例 4-4】 真空断路器真空度降低及处理

利用真空的绝缘和灭弧性能来接通或断开电流的设备称为真空断路器。真空断路器主要用于户内断路器。真空断路器是将断路器灭弧室抽成真空,空气稀薄,不能形成碰撞游离而灭弧。一般将真空度保证在 0.013 3 Pa 以上,才能保证断路器可靠灭弧。真空灭弧室是真空断路器的关键部件,但是随着使用时间和开断次数的增加,在外界因素的作用下,真空度逐步下降。真空断路器真空度降低的原因有:

(1)真空断路器本体缺陷造成漏气,如使用材料气密性不好、焊缝不严密等。

(2)由于合闸速度过低、触头磨损等原因,波纹管的行程超出范围,产生过大应力,引起波纹管损坏,破坏断路器密封,使真空度降低。

(3)运行过程中,由外力造成的灭弧室损坏,导致漏气。

真空断路器在运行现场,一般以检查承受耐压的情况为鉴别真空度是否下降的依据。正常巡视检查时要注意观察屏蔽罩的颜色有无异常变化,特别是断路器分闸时的弧光颜色(正常是微蓝色,降低为橙红色)。此外,检修人员还可以通过电磁法等检验真空度是否降低。

其处理步骤如下:运行人员应对真空断路器定期巡检,若发现真空断路器真空度降低,严禁对断路器进行分、合闸操作,应做缺陷记录,并立即汇报上级调度中心和有关部门,根据调度指令和《安规》将断路器进行停电隔离。

【案例4-5】 液压操动机构异常及处理

110 kV及以上高压断路器,一般都配置液压操动机构。液压操动机构常见异常及原因如下:

(1)压力异常升高。由于额定油压微动开关接点失灵、高压油进入氮气储压筒、压力表失灵、周围温度升高等原因导致。

(2)压力异常降低。导致原因有焊缝不良或充气阀漏气、单向逆止阀密封不严使氮气窜入油中、存在大量漏油处。

(3)严重漏油使油泵频繁启动。原因多是高压油路封垫损坏。

(4)油泵打压时间长。

其处理步骤如下:

(1)当压力不能保持,油泵启动频繁时,应检查液压机构有无漏油等缺陷。

(2)若压力低于启泵值,但油泵不启动,应检查油泵及电源是否正常,并上报缺陷。

(3)若"打压超时",应检查液压部分有无漏油、油泵是否有机械故障或压力是否升高超出规定等。若液压异常升高,应立即切断油泵电源,并上报进行缺陷处理。

4.2.4 拓展提高

运行中发现有下列情况之一的,运维人员应立即汇报调控人员申请设备停运,停运前应远离设备:

(1)套管有严重破损和放电现象。

(2)导电回路部件有严重过热或打火现象。

(3)SF_6断路器严重漏气,发出操作闭锁信号。

(4)真空断路器的灭弧室有裂纹或放电声等现象。

(5)落地罐式断路器防爆膜变形或损坏。

(6)液压、气动操动机构失压,储能机构储能弹簧损坏。

(7)其他根据现场实际认为应紧急停运的情况。

4.2.5 工作任务评价

本工作任务评价考核主要评价学生在"教、学、做"一体教学过程中对高压断路器异常情况处理知识和技能的掌握程度。具体评价标准见附录1中附表1-4设备异常情况处理工作过程考核评价表。

4.2.6 工作任务思考

1. 高压断路器常见的异常有哪些?

2. 高压断路器出现缺相运行时应如何处理?

3. SF_6 断路器气压降低时应如何处理?

4. 真空断路器真空度降低时应如何处理?

工作任务 4.3　高压断路器的事故处理

4.3.1　工作任务分析

根据事故现象和保护动作情况分析判断高压断路器事故跳闸的原因及故障点的可能范围,并迅速汇报调度,按照调度指令进行事故处理。

4.3.2　工作任务准备

(1)做好安全措施:戴安全帽、绝缘手套,防摔防撞。

(2)熟悉事故处理工具的使用方法:安全帽、绝缘手套、绝缘靴、五防钥匙、录音笔、500 V 摇表、2 500 V 摇表、三相短路接地线、裸露铜线、尖嘴钳等。

4.3.3　工作任务实施

(1)学员按人数分成小组,正确穿好合格的安全服装,戴好安全帽,携带好安全工器具。

(2)根据相应的作业标准或要求,在运行人员的监护下,在现场对事故处理预案进行演习,对事故情况进行正确处理。

(3)对照工具、材料清单清点工器具。处理结束后,将安全工器具放回原处,详细记录并及时汇报处理情况。

【案例 4-6】　断路器拒绝分闸及处理

断路器拒绝分闸是指发出分闸命令后断路器不分闸或分不开。断路器拒绝分闸对系统安全运行威胁很大,一旦设备发生故障,将会造成越级跳闸,扩大停电范围。

断路器操动机构异常和电气控制回路故障都可能造成拒绝分闸。

(1)断路器操动机构异常。

①跳闸铁芯卡涩。

②弹簧操动机构的分闸弹簧操作失灵。

③液压操动机构的分闸阀卡死或液压操动机构压力低至跳闸回路被闭锁。

④SF_6 断路器气体压力过低导致分闸回路被闭锁。

⑤断路器触头发生熔焊或机械卡涩。

⑥断路器传动连杆销子脱落。

(2)电气控制回路故障。

①控制电源消失或控制电源空气开关断开。

②操作控制把手故障。

③断路器跳闸线圈烧坏或接触不良。

④控制回路断线及防跳回路、闭锁回路故障等。

其处理步骤如下：

断路器拒绝分闸时应进行缺陷记录，并立即汇报上级调度和相关部门，迅速采取相关措施。

(1)检查控制熔断器，若损坏则由运行人员进行更换。

(2)检查直流母线电压，若直流母线电压过低，应由运行人员调节电压达到允许值。

(3)检查断路器的“远方/就地”切换开关，若未切换至“远方”，则由运行人员进行切换。

(4)检查 SF_6 气体压力是否正常，若异常，应汇报上级调度和相关部门，由检修人员处理。

(5)运行人员检查液压机构压力是否正常，若属于液压机构压力异常，汇报上级调度，由检修人员处理。

(6)若需要隔离拒绝分闸的断路器，应根据调度的命令转移负荷，然后将拒绝分闸断路器停电。

在发生事故时断路器拒绝分闸，可能会造成越级跳闸，使母线失压，处理时应先隔离故障断路器，恢复该段母线及无故障的支路馈线运行，通知检修人员进行检查处理，正常后方能投入运行。运行中发现断路器出现拒绝分闸情况，如在短时间内能够查明并自行排除故障，应当及时采取相应的措施排除故障；如在短时间内不能查明故障或故障不能自行处理，应汇报当值调度和有关上级，立即采取转移负荷、断开上一级断路器的方法将故障断路器停电进行处理。

【案例 4-7】 断路器过热及着火

若发现断路器出现运行温度过高现象，应及时汇报给调度中心，通过减少负荷来降温。若持续过热并伴随有其他现象，如内部有响声，应进行故障停电，并进行缺陷检查。断路器着火可能有以下原因：

(1)绝缘污秽引起的闪络。

(2)断路器过热，灭弧能力降低。

(3)内部接触不良，过热。

其处理步骤如下：

(1)切断电源，将着火断路器与带电部分实现隔离。

(2)使用恰当的消防器材灭火。

(3)如果火势较大值班人员不能扑灭，还应拨打 119 火警电话求助。

(4)高压室灭火时，要打开门窗排气散烟。

(5)灭火时应依据火势情况判断是否需要切断二次回路电源。若断路器着火发生在 6~10 kV 高压室，则应根据表计指示、报警信号、事故运行情况等进行处理。

(6)救火时，应注意人身安全，必须穿绝缘靴，戴防毒面具或用湿毛巾捂住口、鼻，防止窒息或烧伤。

(7)及时将火情汇报给调度值班员，按照调度指令进行操作。

【案例 4-8】 SF_6 断路器气体泄漏事故

SF_6 断路器出现防爆膜破裂或设备本体密封问题,会导致气体严重泄漏的事故。由于现场尚无精度较高的检漏设备,所以通常依靠观察 SF_6 断路器气室压力表来判断。泄漏装置会发出光、声、音响信号。SF_6 断路器气体泄漏可能有以下原因:

(1)液压机构异常。

(2)SF_6 断路器本身问题,可能是设备制造厂在制造过程中焊接不严实、留有砂眼等。另外,密封圈尺寸不匹配也容易出现老化。

其处理步骤如下:

(1)将所有通风机全部打开,进行强力排气换气。电气值班员必须穿好安全防护服并佩戴隔离式防毒面具、手套和护目眼镜,采取充分的准备措施后才能进入事故设备室进行检查处理。

(2)如果是设备防爆膜破裂,说明内部出现了严重的绝缘问题,设备部件被电弧损坏,导致内部压力超出正常范围。因此,必须进行停电处理,找出事故原因。

(3)按照电力设备安全操作规程,使用 SF_6 的溶剂汽油或丙酮来消除气体泄漏所带来的设备外部污染。

【案例 4-9】 断路器灭弧室爆炸及处理

断路器灭弧室爆炸时会出现以下现象:

(1)保护动作,相应断路器在分位,故障断路器电流、功率显示为零。

(2)现场检查发现断路器灭弧室炸裂,绝缘介质逸出。

其处理步骤如下:

(1)检查监控系统断路器跳闸情况及光字、告警等信息。

(2)结合保护装置动作情况,核对断路器的实际位置,确定故障区域,查找故障点。

(3)找出故障点后,对故障间隔及关联设备进行全面检查,重点检查爆炸断路器相邻设备有无受损,引线有无受力拉伤、损坏的现象。

(4)汇报值班调控人员一次、二次设备检查结果。

(5)若爆炸现场引起火灾,应立即对火灾点进行隔离,然后进行扑救,必要时联系消防部门。

(6)若相邻设备受损,无法继续安全运行,应立即向值班调控人员申请停运。

(7)隔离故障断路器,按照值班调控人员指令将非故障设备恢复运行。

(8)现场检查时,检查人员应按规定使用安全防护用品。

(9)检查时如需进入室内,应开启所有排风机进行强制排风 15 min,并用检漏仪测量 SF_6 气体是否合格,用仪器检测含氧量是否合格;室外 SF_6 断路器检查时,应从上风侧接近断路器进行检查。

【案例 4-10】 断路器误跳闸及处理

断路器在运行中并未发生故障而使其跳闸的情况称为误跳闸,简称误跳。发生误跳时会出现如下现象:

(1)无系统故障特征。

(2)无保护动作信号,监控系统有断路器变位信息。

断路器发生误跳的可能原因如下:

(1)人为原因,如操作人员走错隔间误动某些元件、二次回路带电工作等;

(2)断路器本身原因,如操动机构自行脱扣。

(3)线路原因,比如二次回路故障等。

其处理步骤如下:

(1)检查监控系统断路器跳闸情况及光字、告警等信息。

(2)结合现场工作情况及天气状况分析判断。

(3)若为操作人员造成的误操作,则进行如下处理:电压等级在220 kV及以上的电压断路器,出现非全相运行的应按照《安规》和调度指令进行闭合操作。

(4)二次回路故障造成的误跳闸情况比较复杂,在处理时依据有无保护掉牌采取不同措施进行处理。

(5)无论上述何种原因导致的断路器误跳闸,一旦重合成功,就要求对跳闸断路器的操动机构进行缺陷检查,防止再次出现误跳。同时要做好记录,观察运行情况,及时汇报给上级调度,等待调度指令进行处理。

4.3.4 拓展提高

下列情况下,断路器跳闸后不得试送:

(1)全电缆线路。

(2)值班调控人员通知线路有带电检修工作。

(3)低频减载保护、系统稳定控制、联切装置及远切装置动作后跳闸的断路器。

(4)断路器开断故障电流的次数达到规定次数时。

(5)断路器铭牌标称容量接近或小于安装地点的母线短路容量时。

4.3.5 工作任务评价

本工作任务评价考核主要评价学生在“教、学、做”一体教学过程中对高压断路器事故处理知识和技能的掌握程度。具体评价标准见附录1中附表1-5设备事故处理工作过程考核评价表。

4.3.6 工作任务思考

1. 高压断路器发生着火时应怎么处理?

2. SF_6 断路器发生气体泄漏时应如何处理?

小 结

工作领域4主要训练学生掌握在发电厂和变电站中高压断路器的巡视检查、异常分析与处理、故障处理等职业技能。

工作任务4.1主要熟悉断路器的正常巡视检查项目和运行维护内容。对照高压断路器巡视卡的巡视部位及巡视内容,记录巡视结果,将异常现象与巡视标准进行比较,详细说明,并在巡视结束后进行汇报。

工作任务4.2主要熟悉断路器的常见异常现象及正确处理方法。值班人员通过借助工具,判断高压断路器是否出现异常和缺陷,及时采取相应的处理措施,并向上级进行汇报。

工作任务4.3主要熟悉高压断路器的事故现象及正确处理方法。依据事故现象判断断路器事故原因,并迅速汇报给调度。

工作领域5 高压隔离开关的运行

【思政导引】

龙滩水电站——绿色发展理念的践行者

龙滩水电站是“西电东送”的标志性工程，是西部大开发的重点工程。电站2001年7月1日开工建设，2009年底全部投产建成。设计蓄水位400 m，坝高216.5 m，坝顶长度836 m，库容273亿 m^3，装机容量630万kW，年发电量187亿kW·h。

龙滩水电站创造了中国世界纪录协会多项世界纪录，电站拥有3项世界之最：一是最高碾压混凝土大坝，坝高为216.5 m，坝顶长836 m；二是最大的地下厂房，主厂房藏于山腹中，厂房长为388.5 m、宽28.5 m、高74.4 m；三是提升最高的升船机，最高提升高度179 m，全长1 700 m。依照党的二十大报告“大自然是人类赖以生存发展的基本条件。尊重自然、顺应自然、保护自然，是全面建设社会主义现代化国家的内在要求。必须牢固树立和践行绿水青山就是金山银山的理念，站在人与自然和谐共生的高度谋划发展”要求，龙滩旅游风景区是集中国第二大水利枢纽工程与自然山水景观为一体的旅游区，以完美的生态和拥有三项世界之最吸引了大量的海内外游客，为满足人民对美好生活的需要筑好金山银山、守好绿水青山。

2007年5月21日，经过近7年建设，龙滩水电厂首台70万kW机组顺利通过72 h试运行，正式向东部地区输电，正式拉开商业运行的序幕。2008年12月23日，以龙滩水电厂7号机组成功并网发电为标志，375 m建设方案490万kW装机提前一年全部投产，创造了世界同类特大型水电工程建设速度最快、建设质量最好的纪录。

龙滩水电站，对于推进西电东送，促进全国联网，在全国范围内实现能源资源的优化配置，满足广东和广西地区电力增长的需要，优化华南地区电源结构和电力结构，减轻红水河下游及西江两岸地区的洪水威胁，促进广西和贵州地区经济和社会的发展具有十分重要的现实意义和战略意义。

(1)提供绿色清洁电力，满足华南地区用电需求，助力绿色低碳转型、实现“碳达峰碳中和”目标、地方经济社会高质量发展。

(2)错峰拦洪，确保下游安澜，2007年至2022年，龙滩水库拦蓄洪水919亿 m^3，确保了红水河下游人民群众生命财产安全。

(3)蓄洪补枯，压咸补淡，15年来向下游地区补充淡水量超过700亿 m^3，确保了粤港澳大湾区的供水安全，解决了珠海、澳门每年受咸潮影响的问题。

(4)与贵州、广西地区乡村、学校结对子，在新农村建设、产业开发、党建保障、脱贫攻坚、乡村振兴上，形成了常态化的定点帮扶工作模式。

(5)持续投入生态、环保建设资金,多措并举保护红水河流域生态环境,龙滩水库水体常年保持全国前列,断面水质达到Ⅰ类标准,水质优良率保持在100%,红水河变“绿水河”,这也是“绿水青山就是金山银山”发展理念的生动实践。

红水河畔,明珠璀璨。一路走来,龙滩水电站留下的一组组数据、一个个足迹,成为一个又一个时代印记,串起了催人奋进的非凡十年。展望未来,龙滩水电站聚焦打造“示范引领、创新龙滩”的光荣使命,努力开创高质量发展新局面,为端牢“能源饭碗”砥砺奋进,助力实现“双碳”目标,为地方经济社会高质量发展注入澎湃的绿色动力。

【学习任务描述】

1. 学习并懂得高压隔离开关运行的基本知识。
2. 掌握并具备高压隔离开关的巡视检查及维护职业技能。
3. 掌握并具备高压隔离开关的异常分析与处理职业技能。
4. 掌握并具备高压隔离开关的事故处理职业技能。
5. 养成与人合作的团队精神和良好的职业道德。
6. 养成安全生产的工作作风,实践安全第一的生产理念。
7. 培养刻苦钻研、好学上进的精神,树立终身学习的理念。

工作任务5.1　高压隔离开关的巡视检查

值班人员应定期对高压隔离开关进行巡视检查,以便随时掌握设备的运行状况,及时发现设备异常和缺陷,预防事故的发生,确保设备的连续安全运行。在巡视检查过程中,运行值班人员可以借助工器具巡视,及时发现设备运行中存在的缺陷。

5.1.1　工作任务分析

(1)按照高压隔离开关巡视部位及巡视内容,采用目测、耳听、鼻嗅、触试(非带电部位)、仪器检测等方法,对高压隔离开关进行巡视检查,记录巡视结果。

(2)将异常现象与巡视标准进行比较,并详细说明。

(3)巡视检查完成后,向值长汇报巡视检查结果。

5.1.2　工作任务准备

(1)熟悉高压隔离开关结构原理及型号参数。

(2)熟悉高压隔离开关编号、位置及投运情况。

(3)熟悉高压隔离开关巡视部位及巡视标准。

(4)熟悉巡视工具的使用:听针、手电筒、红外测温仪、望远镜、记录本、智能巡检仪等。

(5)做好安全措施:戴安全帽,防摔防撞。

5.1.3　工作任务实施

(1)学员按人数分成小组,正确穿好合格的安全服装,戴好安全帽,携带好安全工器具、标准巡视卡。

(2)按照规定的巡视路线巡视高压隔离开关,对照巡视卡(见表5-1)找出高压隔离开关相关的巡视点,根据巡视点的现象判断运行中高压隔离开关存在何种缺陷,在运行人员的监护下依次进行。对合格项,在巡视卡“检查结论”栏打“√”;对有缺陷或异常项,在巡视卡“检查结论”栏用文字详细说明。

(3)巡视中注意安全、动作规范。

(4)检查结束后,将安全工器具放回原处,并及时向值长汇报巡视的相关情况。

表5-1 高压隔离开关标准巡视卡

序号	巡视内容	巡视标准	检查结论	备注
1	铭牌	标志牌名称、编号齐全、完好,相色正确、清晰		
2	分、合闸位置	(1)合闸位置时,刀口接触良好,无合不到位或错位现象; (2)分闸位置时,检查张角正确,定位销钉定位可靠		
3	支柱绝缘	瓷质部分清洁、完好无裂纹、无闪络和放电现象		
4	操动机构	(1)操动机构密封良好,无受潮,灵活; (2)操动机构助力弹簧牢固、断股; (3)连杆无弯曲,连接无松动、锈蚀; (4)金属部件无锈蚀		
5	引线及触头	(1)导线无断股、散股,无异物悬挂,无过松、过紧现象; (2)设备引线、线夹主导流接触部位无过热现象; (3)触头接触良好,无过热、变色和移位等异常现象		
6	转轴、拐臂	(1)无裂痕,连接螺丝无松动、锈蚀、变形; (2)水平、垂直拉杆连接可靠,无变形,无锈蚀,开口销齐全; (3)轴销无变位脱落,无锈蚀,润滑良好; (4)金属部位无锈蚀、无鸟巢		
7	接地开关	(1)分、合闸到位; (2)连接杆无弯曲,连接无松动、锈蚀,开口销齐全; (3)接地良好,接地体可见部分无断裂现象; (4)主导流部分完好,软连接无断片、脱落		
8	其他	(1)金属架构无锈蚀、变形,水泥架构无裂纹、露筋,接地良好; (2)设备基础无下沉、倾斜; (3)防误闭锁装置良好,机械闭锁装置完好、齐全,无裂纹变形		

5.1.4　工作任务相关知识

5.1.4.1　高压隔离开关的运行规定

(1)正常情况下,高压隔离开关运行在额定参数范围内,不能超出。

(2)正常运行或备用状态时,端子箱内隔离开关的动力操作电源开关应处于合上位置,操动机构箱内电源开关应处在合闸位置,保证电源完好。

(3)隔离开关主要用于设备停电检修时,使检修设备与带电设备隔开,有明显的断开点。其地刀在其主刀闸断开及检修设备无电后将其合上,使检修设备接地,防止检修过程中突然来电和产生感应电压。

(4)隔离开关和接地开关所有部件和箱体,尤其是传动连接部件和运动部位不得有积水。

5.1.4.2　高压隔离开关的例行巡视

1. 导电部分

(1)合闸状态的隔离开关触头接触良好,合闸角度符合要求;分闸状态的隔离开关触头间的距离或打开角度符合要求,操动机构的分、合闸指示与本体实际分、合闸位置相符。

码 5-1　视频-高压隔离开关的正常巡视检查

(2)触头、触指(包括滑动触指)、压紧弹簧无损伤、变色、锈蚀、变形,导电臂(管)无损伤、变形现象。

(3)引线弧垂满足要求,无散股、断股,两端线夹无松动、裂纹、变色等现象。

(4)导电底座无变形、裂纹,连接螺栓无锈蚀、脱落现象。

(5)均压环安装牢固,表面光滑,无锈蚀、损伤、变形现象。

2. 绝缘子

(1)绝缘子外观清洁,无倾斜、破损、裂纹、放电痕迹或放电异声。

(2)金属法兰与瓷件的胶装部位完好,防水胶无开裂、起皮、脱落现象。

(3)金属法兰无裂痕,连接螺栓无锈蚀、松动、脱落现象。

3. 传动部分

(1)传动连杆、拐臂、万向节无锈蚀、松动、变形现象。

(2)轴销无锈蚀、脱落现象,开口销齐全,螺栓无松动、移位现象。

(3)接地开关平衡弹簧无锈蚀、断裂现象,平衡锤牢固可靠;接地开关可动部件与其底座之间的软连接完好、牢固。

4. 基座、机械闭锁及限位部分

(1)基座无裂纹、破损,连接螺栓无锈蚀、松动、脱落现象,其金属支架焊接牢固,无变形现象。

(2)机械闭锁位置正确,机械闭锁盘、闭锁板、闭锁销无锈蚀、变形、开裂现象,闭锁间隙符合要求。

(3)限位装置完好可靠。

5. 操动机构

(1)隔离开关操动机构机械指示与隔离开关实际位置一致。

(2)各部件无锈蚀、松动、脱落现象,连接轴销齐全。

6. 其他

(1)名称、编号、铭牌齐全清晰,相序标识明显。

(2)机构箱无锈蚀、变形现象,机构箱锁具完好,接地连接线完好。

(3)基础无破损、开裂、倾斜、下沉,架构无锈蚀、松动、变形现象,无鸟巢、蜂窝等异物。

(4)接地引下线标志无脱落,接地引下线可见部分连接完整可靠,接地螺栓紧固,无放电痕迹,无锈蚀、变形现象。

(5)五防锁具无锈蚀、变形现象,锁具芯片无脱落损坏现象。

(6)原存在的设备缺陷无发展。

5.1.5 拓展提高

高压隔离开关的特殊巡视检查:

(1)新安装或检修后投运的隔离开关应增加巡视次数,巡视项目按照全面巡视执行。

(2)异常天气时的巡视要求如下:

①高温季节、高峰负荷应测量隔离开关触头、各电气接点的温度,观察有无发热现象,有无异常声响,监视负荷情况。

②雷雨或雷击后,检查绝缘子有无放电现象或放电痕迹,接地装置有无放电痕迹。

③大雪天气检查引线积雪程度,观察融雪速度,以判断接头是否过热,及时处理悬冰。

④大风天气检查引线摆动情况及有无搭接杂物,导线有无断脱和松动现象。

⑤大雾、雾霾天气时,检查绝缘子有无放电现象,重点检查污秽部分。

(3)故障跳闸后,检查隔离开关各部件有无变形,触头、引线接头有无过热、松动现象,支柱绝缘子有无放电痕迹,线夹有无裂纹、破损现象。

(4)高峰负荷期间,增加巡视次数,重点检查触头、引线、线夹有无过热现象。

5.1.6 工作任务评价

本工作任务评价考核主要评价学生在“教、学、做”一体教学过程中对高压隔离开关巡视检查知识和技能的掌握程度。具体评价标准见附录1中附表1-2设备巡视检查工作过程考核评价表。

5.1.7 工作任务思考

1. 高压隔离开关的正常巡视项目有哪些?

2. 高压隔离开关在什么情况下要进行特殊巡视?

工作任务5.2　高压隔离开关异常运行分析及处理

5.2.1　工作任务分析

(1)值班人员应随时对高压隔离开关进行监视、检查,通过对高压隔离开关的温度及气味等现象的变化,判断高压隔离开关是否出现异常,从而采取相应的处理措施,避免出现高压断路器事故。

(2)值班人员在高压隔离开关运行中发现不正常现象时,应设法尽快消除,同时报告车间负责人并将情况及经过详细记录在交接班记录和设备缺陷登记表内。

5.2.2　工作任务准备

(1)做好安全措施:戴安全帽、绝缘手套,防摔防撞。

(2)熟悉异常处理工具的使用方法:安全帽、绝缘手套、绝缘靴、五防钥匙、500 V 摇表、2 500 V 摇表、三相短路接地线、裸露铜线、尖嘴钳等。

5.2.3　工作任务实施

(1)学员按人数分成小组,正确穿好合格的安全服装,戴好安全帽,携带好安全工器具。

(2)根据相应的作业标准或要求,在运行人员的监护下,模拟对异常情况进行正确处理,直到异常情况消失。

(3)对照工具、材料清单清点工器具。处理结束后,将安全工器具放回原处,详细记录并及时汇报处理情况。

【案例5-1】　隔离开关触头发热异常及处理

隔离开关触头发热,一般可以通过变色漆或示温蜡片的颜色变化来判断。隔离开关触头发热可能有以下原因:

(1)操作用力不当,使接触位置不正,隔离开关合闸不到位。

(2)触头固件松动使触头弹簧压力降低,触头刀片或刀嘴锈蚀、磨损,接触表面氧化、脏污及触头被电弧烧伤等造成的接触不良。

(3)开关容量不够或长期过负荷运行。

其处理步骤如下:

(1)用红外测温仪测量过热点温度,以判断发热程度。

(2)若隔离开关因触头接触不良造成过热,可用相应电压等级的绝缘棒推动其触头,使其接触良好。

(3)若由过负荷引起过热,应汇报调度中心,按照调度指令采取改变运行方式或减少负荷等方法,减小负荷电流。

(4)隔离开关发生过热时,应加强对其的监视,并做好事故预想,加装通风装置等冷却措施。

(5)隔离开关发热严重并存在烧熔开路的危险时,应快速断开相关断路器,停用隔离开关,并汇报调度中心和相关部门,使隔离开关退出运行或停电检修。

【案例5-2】 隔离开关拒绝分、合闸及处理

手动或电动操作隔离开关时,发生拒分、拒合现象,可能有如下原因:

(1)操作机构故障。由于操作机构发生冰冻、锈蚀、卡死、触头夹得过紧、操作杆断裂、销子脱落或操作机构故障等原因,会造成隔离开关的拒绝分闸、合闸。

(2)电气回路故障。对于电动操作的隔离开关,发生电动回路电源不正常、电机运转不正常或操作回路的触点接触不良、行程开关与控制开关切换不良等会造成隔离开关的拒绝分闸、合闸。

(3)误操作或防误装置失灵也会造成隔离开关的拒绝分、合闸。

其处理步骤如下:

(1)操作机构故障时,如因冰冻或其他原因造成拒动,不得以很大的冲击力操作,而应以较小的摇动力量去克服不正常阻力,同时要检查底座和操作机构各部分,根据各部分的变形和变位,找出增加阻力的部分,如妨碍拉开的阻力发生在接触装置上,则不应强行拉开,因为可能损坏底座造成严重事故,这时只能变更设备运行方式消除。

(2)电气回路故障时,应查明故障原因并做相应处理。

(3)误操作或防误闭锁失灵时,应确认具体原因,按照闭锁的条件,核查断路器、隔离开关的状态,核对无误后,消除防误装置失灵后再操作。

【案例5-3】 电动操作异常情况处理

隔离开关电动操作过程中,如有以下异常情况,应采取相应处理步骤:

(1)按下合闸或分闸接钮时,电动机发响但并不转动("嗡嗡"声),应立即按停止按钮,然后检查三相电源是否正常或机械部分有无卡涩现象。

(2)动作过程中不到位突然停止,应继续再按按钮,使其动作即可,尽量避免设备闪弧烧伤。

(3)操作电动机电源电压(所用电压)不能太低,如太低则电动机冲力不够,有合不到位的情况。

【案例5-4】 隔离开关位置信号不正确异常及处理

隔离开关位置信号不正确现象有:

(1)监控系统、保护装置显示的隔离开关位置和隔离开关实际位置不一致。

(2)保护装置发出相关告警信号。

其处理步骤如下:

(1)现场确认隔离开关实际位置。

(2)检查隔离开关辅助开关切换是否到位、辅助接点是否接触良好。如现场无法处理,应立即汇报值班调控人员并联系检修人员处理。

(3)对于双母线接线方式,应将母差保护相应隔离开关位置强制对位至正确位置。

5.2.4 拓展提高

隔离开关在发生下列情况时应申请停运处理:

(1)线夹有裂纹、接头处导线断股散股严重。

(2)导电回路严重发热达到危急缺陷,且无法倒换运行方式或转移负荷。

(3)绝缘子严重破损且伴有放电声或严重电晕;有裂纹;发生严重放电、闪络现象。

(4)隔离开关发热严重并存在烧熔开路的危险时,应快速断开相关断路器,停用隔离开关,并汇报调度中心,使隔离开关退出运行或停电检修。

(5)当隔离开关严重不同期或合不平,拉开再次合上(最好采用远方操作方式)后,三相确实不同期或合不平时。

(6)其他根据现场实际认为应紧急停运的情况。

5.2.5 工作任务评价

本工作任务评价考核主要评价学生在“教、学、做”一体教学过程中对高压隔离开关异常情况处理知识和技能的掌握程度。具体评价标准见附录1中附表1-4设备异常情况处理工作过程考核评价表。

5.2.6 工作任务思考

1. 高压隔离开关常见的异常有哪些?
2. 高压隔离开关发热时应如何处理?

工作任务5.3 高压隔离开关的事故处理

5.3.1 工作任务分析

根据事故现象和保护动作情况分析判断高压隔离开关事故跳闸的原因及故障点的可能范围,并迅速汇报调度,按照调度指令进行事故处理。

5.3.2 工作任务准备

(1)做好安全措施:戴安全帽、绝缘手套,防摔防撞。

(2)熟悉事故处理工具的使用方法:安全帽、绝缘手套、绝缘靴、五防钥匙、录音笔、500 V摇表、2 500 V摇表、三相短路接地线、裸露铜线、尖嘴钳等。

5.3.3 工作任务实施

(1)学员按人数分成小组,正确穿好合格的安全服装,戴好安全帽,携带好安全工器具。

(2)根据相应的作业标准或要求,在运行人员的监护下,在现场对事故处理预案进行演习,对事故情况进行正确处理,

(3)对照工具、材料清单清点工器具。处理结束后,将安全工器具放回原处,详细记录并及时汇报处理情况。

【案例5-5】 隔离开关瓷瓶断裂故障及处理

隔离开关瓷瓶断裂故障主要有瓷瓶外伤严重、瓷瓶掉盖、对地击穿、瓷瓶爆炸等。隔离开关瓷瓶断裂的原因如下:

(1)产品质量不过关。

(2)隔离开关操作方法不恰当、用力过猛等。

隔离开关出现瓷瓶断裂时的现象如下:

(1)绝缘子断裂引起保护动作跳闸时:保护动作,相应断路器在分位。

(2)现场检查发现绝缘子断裂。

其处理步骤如下:

(1)绝缘子断裂引起保护动作跳闸:

①检查监控系统断路器跳闸情况及光字、告警等信息;

②结合保护装置动作情况,核对跳闸断路器的实际位置,确定故障区域,查找故障点。

(2)找出故障点后,对故障间隔及关联设备进行全面检查,重点检查故障绝缘子相邻设备有无受损,引线有无受力拉伤、损坏的现象。

(3)汇报值班调控人员一次、二次设备检查结果。

(4)若相邻设备受损,无法继续安全运行时,应立即向值班调控人员申请停运。

(5)对故障点进行隔离,按照值班调控人员指令将无故障设备恢复运行。

【案例5-6】 隔离开关误动作及处理

在倒闸操作时,由于误操作可能会出现误拉、误合隔离开关的情况,如果是带负荷误拉、误合隔离开关会产生异常弧光,甚至因为三相弧光短路,所以严禁在倒闸操作过程中出现误拉、误合隔离开关。

1. 误拉刀闸

其现象为:刀片刚拉开时,发生强大的弧光或声响。

其处理步骤如下:

(1)发现错误,在弧光终断前应立即合上。

(2)若弧光已终断,不允许再推上。

2. 误推刀闸

其现象为:刀闸在推上两个不同期系统时,会产生强大弧光,可能还会引起系统振荡;推上造成短路或故障时,会产生强烈的电弧或响声。

其处理步骤为:无论在任何情况下,误推上后不允许立即拉开。

【案例5-7】 隔离开关导电回路异常发热及处理

隔离开关导电回路异常发热时现象如下:

(1)红外测温时发现隔离开关导电回路异常发热。

(2)冰雪天气时,隔离开关导电回路有冰雪立即融化现象。

其处理步骤如下:

(1)导电回路温差达到一般缺陷时,应对发热部位增加测温次数,进行缺陷跟踪。

(2)发热部分最高温度或相对温差达到严重缺陷时,应增加测温次数并加强监视,向值班调控人员申请倒换运行方式或转移负荷。

(3)发热部分最高温度或相对温差达到危急缺陷且无法倒换运行方式或转移负荷时,应立即向值班调控人员申请停运。

5.3.4　拓展提高

(1)操作中,隔离开关发生机械故障时,应将隔离开关尽可能恢复到操作前的运行状态,并进行维修处理。

(2)电动操作的隔离开关如遇电动失灵,应查明原因和检查与该隔离开关有闭锁关系的所有断路器、隔离开关、接地隔离开关的实际位置,正确无误后才可拉开隔离开关操作电源而进行手动操作。

(3)禁止带负荷拉合闸。

5.3.5　工作任务评价

本工作任务评价考核主要评价学生在"教、学、做"一体教学过程中对高压隔离开关事故处理知识和技能的掌握程度。具体评价标准见附录1中附表1-5设备事故处理工作过程考核评价表。

5.3.6　工作任务思考

1. 高压隔离开关发生瓷瓶爆炸时应怎么处理?

小　结

工作领域5主要训练学生掌握高压隔离开关的巡视检查、故障处理等技能。

工作任务5.1主要熟悉高压隔离开关的正常巡视检查项目和运行维护内容。按照高压隔离开关的巡视部位和巡视内容,采用目测、仪器检测等方法,对高压隔离开关进行巡视检查,记录巡视结果。将异常现象与巡视标准进行比较,详细说明。巡视检查完成后向值长进行汇报。

工作任务5.2主要熟悉高压隔离开关的常见异常现象及正确处理方法。通过对高压隔离开关运行情况的变化分析,判断其是否发生了异常,从而采取相应的处理措施,并进行设备缺陷记录。

工作任务5.3主要熟悉高压隔离开关的事故现象及正确处理方法。应依据事故现象做出准确判断,给予相应的处理,并汇报给调度。

工作领域6 互感器的运行

【思政导引】

糯扎渡水电站——创新铸就水电丰碑

糯扎渡水电站位于澜沧江下游普洱市思茅区和澜沧县交界处，是澜沧江下游水电核心工程，也是实施云电外送的主要电源点。电站枢纽由心墙堆石坝、左岸溢洪道、左岸引水发电系统等组成。糯扎渡水库正常水位 812 m，心墙堆石坝最大坝高 261.5 m，居同类坝型世界第三。电站总投资约 611 亿元，年利用小时数 4 088 h，年均发电量 239.12 亿 kW · h。作为云南省较大水电站，是实现国家资源优化配置，全国联网目标的骨干工程，是实施“西电东送”及“云电外送”战略的基础项目。

糯扎渡水电站 2011 年 3 月 25 日正式通过国家核准，电站位于澜沧江下游的云南省普洱市内，是澜沧江中下游河段梯级规划“二库八级”中的第五级，也是澜沧江流域工程规模和调节库容较大的电站，电站总装机容量 585 万 kW，总投资约 450 亿元，电站安装 9 台 65 万 kW 机组，保证出力为 240 万 kW，多年平均发电量 239.12 亿 kW · h。

电站建成后，在取得巨大经济效益的同时，落实党的二十大精神“我们要加快发展方式绿色转型，实施全面节约战略，发展绿色低碳产业，倡导绿色消费，推动形成绿色低碳的生产方式和生活方式”，电站节能减排效益也将得到充分体现。据测算，机组全部发电后，相当于每年为国家节约 956 万 t 标准煤，减少二氧化碳排放 1 877 万 t。同时，还将减少大量的废水、废渣、浮尘等污染物排放。糯扎渡电站工程建设设计技术指标高、地质条件复杂，根据规划，其大坝、溢洪道、地下厂房等多项技术指标均名列国内外前茅，掺砾黏土直心墙堆石坝坝高在同坝型中属亚洲第一、世界第三；地下厂房是目前国内规模较大的地下厂房之一；开敞式溢洪道规模亚洲第一，泄洪功率和流速居世界第一。

糯扎渡水电站建设，首次成功研发了“数字大坝”系统，有效解决了制约高土石坝安全最为关键的技术难题，保证了总体面积达 3 400 余万 m^2 大坝的施工质量，成为世界大坝建设质量控制技术的重大创新。系统提出了“高心墙堆石坝采用人工碎石掺砾土料筑坝”成套技术、“消力塘护岸动边界底板新型结构形式”，研发建成了“叠梁门分层取水新型进水口”等一系列重大科技创新，有效降低了电站的施工难度，显著节省了工程投资，确保了工程建设安全，先后获得国家科技进步奖 6 项、省部级一等以上科技进步奖 21 项。其中“超高心墙堆石坝关键技术及应用”“重大水利水电工程施工实时控制关键技术及其工程应用”“大型水利水电工程可视化仿真技术及其工程运用”均获得国家科技进步奖二等奖；“糯扎渡水电站导截流工程关键技术研究及运用”“大型水电站压力管道和蜗壳结构设计理论研究与工程”等，均获得省部级科技进步奖一等奖。

糯扎渡水电站建设,实现了水电开发与生态环境保护的相得益彰,并对澜沧江下游国家的防洪抗旱发挥了重大作用,实现了上下游国家的合作共赢。

【学习任务描述】

1. 学习并懂得互感器运行的基本知识。
2. 掌握并具备互感器的巡视检查及维护职业技能。
3. 掌握并具备电压互感器倒闸操作的职业技能。
4. 掌握并具备互感器的异常分析与处理职业技能。
5. 掌握并具备互感器的事故处理职业技能。
6. 养成与人合作的团队精神和良好的职业道德。
7. 养成安全生产的工作作风,实践安全第一的生产理念。
8. 培养刻苦钻研、好学上进的精神,树立终身学习的理念。

工作任务 6.1　互感器的巡视检查

互感器在运行中,值班人员应定期进行巡视检查,以便随时掌握设备的运行情况,及时发现设备异常和缺陷,预防事故的发生,确保设备的连续安全运行。在巡视检查过程中,运行值班人员可以借助工器具和感官去观察,及时发现设备运行中存在的问题。

6.1.1　工作任务分析

(1)按照互感器巡视部位及巡视内容,采用目测、耳听、鼻嗅、触试(非带电部位)、仪器检测等方法,对互感器进行巡视检查,记录巡视结果。

(2)将异常现象与巡视标准进行比较,详细说明。

(3)巡视检查完成后,向值长汇报巡视检查结果。

6.1.2　工作任务准备

(1)熟悉互感器结构原理及型号参数。

(2)熟悉互感器编号、位置及投运情况。

(3)熟悉互感器巡视部位及巡视标准。

(4)熟悉巡视工具的使用:听针、手电筒、红外测温仪、望远镜、记录本、智能巡检仪等。

(5)做好安全措施:戴安全帽,防摔防撞。

6.1.3　工作任务实施

(1)学员按人数分成小组,正确穿好合格的安全服装,戴好安全帽,携带好安全工器具、巡视检查标准卡。

(2)按照规定的巡视路线巡视互感器,对照巡视卡(见表6-1、表6-2)找出互感器相关的巡视点,根据巡视点的现象判断运行中互感器存在何种缺陷,在运行人员的监护下依次进行。对合格项,在巡视卡“检查结论”栏打“√”;对有缺陷或异常项,在巡视卡“检查结论”栏用文字详细说明。

(3)巡视中注意安全、动作规范。

(4)检查结束后,将安全工器具放回原处,并及时向值长汇报巡视的相关情况。

表6-1 电流互感器的巡视内容及标准

序号	巡视内容	巡视标准	检查结论	备注
1	瓷质部分	(1)清洁完好、无破损、无裂纹、无放电痕迹; (2)防污涂层无龟裂老化、起壳		
2	法兰	检查各密封法兰无变形,法兰紧固件齐全、紧固		
3	二次接线部分	(1)外表清洁,无锈蚀,漆膜完好; (2)二次接线盒密封良好,无进水、凝露现象; (3)二次接线板完整、标志清晰,无裂纹、发热痕迹; (4)二次接线柱清洁,无破损、放电烧伤痕迹		
4	引线连接	(1)接线板无破损,引线接头牢固,压接螺丝无松动、过热现象; (2)引流线长度适中,无松股、断股等		
5	油浸式电流互感器	(1)储油柜油位计完好,油位正常,表面无油污、无渗漏油; (2)金属膨胀器无渗漏、变形,波纹膨胀器无锈蚀、卡涩,放气阀内无残存气体; (3)吸湿器完好无损,硅胶无2/3变色		
6	干式电流互感器	树脂绝缘,清洁无脏污,无裂纹,绝缘涂层完好		
7	SF_6气体绝缘电流互感器	(1)压力表和SF_6密度继电器外观良好,无凝露现象,接线盒无进水受潮现象; (2)压力指示在允许范围; (3)压力释放阀(防爆膜)完好、无破损、无变形		
8	其他	(1)设备编号齐全、清晰,无损坏; (2)外观完整无损; (3)无异常振动及异味; (4)金属部位无锈蚀,底座、支架牢固; (5)外壳、中性点接地良好		

表6-2 电压互感器的正常巡视内容及标准

序号	巡视内容	巡视标准	检查结论	备注
1	本体	(1)瓷质部分清洁、无破损、无裂纹、无放电痕迹; (2)法兰连接牢固,无松动、裂纹		
2	导线、引线	(1)二次回路接线良好,无断线、短路、误接线; (2)无散股抛股,且无发热现象; (3)线夹无发热,断路器和熔断器良好		
3	声音	无异常噪声及其他异常现象		
4	表计	与互感器相关的二次仪表指示应正常		
5	TV端子箱	(1)端子门开启灵活,密封严实完好,无变形、锈蚀,接地良好; (2)内部清洁,无异常气味,无结露; (3)机构箱内开关位置正确,熔断器完好; (4)箱内二次接线无松脱、发热现象,二次接线、元件等标志清楚准确; (5)驱潮装置、防火装置、防小动物封堵完好		
6	SF_6电压互感器	(1)压力表指示在规定范围; (2)无漏气; (3)密度继电器正常; (4)防爆膜无破裂		
7	充油式电压互感器	(1)油位正常、油色清洁透明; (2)各部位无渗、漏油现象		
8	干式电压互感器	(1)绝缘表面无开裂、凝露、放电现象; (2)外露铁芯无锈蚀		
9	其他	(1)名称、标识齐全、完好; (2)相序标注清晰; (3)场地、操作小道整齐整洁; (4)金属部位无锈蚀,底座、支架牢固		

6.1.4 工作任务相关知识

6.1.4.1 电流互感器

1. 电流互感器运行规定

(1)运行中的电流互感器严禁二次回路开路。

(2)新安装的电流互感器或其二次回路发生变化时,保护验收必须核对二次接线的正确性,带负荷检查正确后方可投入保护。

(3)电流互感器二次绕组必须有一点可靠接地,它属于保护接地。为防止二次回路接地造成保护误动,对电流差动保护等每套保护只允许有一点接地,接地点设在保护屏上。

(4)电流互感器正常运行时的负荷电流应不超过其额定值的110%,如长时间过负荷,会使测量误差加大和绕组过热或损坏。

(5)在电流互感器二次回路上工作,必须正确填写需短接的电流回路端子、回路编号,若工作涉及差动保护或母差保护用电流互感器,应将差动保护或母差保护停用,并有相应的保安措施。

2. 电流互感器的巡视检查

(1)设备外观完整无损、油量充足。

(2)油色、油位正常。

(3)引线正常无松动。

(4)SF_6 气体绝缘电流互感器除与油浸式互感器相关项目相同外,还要注意压力表指示在正常规定范围,无漏气现象,密度继电器正常。复合绝缘套管表面清洁、完整,无裂纹、无放电痕迹。树脂浇注互感器无过热、无异常震动及声响,无受潮,外绝缘表面无积灰、无放电现象。

码 6-1 视频-电流互感器的正常巡视检查

(5)电流互感器的密度继电器的压力为0.35~0.60 MPa。

(6)电流互感器运行时内部声音是否正常。

(7)端子箱应关严,密封良好。端子箱引线无过热、打火现象。

(8)瓷套、底座、阀门和法兰等部位应无渗、漏油现象。

6.1.4.2 电压互感器

1. 电压互感器运行规定

(1)运行中的电压互感器二次侧回路严禁短路。当发生短路时,电压互感器二次侧电源快分开关自动跳闸。

(2)当电压互感器二次回路出现断线或者失压等情况时,运行操作人员应立即向调度申请退出与电压互感器有关的继电保护和自动装置,并尽快地将电压互感器二次回路恢复正常,投入相应保护。

(3)停运中的电压互感器投入运行后,应立即检查相关电压指示情况和本体有无异常现象。

(4)电压互感器(含电磁式和电容式电压互感器)允许在1.2倍额定电压下连续运行。中性点有效接地系统中的电压互感器,允许在1.5倍额定电压下运行30 s。中性点非有效接地系统中的电压互感器,在系统无自动切除对地故障保护时,允许在1.9倍额定电压下运行8 h;在系统有自动切除对地故障保护时,允许在1.9倍额定电压下运行30 s。

(5)SF_6 电压互感器投运前,应检查电压互感器无漏气,SF_6 气体压力指示与制造厂规定相符,三相气压应调整一致。

码 6-2 视频-电压互感器的正常巡视检查

2. 电压互感器的巡视检查

(1)设备周围应无影响送电的杂物。

(2)接触部分良好,无松动、发热和变色现象。

(3)油浸式电压互感器,油位正常、油色清洁,各部无渗漏油现象。

(4)瓷瓶无裂纹及积灰。

(5)二次侧中性点接地良好,二次接线盒关闭良好。

(6)无异常振动、异常声响及异味。

6.1.5 拓展提高

6.1.5.1 电流互感器

电流互感器特殊巡视的主要内容如下:

(1)新设备或经过检修的电流互感器巡视检查周期应相对缩短,在投运 72 h 以后转入正常巡视。

(2)气象突变(大风、大雾、大雪、冰雹、寒潮等)时,大风天气主要检查引线摆动情况及有无搭挂杂物,大雾天气主要检查瓷套管有无放电打火现象并重点检查污秽瓷质部分,大雪天气主要检查运行中气体压力情况及积雪时接头发热部位等。

(3)雷雨天气季节特别是雷雨后,主要检查瓷套管有无放电闪络现象。

(4)若试验报告部分数据超标,应加强监视。

(5)高温季节、高峰负载期间应加强监视。

(6)特殊保电任务期间应增加巡视次数。

6.1.5.2 电压互感器

电压互感器特殊巡视的主要内容如下:

(1)气温骤变时,检查引线有无异常受力,是否存在断股,接头部位有无发热现象;各密封部位有无漏气、渗漏油现象,SF_6 气体压力指示及油位指示是否正常;端子箱有无凝露现象。

(2)大风、雷雨、冰雹天气过后,检查导引线有无断股、散股迹象,设备上有无飘落积存杂物,外绝缘有无闪络放电痕迹及破裂现象。

(3)雾霾、大雾、毛毛雨天气时,检查外绝缘有无沿表面闪络和放电,重点监视瓷质污秽部分,必要时夜间熄灯检查。

(4)高温天气时,检查油位指示是否正常,SF_6 气体压力是否正常。

(5)覆冰天气时,检查外绝缘覆冰情况及冰凌桥接程度,覆冰厚度不超过 10 mm,冰凌桥接长度不宜超过干弧距离的 1/3,放电不超过第二伞裙,不出现中部伞裙放电现象。

(6)大雪天气时,应根据接头部位积雪融化迹象检查是否发热,及时清除导引线上的积雪和形成的冰柱。

(7)故障跳闸后巡视故障范围内的电压互感器,重点检查导线有无烧伤、断股,油位、油色、气体压力等是否正常,有无喷油、漏气异常情况等,绝缘子有无污闪、破损现象。

6.1.6 工作任务评价

本工作任务评价考核主要评价学生在“教、学、做”一体教学过程中对互感器巡视检查知识和技能的掌握程度。具体评价标准见附录 1 中附表 1-2 设备巡视检查工作过程考核评价表。

6.1.7 工作任务思考

1. 电流互感器在什么情况下要进行特殊巡视?
2. 电流互感器的正常巡视项目有哪些?
3. 电压互感器在什么情况下要进行特殊巡视?
4. 电压互感器的正常巡视项目有哪些?

工作任务6.2 电压互感器的操作

6.2.1 电压互感器由运行转检修

6.2.1.1 工作任务分析

(1)分析系统的正常运行方式:110 kV 采用单母线带旁路母线,6.3 kV 侧为单母分段接线。

(2)需要进行的操作:110 kV 天 1#母线天互 01PT 需要检修,做好验电和挂接地线等安全措施。

6.2.1.2 工作任务准备

(1)做好安全措施:戴安全帽、绝缘手套,穿绝缘靴,防摔防撞。

(2)熟悉操作工具使用:安全帽、绝缘手套、隔离开关操作杆、高压验电器、三相短路接地线,标示牌,电脑钥匙、录音笔、操作票及夹板等。

6.2.1.3 工作任务实施

(1)学员按人数分成小组,正确穿好合格的安全服装,戴好安全帽,携带好安全工器具、倒闸操作票。

(2)按照倒闸操作的基本原则和流程,在运行人员的监护下,模拟倒闸操作。

(3)结合《电力安全工作规程 发电厂和变电站电气部分》(GB 26860—2011)及其他规定现场进行倒闸操作。

(4)倒闸操作结束后,将安全工器具放回原处,并及时汇报倒闸操作的相关情况。

110 kV 天 1#母线天互 01PT 由运行转检修的操作步骤如下:

(1)检查天 11 开关确在“分闸”位置。

(2)检查天 12 开关确在“分闸”位置。

(3)检查天 13 开关确在“分闸”位置。

(4)检查天 14 开关确在“分闸”位置。

(5)检查天 131 刀闸确在“断开”位置。

(6)检查天 121 刀闸确在“断开”位置。

(7)检查天 111 刀闸确在“断开”位置。

(8)检查天 141 刀闸确在“断开”位置。

(9)拉开天互 01 刀闸。

(10)检查天互01刀闸确在“断开”位置。

(11)在天互01刀闸与天1#母线(天1M)之间验明确无电压并合上天互014接地刀闸。

(12)检查天互014接地刀闸确在“接通”位置。

(13)在天互01刀闸与天互01PT之间验明确无电压并合上天互015接地刀闸。

(14)检查天互015接地刀闸确在“接通”位置。

(15)在110 kV天1#母线(天1M)与天131刀闸之间验明确无电压并挂上接地线一组。(备注:开关站全停时,不需要此项安全措施。)

(16)在110 kV天1#母线(天1M)与天111刀闸之间验明确无电压并挂上接地线一组。(备注:开关站全停时,不需要此项安全措施。)

(17)在110 kV天1#母线(天1M)与天121刀闸之间验明确无电压并挂上接地线一组。(备注:开关站全停时,不需要此项安全措施。)

(18)在110 kV天1#母线(天1M)与天141刀闸之间验明确无电压并挂上接地线一组。(备注:开关站全停时,不需要此项安全措施。)

(19)断开天互01PT二次侧空气开关1ZKK、2ZKK、3ZKK。

(20)停用110 kV母线差动保护跳天1B(天11开关)硬压板1LP3。

(21)停用110 kV母线差动保护跳天2B(天14开关)硬压板1LP2。

(22)停用110 kV母线差动保护跳天1Y(天13开关)硬压板1LP4。

(23)停用110 kV母线差动保护跳天1YP(天12开关)硬压板1LP1。

(24)停用110 kV母线差动保护投入硬压板1LP14。

(25)按工作票要求做好其他安全措施。

(26)全面检查。

6.2.1.4 工作任务相关知识

根据电压互感器接入一次系统的方式不同,有互感器一次侧通过隔离开关与主设备连接和互感器通过引线直接与主设备连接两种方式。电压互感器退出时,应先断开二次空气开关(或取下二次熔断器),后拉开高压侧隔离开关;直接连接在线路、变压器或母线上的电压互感器应在其连接的一次设备停电后拉开二次空气开关(或取下二次熔断器)。

本书中所依托的恩施天楼地枕水电厂主要介绍通过隔离开关接入的电压互感器的操作,但其母线PT检修时调度申请了开关站全停,所以在母线PT检修时采用了先拉开一次侧刀闸再拉开二次小空开的顺序。

6.2.1.5 拓展提高

对于常规的电厂或变电站,为了防止反充电,母线电压互感器进行由运行转检修操作时,需要先拉开所有二次侧自动空气开关,再拉开高压侧隔离开关(或熔断器)。

6.2.1.6 工作任务评价

本工作任务评价考核主要评价学生在“教、学、做”一体教学过程中对电压互感器运行转检修操作知识和技能的掌握程度。具体评价标准见附录1中附表1-3设备倒闸操作工作过程考核评价表。

6.2.1.7 工作任务思考

1. 写出电压互感器运行转检修的倒闸操作票。

6.2.2 电压互感器由检修转运行

6.2.2.1 工作任务分析

(1)分析系统的正常运行方式:110 kV 采用单母线带旁路母线,6.3 kV 侧为单母分段接线。

(2)需要进行的操作:拆除接地线,110 kV 天 1#母线天互 01PT 由检修转运行操作。

6.2.2.2 工作任务准备

(1)做好安全措施:戴安全帽、绝缘手套等,绝缘靴,防摔防撞。

(2)熟悉操作工具使用:安全帽、绝缘手套、隔离开关操作杆、高压验电器、三相短路接地线、标示牌、电脑钥匙、录音笔、操作票及夹板等。

6.2.2.3 工作任务实施

(1)学员按人数分成小组,正确穿好合格的安全服装,戴好安全帽,携带好安全工器具、倒闸操作票。

(2)按照倒闸操作的基本原则和流程,在运行人员的监护下,模拟倒闸操作。

(3)结合《电力安全工作规程 发电厂和变电站电气部分》(GB 26860—2011)及其他规定现场进行倒闸操作。

(4)倒闸操作结束后,将安全工器具放回原处,并及时汇报倒闸操作的相关情况。

110 kV 天 1#母线天互 01PT 由检修转运行的操作步骤如下:

(1)拉开天互 014 接地刀闸。

(2)检查天互 014 接地刀闸确在“接通”位置。

(3)拉开天互 015 接地刀闸。

(4)检查天互 015 接地刀闸确在“接通”位置.

(5)拆除 110 kV 天 1#母线(天 1M)与天 131 刀闸之间接地线一组。(备注.开关站全停时,无此项安全措施。)

(6)检查 110 kV 天 1#母线(天 1M)与天 131 刀闸之间接地线确已拆除。(备注:开关站全停时,无此项安全措施。)

(7)拆除 110 kV 天 1#母线(天 1M)与天 121 刀闸之间接地线一组。(备注:开关站全停时,无此项安全措施。)

(8)检查 110 kV 天 1#母线(天 1M)与天 121 刀闸之间接地线确已拆除。(备注:开关站全停时,无此项安全措施。)

(9)拆除 110 kV 天 1#母线(天 1M)与天 111 刀闸之间接地线一组。(备注:开关站全停时,无此项安全措施。)

(10)检查 110 kV 天 1#母线(天 1M)与天 111 刀闸之间接地线确已拆除。(备注:开关站全停时,无此项安全措施。)

(11)拆除 110 kV 天 1#母线(天 1M)与天 141 刀闸之间接地线一组。(备注:开关站全停时,无此项安全措施。)

(12)检查110 kV天1#母线(天1M)与天141刀闸之间接地线确已拆除。(备注:开关站全停时,无此项安全措施。)

(13)检查天互01刀闸确在“断开”位置。

(14)合上天互01PT二次侧空气开关1ZKK、2ZKK、3ZKK。

(15)检查天互01刀闸机构箱远方/就地转换开关确在“远方”位置。

(16)加用110 kV母线差动保护投入硬压板1LP14。

(17)加用110 kV母线差动保护跳天1B(天11开关)硬压板1LP3。

(18)加用110 kV母线差动保护跳天2B(天14开关)硬压板1LP2。

(19)加用110 kV母线差动保护跳天1Y(天13开关)硬压板1LP4。

(20)加用110 kV母线差动保护跳天1YP(天12开关)硬压板1LP1。

(21)检查110 kV母线保护TV断线告警投入硬压板1LP15确已加用。

(22)合上天互01刀闸。

(23)检查天互01刀闸确在“接通”位置。

(24)全面检查。

6.2.2.4　工作任务相关知识

电压互感器投入运行时,应先合上高压侧隔离开关,后合上二次空气开关;直接连接在线路、变压器或母线上的电压互感器应在合上二次空气开关后再合上其连接的一次设备。

6.2.2.5　拓展提高

对于常规的电厂或变电站,为了防止反充电,母线电压互感器进行由检修转运行操作时,需要先合上高压侧隔离开关,再合上所有二次侧自动空气开关。

6.2.2.6　工作任务评价

本工作任务评价考核主要评价学生在“教、学、做”一体教学过程中对电压互感器由检修转运行操作知识和技能的掌握程度。具体评价标准见附录1中附表1-3设备倒闸操作工作过程考核评价表。

6.2.2.7　工作任务思考

1. 写出电压互感器检修转运行的倒闸操作票。

工作任务6.3　互感器的异常运行分析及处理

6.3.1　工作任务分析

(1)值班人员应随时对互感器进行监视、检查,通过对互感器的温度及气味等现象的变化,判断互感器是否出现异常,从而采取相应的处理措施,避免出现高压断路器事故。

(2)值班人员在互感器运行中发现不正常现象时,应设法尽快消除,同时报告车间负责人并将情况及经过详细记录在交接班记录和设备缺陷登记表内。

6.3.2　工作任务准备

(1)做好安全措施:戴安全帽、绝缘手套,防摔防撞。

(2)熟悉异常处理工具的使用方法:安全帽、绝缘手套、绝缘靴、五防钥匙、500 V 摇表、2 500 V 摇表、三相短路接地线、裸露铜线、尖嘴钳等。

6.3.3　工作任务实施

(1)学员按人数分成小组,正确穿好合格的安全服装,戴好安全帽,携带好安全工器具。

(2)根据相应的作业标准或要求,在运行人员的监护下,模拟对异常情况进行正确处理,直到异常情况消失。

(3)对照工具、材料清单清点工器具。处理结束后,将安全工器具放回原处,详细记录并及时汇报处理情况。

6.3.3.1　电流互感器的异常及处理

码 6-3　微课-电流互感器的异常及处理

【案例 6-1】　电流互感器发热异常分析及处理

电流互感器发热异常时,会出现如下现象:

(1)红外检测本体及引线接头温度和温升超出规定值。

(2)发热一般伴随周围有异味、冒烟、冒火现象,在积雪时,出现积雪融化现象。

其处理步骤如下:

(1)发现本体或引线接头有过热迹象时,应使用红外热像仪进行检测,确认发热部位和程度。

(2)对电流互感器进行全面检查,检查有无其他异常情况,查看负荷情况,判断发热原因。

(3)本体热点温度超过 55 ℃、引线接头温度超过 90 ℃,应加强监视,按缺陷处理流程上报。

(4)本体热点温度超过 80 ℃、引线接头温度超过 130 ℃,应立即汇报值班调控人员申请停运处理。

【案例 6-2】　电流互感器有异常声响分析及处理

电流互感器有异常声响时,会出现电流互感器声响与正常运行时对比有明显增大且伴有各种噪声。

其出现的现象及处理步骤如下:

(1)内部伴有“嗡嗡”较大噪声时,检查二次回路有无开路现象。

(2)声响比平常增大而均匀时,检查是否为过电压、过负荷、铁磁共振、谐波作用引起,汇报值班调控人员并联系检修人员进一步检查。

(3)内部伴有“噼啪”放电声响时,可判断为本体内部故障,应立即汇报值班调控人员申请停运处理。

(4)外部伴有“噼啪”放电声响时,应检查外绝缘表面是否有局部放电或电晕,若因外绝缘损坏造成放电,应立即汇报值班调控人员申请停运处理。

(5)若异常声响较轻,不需立即停电检修的,应加强监视,按缺陷处理流程上报。

在运行中,若电流互感器有异常声音,可不立即停用,可从声响、表计指示及保护异常信号灯情况判断是否为二次回路开路故障。如不属于二次回路开路故障,而是本体故障,应转移负荷停电处理;若声音异常较轻,可不立即停电,先汇报调度和上级领导,安排停电检修,在停电前,运行人员应加强监视。

【案例6-3】 电流互感器渗漏油异常分析及处理

电流互感器渗漏油时,会出现如下现象:

(1)本体外部有油污痕迹或油珠滴落现象。

(2)器身下部地面有油渍。

(3)油位下降。

其处理步骤如下:

(1)检查本体外绝缘、油嘴阀门、法兰、金属膨胀器、引线接头等处有无渗漏油现象,确定渗漏油部位。

(2)根据渗漏油及油位情况,判断缺陷的严重程度。

(3)渗油及漏油速度每滴不快于5 s,且油位正常的,应加强监视,按缺陷处理流程上报。

(4)漏油速度虽每滴不快于5 s,但油位低于下限的,应立即汇报值班调控人员申请停运处理。

(5)漏油速度每滴快于5 s,应立即汇报值班调控人员申请停运处理。

(6)倒立式互感器出现渗漏油时,应立即汇报值班调控人员申请停运处理。

【案例6-4】 SF_6电流互感器压力表异常分析及处理

电流互感器压力表异常时,会出现如下现象:

(1)监控系统发出SF_6气体压力低的告警信息。

(2)密度继电器气体压力指示达到或低于报警值。

造成SF_6电流互感器气体泄漏的原因主要有密封结构设计不合理、密封件材质不良、装配工艺或质量不良等。

其处理步骤如下:

(1)检查表计外观是否完好,指针是否正常,记录气体压力值。

(2)检查表计压力是否降低至报警值,若为误报警,应查找原因,必要时联系检修人员处理。

(3)若确系气体压力异常,应检查各密封部件有无明显漏气现象并联系检修人员处理。

(4)气体压力恢复前应加强监视,因漏气较严重一时无法进行补气或SF_6气体压力为零时,应立即汇报值班调控人员申请停运处理。

(5)检查中应做好防护措施,从上风向接近设备,防止SF_6气体中毒。

6.3.3.2　电压互感器的异常及处理

码6-4　微课-电压互感器的异常及处理

【案例6-5】　电容式电压互感器二次电压异常升高及处理

电容式电压互感器二次电压异常升高时,监控系统发出电压异常越限告警信息,相关电压指示降低、波动或升高。

电容式电压互感器二次电压异常及其原因如下:

(1)二次电压波动。引起的主要原因可能是:二次连接松动;分压器低压端子未接地或未接载波线圈;电容单元可能被间断击穿;铁磁谐振。

(2)二次电压低。引起的原因可能是:二次连接不良;电磁单元故障或电容单元C2损坏。

(3)二次电压高。引起的原因可能是:电容单元C1损坏;分压电容接地端未接地。

其处理步骤如下:

(1)比较三相电压是否一致。

(2)用万用表检查二次回路是否有问题,查看所有接线是否短路或松动。

(3)检查电压互感器本体的外观情况,或用红外测量电压互感器的温度分布情况并进行分析。

【案例6-6】　电压互感器发热异常分析及处理

电压互感器发热异常时,通过红外检测可以发现整体温升偏高,油浸式电压互感器中上部温度偏高。

其处理步骤如下:

(1)对电压互感器进行全面检查,检查有无其他异常情况,查看二次电压是否正常。

(2)油浸式电压互感器整体温升偏高,且中上部温度高,温差超过2K,可判断为内部绝缘降低,应立即汇报值班调控人员申请停运处理。

(3)如果是外部过热,可不立即停电,应转移负荷,并加强监视;若是严重缺油和内部原因导致发热,应汇报调度和上级主管部门,安排停电处理,在停电前加强监视。

【案例6-7】　电压互感器声音异常分析及处理

电压互感器声响与正常运行时对比有明显增大且伴有各种噪声时,其处理步骤如下:

(1)内部伴有“嗡嗡”较大噪声时,检查二次电压是否正常。

(2)声响比平常增大而均匀时,检查是否为过电压、铁磁谐振、谐波作用引起,汇报值班调控人员并联系检修人员进一步检查。

(3)内部伴有“噼啪”放电声响时,可判断为本体内部故障,应立即汇报值班调控人员申请停运处理。

(4)外部伴有“噼啪”放电声响时,应检查外绝缘表面是否有局部放电或电晕,若因外绝缘损坏造成放电,应立即汇报值班调控人员申请停运处理。

(5)若异常声响较轻,不需立即停电检修的,应加强监视,按缺陷处理流程上报。

【案例6-8】　电压互感器渗漏油异常分析及处理

电压互感器渗漏油异常时会出现如下现象:

(1)本体外部有油污痕迹或油珠滴落现象。

(2)器身下部地面有油渍。

(3)油位下降。

其处理步骤如下:

(1)检查本体套管、放(注)油阀、法兰、金属膨胀器、引线接头等部位,确定渗漏油部位。

(2)根据渗漏油速度结合油位情况,判断缺陷的严重程度。

(3)油浸式电压互感器电磁单元油位不可见,且无明显渗漏点,应加强监视,按缺陷流程上报。

(4)油浸式电压互感器电磁单元漏油速度每滴时间快于5 s,立即汇报值班调控人员申请停运处理。

(5)电容式电压互感器电容单元渗漏油,应立即汇报值班调控人员申请停运处理。

【案例6-9】 电压互感器二次回路断线异常分析及处理

电压互感器二次回路断线原因如下:

(1)高低压侧熔断器熔断或接触不良。

(2)电压互感器回路接头松动或断线。

(3)电压切换回路辅助触点及电压切换开关接触不良。

其处理步骤如下:

(1)根据继电保护和自动装置有关规定,退出有关保护,防止误动作。

(2)检查高、低压熔断器及自动开关是否正常,如熔断器熔断,应查明原因立即更换,当再次熔断时则应慎重处理。

(3)检查电压回路所有接头有无松动、断头,切换回路有无接触不良。

(4)若高压熔断器熔断,应拉开电压互感器出口处隔离开关,取下低压熔断器,并测试电压互感器绝缘性能。若低压熔断器熔断,应立即更换;如有备用设备,应立即投入运行,停用故障设备。

(5)若异常点在测量回路中,并发现电压无指示,功率表转慢,应记录起止时间,同时可用万用表测量,检查表计内部线圈是否熔断或有其他异常,若有其他异常应更换或排除。

6.3.4 工作任务评价

本工作任务评价考核主要评价学生在“教、学、做”一体教学过程中对互感器异常情况处理知识和技能的掌握程度。具体评价标准见附录1中附表1-4设备异常情况处理工作过程考核评价表。

6.3.5 工作任务思考

1. 电流互感器常见的异常有哪些?

2. 电压互感器常见的异常有哪些?

工作任务6.4 互感器的事故处理

6.4.1 工作任务分析

根据事故现象和保护动作情况分析判断互感器事故跳闸的原因及故障点的可能范围,并迅速汇报调度,按照调度指令进行事故处理。

6.4.2 工作任务准备

(1)做好安全措施:戴安全帽、绝缘手套,防摔防撞。

(2)熟悉事故处理工具的使用方法:安全帽、绝缘手套、绝缘靴、五防钥匙、录音笔、500 V摇表、2 500 V摇表、三相短路接地线、裸露铜线、尖嘴钳等。

6.4.3 工作任务实施

(1)学员按人数分成小组,正确穿好合格的安全服装,戴好安全帽,携带好安全工器具。

(2)根据相应的作业标准或要求,在运行人员的监护下,在现场对事故处理预案进行演习,对事故情况进行正确处理。

(3)对照工具、材料清单清点工器具。处理结束后,将安全工器具放回原处,详细记录并及时汇报处理情况。

6.4.3.1 电流互感器事故及处理

【案例6-10】 电流互感器二次回路开路及处理

运行中因震动、锈蚀及安装施工时未拧紧引起端子螺栓松动都会导致二次回路开路;电流互感器内部线圈开路;保护或控制箱上电流互感器的接线端子连接片因带电测试时误断开或连接片未压好,造成二次开路;接线盒、端子箱受潮进水锈蚀或接触不良、发热烧断造成开路。

电流互感器二次回路开路时,会出现如下现象:

(1)铁芯发热,有异常气味或冒烟。

(2)铁芯电磁振动较大,有异常噪声。

(3)二次导线连接端子螺丝松动处可能有打火烧焦现象,内部有"吱吱"放电声,并有可能伴随有关表计指示的摆动现象。

(4)有关电流表、功率表、电能表指示减少或为零。

(5)差动保护"回路断线"光字牌亮。

其处理步骤如下:

(1)先分清二次回路开路故障属哪一组电流回路、开路相别,对保护有无影响;再汇报调度,按继电保护和自动装置有关规定退出有关保护。

(2)若保护用电流互感器开路,零序、负序及差动保护可能误动,此时应先对电流互感器所在的负荷回路进行检查,将差动、零序、负序保护退出运行,尽可能地降低该回路的一次电流。

(3)若电流互感器外部开路,可以在做好安全措施的前提下,即应戴绝缘手套、穿绝缘鞋、使用绝缘工具,先设法在端子上将故障的电流互感器二次回路接地短路,然后将断线或松脱接线处理好,再取下接地短路线,使其恢复运行。

(4)若内部开路不能进行短接或出现焦臭味、冒烟等现象,应停电处理,报调度中心,按照调度指令进行处理。

(5)若为值班人员能自行处理的开路故障,如端子松脱、接触不良等,消除回路断线现象后,可将封线拆掉,投入退出的保护,恢复正常运行;不能自行处理的,应汇报调度及时派出专业人员处理。

(6)对电量有影响时,应及时记录故障时间,并计算漏电量。

【案例6-11】 电流互感器冒烟着火及处理

电流互感器冒烟着火时,会出现如下现象:

(1)监控系统相关继电保护动作信号发出,断路器跳闸信号发出,相关电流、电压、功率无指示。如为室内设备,则监控系统有火灾报警信号发出。

(2)现场相关继电保护装置动作,相关断路器跳闸。

(3)设备本体冒烟着火。

其处理步骤如下:

(1)检查当地监控系统告警及动作信息,相关电流、电压数据。

(2)检查记录继电保护及自动装置动作信息,核对设备动作情况,查找故障点。

(3)发现电流互感器冒烟着火,应立即确认各来电侧断路器是否断开,未断开的立即断开。

(4)在确认各侧电源已断开且保证人身安全的前提下,用灭火器材灭火。

(5)应立即向调控及上级主管部门汇报,及时报警。

(6)应及时将现场检查情况汇报值班调控人员及有关部门。

(7)根据值班调控人员指令进行故障设备的隔离操作和负荷的转移操作。

【案例6-12】 电流互感器爆炸及处理

引起电容型电流互感器爆炸的可能原因如下:

(1)绝缘工艺不良。绝缘包绕松紧不均,线圈绕制质量差,电容屏严重错位,绝缘浸渍不彻底,电容屏间有空气、水分等杂质存在,绕制电容芯棒用的电缆纸含水量偏高,产生热击穿,进水受潮等缺陷,都能导致电容型电流互感器发生绝缘击穿。

(2)绝缘油质量不良。电流互感器密封不良,进水受潮;补充油中含有不合格成分;电力互感器一次绕组出线接触不良;过电压使绝缘油发生火花放电。

(3)污秽引起的主瓷套对地闪络、二次开路引起的过电压导致瓷套内压力加大甚至爆炸。

其处理步骤如下:

(1)应立即断开有关电源,向各级调度汇报。

(2)拨打119通知消防,强调是电气设备起火,并详细表述具体地址。

(3)迅速隔离故障。

(4)选用合适的灭火方式进行灭火。

(5)严密监视站内其他设备的运行情况。

6.4.3.2 电压互感器的事故及处理

【案例6-13】 电压互感器本体着火及处理

电压互感器本体着火原因如下:

(1)局部放电。

(2)制作工艺不过关。

(3)内部发热,绝缘击穿。

电压互感器本体着火时,会出现如下现象:

(1)监控系统相关继电保护动作信号发出,断路器跳闸信号发出,相关电流、电压、功率无指示。如为室内设备,则监控系统有火灾报警信号发出。

(2)现场相关继电保护装置动作,相关断路器跳闸。

(3)设备本体冒烟着火。

其处理步骤如下:

(1)检查当地监控系统告警及动作信息,相关电流、电压数据。检查记录继电保护及自动装置动作信息,核对设备动作情况,查找故障点。

(2)处理过程中注意二次电压消失对继电保护、自动装置的影响,并采取相应的措施,防止误动、拒动。

(3)在确认各侧电源已断开且保证人身安全的前提下,用灭火器材灭火。若为干式电压互感器,可用1211灭火器或沙子灭火;若为油浸式,可选用泡沫灭火器或沙子灭火。

(4)立即向值班调控人员及上级主管部门相关人员汇报并拨打119通知消防。

(5)应及时将现场检查情况汇报值班调控人员及有关部门。

(6)根据值班调控人员指令进行故障设备的隔离操作和负荷的转移操作。

【案例6-14】 高压或低压侧一相熔断器熔丝熔断及处理

高低压侧一相熔断器熔丝熔断现象及原因如下:

(1)当二次负载超过额定容量或二次绕组短路、系统发生单相接地等故障时,电压互感器铁芯饱和,励磁电流急剧增加,就会引起电压互感器熔丝熔断。

(2)铁磁谐振过电压。

(3)电压互感器内部短路接地,出现匝间短路等故障。

其处理步骤如下:

(1)将电压互感器所带的保护及自动装置,按照电力安全操作规程,退出运行,防止保护误动作。

(2)检查电压回路有无接触不良的情况。

(3)对电量有影响时,计算漏电量。

(4)加强对设备的监视,避免发生误操作。

(5)详细检查故障原因。

(6)故障消除后,电压互感器投入正常运行,恢复保护和自动装置运行。

【案例 6-15】 谐振及处理

由于内部过电压(如操作过电压、谐振过电压、接地)或者外部过电压(雷击过电压)等,出现警铃响、三相绝缘监察表剧烈摆动等情况时,电感量和电容量匹配不当就引起了谐振。

其处理步骤如下:

(1)适当增加负荷或减小负荷。

(2)投退电容器组。

(3)在开口三角处并接负荷。

6.4.4 拓展提高

6.4.4.1 电流互感器

发现以下情况时,运维人员应立即汇报值班调控人员申请电流互感器停运,在停运前应远离设备:

(1)外绝缘严重裂纹、破损,严重放电。

(2)严重异响、异味、冒烟或着火。

(3)严重漏油,看不到油位。

(4)严重漏气,气体压力表指示为零。

(5)本体或引线接头严重过热。

(6)金属膨胀器异常伸长顶起上盖。

(7)压力释放装置(防爆片)已冲破。

(8)末屏开路。

(9)二次回路开路不能立即恢复。

(10)设备的油化试验或 SF_6 气体试验时主要指标超过规定不能继续运行。

(11)其他根据现场实际认为应紧急停运的情况。

6.4.4.2 电压互感器

发现以下情况时,运维人员应立即汇报值班调控人员申请电压互感器停运,在停运前应远离设备:

(1)高压熔断器连续熔断 2 次。

(2)外绝缘严重裂纹、破损,电压互感器有严重放电现象,已威胁安全运行。

(3)内部有严重异响、异味、冒烟或着火。

(4)油浸式电压互感器严重漏油,看不到油位。

(5)SF_6 电压互感器严重漏气或气体压力低于厂家规定的最小运行压力值。

(6)电容式电压互感器电容分压器出现漏油。

(7)电压互感器本体或引线端子严重过热。

(8)膨胀器永久性变形或漏油。

(9)压力释放装置(防爆片)已冲破。

(10)电压互感器接地端子 N(X)开路、二次短路,不能消除。

(11)设备的油化试验或 SF_6 气体试验时主要指标超过规定不能继续运行。

(12)其他根据现场实际认为应紧急停运的情况。

6.4.5 工作任务评价

本工作任务评价考核主要评价学生在“教、学、做”一体教学过程中对互感器事故处理知识和技能的掌握程度。具体评价标准见附录1中附表1-5设备事故处理工作过程考核评价表。

6.4.6 工作任务思考

1. 电压互感器发生本体着火时应怎么处理?
2. 电流互感器在哪些情况下需要紧急停运?
3. 电压互感器在哪些情况下需要紧急停运?

小 结

本工作领域6主要训练学生掌握互感器的巡视检查、电压互感器的操作、互感器异常处理、互感器事故情况处理技能。

工作任务6.1主要熟悉互感器的正常巡视检查项目和运行维护内容。分别按照电流互感器和电压互感器的巡视部位及巡视内容,采用目测、耳听、仪器检测等方法,对互感器进行巡视检查,记录巡视结果,巡视完成后,向值长汇报巡视结果。

工作任务6.2主要熟悉电压互感器的操作,包括电压互感器运行转检修操作及电压互感器检修转运行操作。

工作任务6.3主要熟悉互感器的常见异常现象及正确处理方法。值班人员根据现象判断互感器是否发生了异常,从而采取相应正确的处理措施,并进行汇报。

工作任务6.4主要熟悉互感器的常见事故现象及处理方法。值班人员依据事故现象判断故障原因,采取相应正确的措施处理,并汇报调度。

工作领域7　绝缘子、母线及电力电缆的运行

【思政导引】

小湾水电站——青山碧水中的世纪工程

小湾水电站是国家重点工程和云南省实施国家西部大开发、“西电东送”战略的标志性工程。电站位于云南省南涧县与凤庆县交界的澜沧江中游河段黑惠江汇入口下游1.5 km处，是澜沧江中下游河段“两库八级”梯级开发中的第二级，安装6台单机70万kW机组，总容量420万kW，年保证发电量190亿kW·h，总库容149亿m^3，以发电为主，兼有防洪、灌溉、拦沙及航运等综合利用效益，是澜沧江中下游河段的龙头电站，具有多年调节能力，可以极大改善云南水电站群的调节性能，提高水电站枯期保证出力和电量，使枯期和汛期电量趋于平衡，具有巨大的补偿效益。

小湾水电站1999年6月开始筹建，2002年1月20日正式开工，2004年10月25日提前一年实现大江截流，2005年12月12日大坝首仓混凝土浇筑，2008年12月16日实现导流洞下闸蓄水。2009年9月25日首台机组投产发电，当年实现“一年三投”目标(第一台于2009年9月25日投产，第二台于2009年11月15日投产，第三台于2009年12月23日投产)，2010年全部机组投产，2011年工程竣工。

小湾水电站四号机组(装机70万kW)投产发电，恰逢全国水电装机容量突破2亿kW的关键时点，标志着中国水电大发展，树立了水电事业发展的里程碑，对充分发挥云南省丰富的水能资源优势，培育云南水电支柱产业，带动区域和地方经济社会发展，以及优化国家电源结构，促进节能减排，建设低碳经济，转变电力行业发展方式具有十分重要的意义，我国水电装机突破2亿kW大关，我国水电能源开发利用率也从改革开放前的技术可开发量不足10%提高到30%左右。对践行党的二十大“积极稳妥推进碳达峰碳中和，立足我国能源资源禀赋，坚持先立后破，有计划分步骤实施碳达峰行动，深入推进能源革命，加强煤炭清洁高效利用，加快规划建设新型能源体系，积极参与应对气候变化全球治理”的要求具有十分重要的意义。

小湾水电站建成发电后，云南电力系统水电站群的调节性能发生根本改变，电能质量将大幅度提高。通过系统流域联合优化调度，在全省水电总容量中，年平均调节能力的水电容量比例，从小湾水电站投产前的12.5%左右提高到68.5%左右；全省水电站群汛期、枯期发电量的比例由64:36改善为50:50；保证电量占年电量的比例也由52.8%提高到了86%，大大扭转了云南电力系统长期以来存在而难以解决的“丰弃、枯紧”的被动局面。

由于小湾水电站的巨大调节作用,使云南电网系统调峰能力大为增强,水能利用率由88.5%增加到98.7%。经系统电力电量平衡计算,小湾水电站可使云南电网系统有效电量净增约62亿kW·h,经济效益和社会效益十分显著。

【学习任务描述】

1. 学习并懂得绝缘子、母线及电力电缆运行的基本知识。
2. 掌握并具备绝缘子、母线及电力电缆的巡视检查及维护职业技能。
3. 掌握并具备绝缘子、母线及电力电缆的异常分析与处理职业技能。
4. 掌握并具备绝缘子、母线及电力电缆的事故处理职业技能。
5. 养成与人合作的团队精神和良好的职业道德。
6. 养成安全生产的工作作风,实践安全第一的生产理念。
7. 培养刻苦钻研、好学上进的精神,树立终身学习的理念。

工作任务 7.1　绝缘子、母线及电力电缆的巡视检查

7.1.1　工作任务分析

(1)按照绝缘子、母线及电力电缆巡视部位及巡视内容,采用目测、耳听、鼻嗅、触试(非带电部位)、仪器检测等方法,对绝缘子、母线及电力电缆进行巡视检查,记录巡视结果。

(2)将异常现象与巡视标准进行比较,详细说明。

(3)巡视检查完成后,向值长汇报巡视检查结果。

码 7-1　音频-认识绝缘子、母线及电力电缆

7.1.2　工作任务准备

(1)熟悉绝缘子、母线及电力电缆结构原理及型号参数。

(2)熟悉绝缘子、母线及电力电缆编号、位置及投运情况。

(3)熟悉绝缘子、母线及电力电缆巡视部位及巡视标准。

(4)熟悉巡视工具的使用:听针、手电筒、红外测温仪、望远镜、记录本、智能巡检仪等。

(5)做好安全措施:戴安全帽,防摔防撞。

7.1.3　工作任务实施

(1)学员按人数分成小组,正确穿好合格的安全服装,戴好安全帽,携带好安全工器具、巡视检查实操表。

(2)按照规定的巡视路线巡视绝缘子、母线及电力电缆,对照巡视卡(见表7-1~表7-3)找出绝缘子、母线及电力电缆相关的巡视点,根据巡视点的现象判断运行中绝缘子、母线及电力电缆存在何种缺陷,在运行人员的监护下依次进行。对合格项,在巡视卡“检查结论”栏打“√”;对有缺陷或异常项,在巡视卡“检查结论”栏用文字详细说明。

(3)巡视中注意安全、动作规范。

(4)检查结束后,将安全工器具放回原处,并及时向值长汇报巡视的相关情况。

表7-1 绝缘子巡视卡

序号	设备项目	巡视标准	检查结论	备注
1	铁瓷接合部	瓷铁黏合应牢固,涂有合格的防水硅橡胶		
2	金属附件	无锈蚀、裂纹,金属表面有防腐处理		
3	绝缘件	(1)无裂纹、破损,绝缘子完整; (2)绝缘子表面应无放电、生锈、过热痕迹; (3)绝缘子表面积污是否严重		
4	支柱瓷绝缘子	连接是否牢固,紧固螺栓锈蚀是否严重		

表7-2 母线巡视卡

序号	设备项目	巡视标准	检查结论	备注
1	110 kV 母线	(1)名称、标志齐全、完好; (2)支持绝缘子清洁,无放电痕迹; (3)母线无散股、抛股、断股现象; (4)母线无发热现象; (5)本体接地完好,无锈蚀		
2	避雷针	基础构架牢固且无锈蚀		
3	接地网	接地引下线焊接牢固,无锈蚀		
4	场地	(1)名称、标志齐全、完好; (2)构架基础牢固且无锈蚀; (3)开关场各警示标牌完好无损; (4)场地、操作小道整齐整洁		

表7-3　电力电缆巡视卡

序号	设备项目	巡视标准	检查结论	备注
1	电缆	(1)架空电缆检查钢索有无断股、支撑杆是否倾斜； (2)沿墙、楼敷设的电缆检查固定架是否牢固、无松脱		
2	电缆户外终端头	(1)电缆头无裂痕,引线绝缘无爬电痕迹； (2)接地极接地电阻符合要求,接地线无丢失； (3)接点良好,无烧伤痕迹； (4)电缆保护管是否完整,根部有无裸露； (5)电缆标志是否失落		
3	电缆户内头	(1)有无爬电、电晕现象； (2)接点是否有过热或烧损现象； (3)电缆卡具支架是否锈蚀、牢固； (4)电缆接地线是否完好		
4	电缆(沟、井)	(1)是否有积水、杂物； (2)有无化学腐蚀物； (3)位置有否变动,接头有无变形； (4)构件是否失落,通风、排水及照明设施是否完好		

7.1.4　工作任务相关知识

7.1.4.1　绝缘子的巡视检查

绝缘子在运行中发生的一些不正常现象,如瓷质发生裂纹、掉块、放电等,只要仔细观察,缺陷是可以被发现的。

1. 支柱(持)绝缘子的巡视项目

(1)高压支柱绝缘子瓷裙、基座及法兰是否有裂纹。

(2)高压支柱绝缘子接合处涂抹的防水胶是否有脱落现象,水泥胶装面是否完好。

(3)高压支柱绝缘子各连接部位是否有松动现象,金具和螺栓是否有生锈、损坏、缺少开口销和弹簧销的情况。

(4)支柱的引线及接线端子是否有不正常的变色熔点。

(5)高压支柱绝缘子是否倾斜。

(6)高压支柱绝缘子的每次停电检查工作是否有相应的记录。

(7)绝缘子表面是否清洁。

(8)支持绝缘子铁脚螺钉有无松动或丢失。

(9)支持绝缘子沿面放电检查,检查其易放电部位有无放电现象。

2. 悬挂式绝缘子的巡视项目

(1)绝缘子表面是否清洁。

(2)瓷质部分有无破损和裂纹现象。

(3)瓷质部分是否有闪络现象。

(4)金具是否有生锈、损坏、缺少开口销的情况。

7.1.4.2 母线的巡视

1. 软母线的巡视

巡视检查软母线时,主要查看有无断股、摆动及发热现象,具体项目如下:

(1)导线应无断股、松股、闪络烧伤、晃荡、锈蚀和弛度过紧过松现象。导线表面无麻面、毛刺、发热和变色现象,母线上无悬挂物。

码 7-2 动画-软母线的巡视要点

(2)母线绝缘子无裂缝、破损,无放电及闪络痕迹,外观清洁,导线和金具在晴天时无可见电晕。

(3)线夹接头应紧固,无发热、变色、锈蚀、移动和变形现象。

(4)母线架构接地良好,接地引下线(排)无断裂及锈蚀现象。

(5)周围环境无杂草堆、塑料袋等受风易飘的杂物。

2. 硬母线的巡视

巡视检查硬母线时,主要查看有无明显松动或振动,各接头有无发热变黑现象,具体项目如下:

(1)母线各接头温度不超过允许值,一般允许值为70 ℃,最高为80 ℃(过去用示温蜡片,现可用远红外测温仪,但是要遵守使用规定)。封闭母线最高允许温度90 ℃,外壳最高允许温度60 ℃,母线接头允许温度不大于100 ℃。

(2)母线各连接处接头螺丝无松动,无发热、变色或示温蜡片熔化、相色漆变色等现象,伸缩节应完好,无断裂、过热现象。

(3)母线上无积灰、脏污,母线排夹头不松动,母线排无异常放电声及振动声。

(4)母线支持绝缘子应无裂缝、破损,无放电及闪络痕迹,外观清洁。

(5)连接两段母线的穿墙套管、与母线隔离开关相连的套管应无裂纹、破损,无放电及闪络痕迹,外观清洁;穿墙套管接头无发热、变色或示温蜡片熔化等现象。

3. 母线的缺陷

母线常见缺陷有振动(风偏)大,挂有杂物(冰挂),悬垂串卡簧、开口销锈蚀、脱落。

7.1.4.3 电力电缆的巡视

电力电缆在运行中主要应监视电缆的负荷,不得超过其额定电流,同时应监视电缆的温度,不允许超过规定数值。高压电缆在运行中,禁止值班人员用手直接触试电缆表面,以免发生意外。

码 7-3 微课-电力电缆的巡视要点和标准

(1)电缆外护套应无破损,电缆终端头应接地良好,无松动、溢胶、断股和锈蚀现象,无放电发热、异常响声。

(2)电缆接头应无变形,支架无脱落。

(3)电缆头瓷瓶清洁完整,无异声、异味,无裂纹、放电现象,引出线的连接线夹应紧固,无发热现象。

(4)电缆沟内的电缆应定期检查。

(5)电缆沟内应无老鼠洞和老鼠活动痕迹。

(6)检查电缆及终端盒有无渗漏油,绝缘胶是否软化溢出,电缆应无过热、损伤现象。

(7)电缆沟内清洁无杂物、积水,防火墙完整,进入室内的电缆入口封堵良好。

(8)电缆沟内的支架应牢固,无松动现象,接地良好。

(9)绝缘子是否清洁完整,是否有裂纹及闪络痕迹,引线接头是否完好,有无发热现象。

(10)外露电缆的外皮是否完整,支撑是否牢固。

(11)外皮接地是否良好。

7.1.5 工作任务评价

本工作任务评价考核主要评价学生在"教、学、做"一体教学过程中对绝缘子、母线及电力电缆巡视检查知识和技能的掌握程度。具体评价标准见附录1中附表1-2设备巡视检查工作过程考核评价表。

7.1.6 工作任务思考

1. 绝缘子有哪些巡视项目?
2. 软母线和硬母线各有哪些巡视项目?
3. 电力电缆的巡视项目有哪些?

工作任务7.2 绝缘子、母线及电力电缆的异常运行分析及处理

7.2.1 工作任务分析

(1)值班人员应随时对绝缘子、母线及电力电缆进行监视、检查,通过对绝缘子、母线及电力电缆的温度及气味等现象的变化,判断绝缘子、母线及电力电缆是否出现异常,从而采取相应的处理措施,避免出现绝缘子、母线及电力电缆事故。

(2)值班人员在绝缘子、母线及电力电缆运行中发现不正常现象时,应设法尽快消除,同时报告车间负责人并将情况及经过详细记录在交接班记录和设备缺陷登记表内。

7.2.2 工作任务准备

(1)做好安全措施:戴安全帽、绝缘手套,防摔防撞。

(2)熟悉异常处理工具的使用方法:安全帽、绝缘手套、500 V摇表、2 500 V摇表、三

相短路接地线、裸露铜线、尖嘴钳等。

7.2.3　工作任务实施

(1)学员按人数分成小组,正确穿好合格的安全服装,戴好安全帽,携带好安全工器具。

(2)根据相应的作业标准或要求,在运行人员的监护下,模拟对异常情况进行正确处理,直到异常情况消失。

(3)对照工具、材料清单清点工器具。处理结束后,将安全工器具放回原处,详细记录并及时汇报处理情况。

7.2.3.1　绝缘子的异常及处理

【案例 7-1】　支柱瓷绝缘子断裂的原因及处理

因线弧垂过小,绝缘件根部长期受导线重力、拉力的影响,绝缘件受力超过允许外加应力值可造成支柱瓷绝缘子断裂;隔离开关机构卡涩和刀口撞击也有可能使支柱瓷绝缘子断裂。在检查中注意观察导线弧度是否符合规定要求,受力情况下支柱瓷绝缘子的机械强度是否足够。

其处理的方法为:在订货时要充分考虑支柱瓷绝缘子的机械强度,尤其是在风速、温差等环境特殊的地区,支柱瓷绝缘子机械强度的裕度安全系数应满足 2.0 倍的额定抗弯强度;另外,机构分合灵活、刀闸的触头合入深度应符合检修工艺的要求。

【案例 7-2】　支柱瓷绝缘子污闪的原因及处理

运行中,支柱瓷绝缘子外绝缘不满足要求是造成支柱瓷绝缘子污闪的原因。因此,在检查时注意观察其污秽程度、泄漏比距是否符合环境要求。

其处理的方法如下:

(1)定期进行污秽取样,做等值盐密值分析。

(2)对重污秽地区加强支柱瓷绝缘子的巡视,及时进行清扫工作,防止污闪的发生。

(3)若绝缘子爬电比距超过规定要求,可采取涂防污闪涂料(如 RTV)等措施。

7.2.3.2　母线的异常及处理

高压母线的常见异常现象有母线连接处发热、母线绝缘子放电闪络、软母线出现散股或断股等。

【案例 7-3】　母线连接处发热原因及处理

母线连接处发热原因主要是接触不良,连接处接触电阻过大,发热严重而过热。连接处发热会加速接触部位的氧化和腐蚀,造成恶性循环,若不及时处理,最终会使母线熔焊甚至熔断,造成停电事故。

当母线连接处装有示温蜡片时,蜡片出现熔化现象或母线连接处变色,应判断为母线连接处发热。

其处理的方法如下:

(1)进行缺陷记录,尽快报告调度员。

(2)采取倒换母线或转移负荷的方法,减小流过发热点的电流,并加强监视,

(3)必要时停电处理。

【案例 7-4】 母线绝缘子放电闪络的原因及处理

母线绝缘子放电闪络主要原因如下：

(1) 表面污秽严重。尤其是在污秽严重的地区，如化工企业、钢铁企业等附近，空气中含有大量的粉尘和腐蚀气体，粉尘落在母线绝缘子表面形成污垢层。阴雨或潮湿天气，湿润的粉尘使绝缘子表面耐压降低，泄漏电流增大，导致绝缘子表面对地放电。

(2) 系统短路冲击产生的很大应力，造成绝缘子断裂破损而放电闪络。

(3) 气温骤变，绝缘子表里膨胀系数不一致产生的应力，使绝缘子破裂而放电闪络。

(4) 母线绝缘子表面脏污引起放电闪络。

(5) 系统出现大气过电压造成绝缘子表面闪络。

其处理方法如下：

(1) 详细记录异常信息，分析闪络原因，并汇报上级调度和相关部门。

(2) 若是由于绝缘子表面脏污引起闪络，应根据上级命令由检修人员进行清污。

(3) 若是绝缘子破损放电，则应根据调度命令将母线停电，由检修人员更换绝缘子，在停电更换绝缘子前，应加强对破损绝缘子的监视，增加巡视检查次数。

7.2.3.3 电力电缆的异常及处理

电力电缆常见异常情况有电压异常和温度异常。

1. 电压异常

运行中电力电缆的电压不得超过额定电压的 15%，超过规定则应视为异常，因其容易造成电缆绝缘击穿事故。

码 7-4 视频-电力电缆的常见异常现象

2. 温度异常

电力电缆运行中的长期允许工作温度，不应超过制造厂规定。电缆长时间过热会造成以下危害：

(1) 电缆终端头外部接触部分损坏。

(2) 电缆绝缘降低、老化。

(3) 铅包龟裂膨胀、铠装缝隙开裂。

(4) 沥青绝缘胶受热膨胀，使电缆端头、中间接头胀裂。

【案例 7-5】 温度异常处理

温度异常处理方法如下：

(1) 电缆过负荷运行或温度上升超过规定值时，应向有关调度联系转移负荷，单回路供电的电缆线路可通知限制负荷。

(2) 电力电缆运行中的温度高低，主要取决于所带负荷的大小，因此值班人员可以通过监视和控制其负荷，使电力电缆不至于温度过高。

(3) 小电流接地系统单相永久性接地故障时，该系统上的电缆连续运行的时间最长不超过 2 h。

7.2.4 工作任务评价

本工作任务评价考核主要评价学生在“教、学、做”一体教学过程中对绝缘子、母线及电力电缆异常情况处理知识和技能的掌握程度。具体评价标准见附录 1 中附表 1-4 设备异常情况处理工作过程考核评价表。

7.2.5 工作任务思考

1. 绝缘子有哪些异常现象? 如何处理?

2. 母线有哪些常见异常现象? 如何处理?

2. 电力电缆有哪些常见异常现象? 如何处理?

工作任务 7.3 母线、电力电缆的事故处理

7.3.1 工作任务分析

根据事故现象和保护动作情况判断母线及电力电缆事故跳闸的原因及故障点的可能范围,并迅速汇报调度。

7.3.2 工作任务准备

(1)做好安全措施:戴安全帽、绝缘手套,防摔防撞。

(2)熟悉事故处理工具的使用方法:安全帽、绝缘手套、500 V 摇表、2 500 V 摇表、三相短路接地线、裸露铜线、尖嘴钳等。

7.3.3 工作任务实施

(1)学员按人数分成小组,正确穿好合格的安全服装,戴好安全帽,携带好安全工器具。

(2)根据相应的作业标准或要求,在运行人员的监护下,在现场对事故处理预案进行演习,对事故情况进行正确处理。

(3)对照工具、材料清单清点工器具。处理结束后,将安全工器具放回原处,详细记录并及时汇报处理情况。

7.3.3.1 母线的事故处理

母线事故在电力系统事故中所占比例不大,资料统计显示,母线事故占系统所有事故的 6%~7%。母线事故会造成母线失压,对整个系统影响较大,后果严重,因为母线上所有的电源点将失去电源,造成大面积停电,有可能使电力系统解列。

母线的事故主要有以下几种情况:

(1)母线上的设备引线接头松动接地,所连接的电压互感器、避雷器事故,以及连接在母线上的隔离开关支持绝缘子损坏或发生闪络。

(2)母线绝缘子及断路器套管绝缘损坏或发生闪络。

(3)母线保护用电流互感器发生事故。

(4)外力破坏或者异物搭挂造成母线设备短路或接地。

(5)误操作,如带负荷拉、合母线侧隔离开关,带地线合母线侧隔离开关或带电挂接地线引起的母线事故。

(6)母线差动保护或失灵保护误动、误整定。

(7)线路发生事故,线路保护拒动或断路器拒动,造成越级跳闸。

(8)上一级电源事故造成本级母线失压。

【案例 7-6】 母线事故失压

码 7-5 动画-母线事故失压后的处理方法

母线事故失压的处理方法如下:

(1)发现母线事故失压,运行值班人员应立即汇报值班调度员,同时将失压母线上的开关全部断开,并迅速恢复受影响的厂站用电。

(2)厂站运行值班人员应立即对事故母线进行检查,并把检查情况汇报值班调度员。值班调度员应按下述原则进行处理:

①找到事故点并能迅速隔离的,在隔离事故后对母线恢复送电。

②找到事故点但不能迅速隔离的,应将该母线转冷备用或检修。若系双母线接线方式中的一条母线事故,应在确认事故母线上的元件无事故后,将其倒至运行母线再恢复送电,恢复送电时一定要先拉开事故母线上的隔离开关,再合上运行母线上的隔离开关。

③经过检查不能找到事故点时,可对失压母线试送电一次。对失压母线进行试送宜采用外来电源,试送开关应完好,并启用完备的继电保护。有条件者可对失压母线进行零起升压。

④当母线保护动作跳闸时,应检查母线保护,如确认为保护误动,应停运该误动保护,按规定调整系统相关保护定值,恢复母线送电。

⑤当开关失灵保护动作引起母线失压时,应尽快隔离已失灵开关,恢复母线供电。

(3)运行值班人员应根据仪表指示、保护动作、开关信号及事故现象,判明事故情况,切不可只凭厂、站用电全停或照明全停而误认为全厂、全站失压。值班调度员也应与厂、站值班人员核对现状,切不可只凭母线失电而误认为全厂、全站失压。

(4)母线无压时,运行值班人员应认为线路随时有来电的可能,未经值班调度员许可,严禁在设备上工作。母线事故不允许未经检查即强行送电。如母线失压造成站用电失电,应先倒站用电,并立即上报调度,同时将失压母线上的断路器全部拉开。

(5)对于封闭式(GIS)母线,当事故时应按下列方式进行处理:

①封闭式(GIS)母线,运行的其中一条母线事故或失电,未查明原因之前,禁止将事故或失电母线上的断路器冷倒至运行母线。

②封闭式(GIS)母线上设备发生事故,必须查清并修复事故或隔离事故点后方能予以试送。

③如设备所属单位查不到事故,根据事故情况可进一步采取试验措施(有条件时应进行零起升压及升流)。

7.3.3.2 电力电缆的事故处理

电力电缆的事故主要有以下几种情况。

(1)短路性事故:有两相短路和三相短路,多由制造过程中留下的隐患造成。

(2)接地性事故:电缆某一芯或数芯对地击穿,绝缘电阻低于 10 kΩ 称低阻接地,高于 10 kΩ 称为高阻接地。主要由电缆腐蚀、铅皮裂纹、绝缘干枯、接头工艺和材料不良等造成。

(3)断线性事故:电缆某一芯或数芯全断或不完全断。电缆受机械损伤、地形变化的影响或发生过短路,都能造成断线情况。

(4)混合型事故:上述两种以上的事故。

【案例 7-7】　电缆外力损伤及处理

电缆外力损伤:在电缆保管、运输、敷设和运行过程中都有可能使其遭受外力损伤,特别是已运行的直埋电缆,在其他工程的地面施工中易遭损伤。这类事故往往占电缆事故的50%。

其处理方法为:加强电缆保管、运输、敷设等各环节的工作质量,更重要的是严格执行动土制度。

【案例 7-8】　电缆保护层腐蚀及处理

电缆保护层腐蚀:地下杂散电流的电化腐蚀或非中性土壤的化学腐蚀使其保护层失效,失去对绝缘的保护作用。

其处理方法为:在杂散电流密集区安装排流设备;当电缆线路上的局部土壤含有损害电缆铅包的化学物质时,应将这段电缆装于管内,并用中性土壤作电缆的衬垫及覆盖,还要在电缆上涂以沥青。

【案例 7-9】　过电压、过负荷运行及处理

过电压、过负荷运行:电缆电压选择不当、在运行中突然有高压窜入或长期超负荷,都可能使电缆绝缘强度遭受破坏,将电缆击穿。

其处理方法为:加强巡视检查、改善运行条件来及时解决。

【案例 7-10】　户外终端头浸水及处理

户外终端头浸水:因施工不良,绝缘胶未灌满,致终端头浸水,最终发生爆炸。

其处理方法为:严格执行施工工艺规程,认真验收;加强检查和及时维修。

【案例 7-11】　电缆终端头渗漏油及处理

电缆终端头渗漏油:破坏了密封结构,使电缆端部浸渍剂流失干枯,热阻增加,绝缘加速老化,易吸收潮气,造成热击穿。

其处理方法为:发现电缆终端头渗漏油时应加强巡视,严重时应停电重做。

【案例 7-12】　电缆着火

电缆着火的处理方法为:应立即设法切断电源,并隔离火源,用干式灭火器或沙子灭火。

7.3.4　工作任务评价

本工作任务评价考核主要评价学生在“教、学、做”一体教学过程中对母线及电力电缆事故处理知识和技能的掌握程度。具体评价标准见附录1中附表1-5设备事故处理工作过程考核评价表。

7.3.5　工作任务思考

1. 母线有哪些事故?如何处理?

2. 电力电缆有哪些事故?如何处理?

小 结

工作领域7主要训练学生掌握绝缘子、母线及电力电缆的巡视检查、异常处理、事故处理等技能。

工作任务7.1主要熟悉支柱绝缘子和悬挂式绝缘子的巡视项目、软母线和硬母线的巡视项目、电力电缆的巡视项目。

工作任务7.2主要熟悉支柱瓷绝缘子断裂和污闪的原因与处理，母线连接处发热、母线绝缘子放电闪络的原因及处理，电力电缆电压、温度异常等原因及处理方法等。

工作任务7.3主要熟悉母线的事故类型及处理的基本原则、电力电缆的事故类型及处理对策等。

工作领域8　防雷接地设备的运行

【思政导引】

拉西瓦水电站——凝聚历史与未来的水电交响

拉西瓦水电站位于青海省境内的黄河干流上,是黄河上游龙羊峡至青铜峡河段规划的第二座大型梯级电站,位于贵德县拉西瓦镇。拉西瓦水电站最大坝高250 m,一期蓄水水位高程2 370 m,水库正常蓄水位高程为2 452 m,总库容10.79亿m^3,6台机组总装机容量420万kW,多年平均发电量102.23亿kW·h,动态投资149.86亿元。电站于2004年河床截流,开始坝肩开挖,已全部建成并发电。拉西瓦水电站是黄河上最大的水电站和清洁能源基地,也是黄河流域大坝最高、装机容量最大、发电量最多的水电站。电站2009年4月,首批2台机组投产发电,其中6号机组是中国电力装机容量8亿kW的标志;2010年8月,拉西瓦水电站一期5台机组全部正式并网发电。2022年1月,拉西瓦水电站4号机组正式投产发电。

拉西瓦水电站的800 kV特高压输电系统采用和安装设备在国内是电压等级最高的,也是目前世界上高海拔地区安装的首个超高压输电设备。同时,针对导流洞的闸门大孔口、高水头的特点,通过优化新型伸缩式水封使闸门成功封堵,为我国今后高水头闸门前止水的设计提供了有效借鉴。

拉西瓦水电站是黄河流域单位千瓦造价最低、经济效益良好的水电站。电站建成后主要承担西北电网的调峰和事故备用,对西北电网750 kV网架起重要的支撑作用,是“西电东送”北通道的骨干电源点,也是实现西北水火电“打捆”送往华北电网的战略性工程。

作为电力行业的未来接班人和建设者,广大电气专业青年以党的二十大精神为指引,“要坚定不移听党话、跟党走,怀抱梦想又脚踏实地,敢想敢为又善作善成,立志做有理想、敢担当、能吃苦、肯奋斗的新时代好青年,让青春在全面建设社会主义现代化国家的火热实践中绽放绚丽之花。”听从党的号召,到西部去,到祖国最需要的地方去绽放青春的光彩!

【学习任务描述】

1. 学习并懂得防雷接地设备运行的基本知识。
2. 掌握并具备防雷接地设备的巡视检查及维护职业技能。
3. 掌握并具备防雷接地设备的异常分析与处理职业技能。
4. 掌握并具备防雷接地设备的事故处理职业技能。
5. 养成与人合作的团队精神和良好的职业道德。

6. 养成安全生产的工作作风,实践安全第一的生产理念。

7. 培养刻苦钻研、好学上进的精神,树立终身学习的理念。

工作任务8.1 防雷接地设备的巡视检查

通过对防雷接地设备的巡视检查,随时掌握设备的运行情况,及时发现设备异常和缺陷,确保防雷接地设备连续安全运行。

8.1.1 工作任务分析

(1)按照防雷接地设备巡视部位及巡视内容,采用目测、耳听、鼻嗅、触试(非带电部位)、仪器检测等方法,对防雷接地设备进行巡视检查,记录巡视结果。

(2)将异常现象与巡视标准进行比较,详细说明。

(3)巡视检查完成后,向值长汇报巡视检查结果。

码8-1 音频-常见的几种防雷接地设备

8.1.2 工作任务准备

(1)熟悉防雷接地设备结构原理及型号参数。

(2)熟悉防雷接地设备编号、位置及投运情况。

(3)熟悉防雷接地设备巡视部位及巡视标准。

(4)熟悉巡视工具的使用方法:听针、手电筒、红外测温仪、望远镜、记录本、智能巡检仪等。

(5)做好安全措施:戴安全帽,防摔防撞。

8.1.3 工作任务实施

(1)学员按人数分好小组,正确戴好安全帽,扣好袖口,盘好头发,携带好安全工器具、巡视检查实操表。

(2)按照规定的巡视路线巡视防雷接地设备时,对照巡视卡(见表8-1、表8-2)找出防雷接地设备的巡视点,根据巡视点的现象判断运行中防雷接地设备存在何种缺陷,在运行人员的监护下依次进行。对合格项,在巡视卡“检查结论”栏打“√”;对有缺陷或异常项,在巡视卡“检查结论”栏用文字详细说明。

(3)巡视中注意安全、动作规范。

(4)检查结束后,将安全工器具放回原处,并及时向值长汇报巡视的相关情况。

表8-1 避雷器巡视卡

序号	巡视内容	巡视标准	检查结论	备注
1	瓷套表面	表面积污程度,应无放电现象,无裂纹和破损		
2	内部	无异常响声		

续表 8-1

序号	巡视内容	巡视标准	检查结论	备注
3	连接的导线及接地引下线	无烧伤痕迹或断股现象,接地良好		
4	放电计数器	指示数正常,内部无积水		
5	引线	无松股、断股和弛度过紧、过松现象,接头无松动、发热或变色现象		
6	泄漏电流在线监测装置	检查泄漏电流的变化情况		
7	串联间隙	与原来位置不发生偏移		
8	均压环	不歪斜		
9	遮栏	无杂草		

表 8-2　避雷针巡视卡

序号	巡视内容	巡视标准	检查结论	备注
1	避雷针	不歪斜、无锈烂		
2	连接处或法兰螺丝	连接处无脱焊、开裂,无松动现象		
3	接地	良好		
4	接地引下线	无断裂及锈蚀现象		

8.1.4　工作任务相关知识

8.1.4.1　避雷器正常巡视项目及内容

码 8-2　视频-避雷器的巡视检查

(1)检查瓷套表面积污程度,应无放电现象,瓷套、法兰无裂纹、破损。

(2)避雷器内部无异常声响。

(3)与避雷器、计数器连接的导线及接地引下线无烧伤痕迹或断股现象,接地良好。

(4)避雷器放电计数器指示数应正常,并做好记录,计数器内部应无积水。

(5)对带有泄漏电流在线监测装置的避雷器,检查泄漏电流的变化情况并记录数值。

(6)避雷器引线无松股、断股和弛度过紧、过松现象,接头无松动、发热或变色现象。

(7)带串联间隙的金属氧化物避雷器或串联间隙与原来位置不发生偏移。

(8)避雷器均压环不歪斜。

(9)低式布置的避雷器,遮栏内应无杂草。

8.1.4.2 避雷针正常巡视项目及内容

独立避雷针、构架或建筑物避雷针不歪斜、无锈烂，连接处无脱焊、开裂或法兰螺丝松动的现象，避雷针接地良好，接地引下线无断裂及锈蚀现象。

8.1.4.3 防雷设备的常见缺陷

避雷针：锈蚀，基础酥裂，5 m 内堆放易燃易爆物品，1 m 内有其他设备；覆盖保护面积、高度不足，所附线路、接线无护管(一般不允许避雷针上附有其他线路，如用避雷针做照明的支撑，必须用铁管保护)，接地电阻不合格。

避雷器：锈蚀，铁座酥裂，电气参数(耐压、泄漏)不合格，在线监测电流超标，均压环歪斜，爆炸或压力释放，地线锈蚀，接地电阻不合格。

8.1.5 工作任务评价

本工作任务评价考核主要评价学生在“教、学、做”一体教学过程中防雷接地设备巡视检查知识和技能的掌握程度。具体评价标准见附录1中附表1-2设备巡视检查工作过程考核评价表。

8.1.6 工作任务思考

1. 避雷器正常巡视项目及内容有哪些？
2. 避雷针正常巡视项目及内容有哪些？
3. 防雷设备的常见缺陷有哪些？

工作任务8.2 防雷接地设备的异常运行分析及处理

8.2.1 工作任务分析

(1)值班人员应随时对防雷接地设备系统进行监视、检查，根据厂、站内的各种信息、现象，及时发现防雷接地设备系统的异常，并根据上级调度和主管部门的指令进行处理。

(2)值班人员在防雷接地设备系统运行中发现不正常现象时，应设法尽快消除，同时报告车间负责人并将情况及经过详细记录在交接班记录和设备缺陷登记表内。

8.2.2 工作任务准备

(1)做好安全措施：戴安全帽、绝缘手套，防摔防撞。

(2)熟悉异常处理工具的使用方法：安全帽、绝缘手套、500 V 摇表、2 500 V 摇表、三相短路接地线、裸露铜线、尖嘴钳等。

8.2.3 工作任务实施

(1)学员按人数分成小组，正确穿好合格的安全服装，戴好安全帽，携带好安全工器具。

(2)根据相应的作业标准或要求，在运行人员的监护下，模拟对异常情况进行正确处理,到异常情况消失。

(3)对照工具、材料清单清点工器具。处理结束后,将安全工器具放回原处,详细记录并及时汇报处理情况。

8.2.3.1　避雷器常见异常及处理

码 8-3　微课-避雷器常见异常及处理

1. 避雷器的常见异常现象

避雷器的异常现象主要有爆炸、阀片(电阻片)击穿、内部闪络、外绝缘污闪或冰闪、受潮造成内部故障、断裂、瓷套破裂、在正常情况下计数器动作、引线断损或松脱、泄漏电流表内部积水、氧化锌避雷器的泄漏电流超标、引下线烧断等。

2. 避雷器常见异常的原因

(1)当避雷器连接导线紧固不良时,因风的压力或积雪等会使引线脱落,或加上雷击过电压产生电火花,有时会造成导线熔断。

(2)由于避雷器是密封性结构,如果瓷套管上产生裂缝,则外部的潮气会侵入瓷套管内部,引起绝缘能力降低,导致事故。

(3)瓷套管表面污损时会使避雷器的放电特性降低,严重的情况下避雷器会击穿。同时,污损也会成为瓷套表面闪络的原因。

(4)对于运行于小电流接地系统的避雷器来说,它不仅要承受雷击过电压和操作过电压,还要耐受正常的持续工作电压和工频暂态过电压及弧光接地、铁磁谐振和断线谐振等较长时间的过电压,单相接地时非故障相的电压也会超过系统的额定电压,给氧化锌避雷器的运行造成不利,使氧化锌元件老化和热稳定性能变差,伏安特性曲线变平,保护特性变低,运行电压下的工频泄漏电流增加,最终引起氧化锌元件的“热崩溃”,造成避雷器的损坏。

3. 避雷器的异常处理

避雷器异常处理的原则如下:

(1)避雷器设备发生故障后,运行人员在初步判断故障类别后立即向调度及上级主管部门汇报。

(2)详细记录异常发生时间,是否有异常信号。

(3)若一时不能停电处理,应加强对避雷器的监视。

(4)若属于避雷器故障,应申请停电处理。

【案例 8-1】　避雷器爆炸及阀片击穿或内部闪络故障的处理

(1)运行人员应立即到现场对设备进行检查,在初步判断故障类别、故障相别,巡视避雷器引流线、均压环、外绝缘、放电动作计数器及泄漏电流在线检测装置、接地引下线的状态后,向调度及上级主管部门汇报。

(2)对粉碎性爆炸事故,还应巡视故障避雷器附近的设备外绝缘的损伤状况。

(3)在事故调查人员到来前,运行人员不得接触故障避雷器及其附件。

(4)对粉碎性爆炸的避雷器,运行人员不得擅自将碎片挪位或丢弃。

(5)避雷器爆炸尚未造成接地时,在雷雨过后拉开相应隔离开关,停用、更换避雷器。

(6)避雷器爆炸已造成接地者,须停电更换。禁止用隔离开关停用故障的避雷器。

(7)运行人员要做好现场的安全措施,以便检修人员对故障设备进行检查。

【案例8-2】 避雷器瓷套裂纹的处理

(1)若天气正常,应请求调度停下缺陷相避雷器,更换为合格的避雷器。暂时无条件,在考虑到不至于威胁安全运行的条件下,可在裂纹深处涂漆和环氧树脂防止受潮,并安排在近期内更换。

(2)若天气不正常(雷雨),应尽可能不使避雷器退出运行,待雷雨后再处理。因瓷套裂纹已造成闪络,但未接地者,在可能条件下应将避雷器停用。

(3)避雷器瓷套裂纹严重,可能造成接地者,需停电更换,禁止用隔离开关停用故障的避雷器。

【案例8-3】 避雷器外绝缘套的污闪或冰闪故障的处理

(1)运行人员立即到现场对设备进行检查,在初步判断故障类别、故障相别,巡视避雷器引流线、均压环、外绝缘、放电动作计数器及泄漏电流在线检测装置、接地引下线的状态后,向调度及上级主管部门汇报。

(2)若不能停电处理,应用红外线检测设备对避雷器进行检测,并加强对避雷器的监视。

(3)若闪络严重,应申请停电进行处理。

【案例8-4】 避雷器断裂故障的处理

(1)运行人员立即到现场对设备进行检查,在初步判断故障类别、故障相别后,向调度及上级主管部门汇报,申请停电处理。

(2)在确认已不带电并做好相应的安全措施后,对避雷器的损伤情况进行巡视。

(3)在事故调查人员到来前,运行人员不得挪动故障避雷器的断裂部分,也不得对断口部分造成进一步的损伤。

(4)运行人员要做好现场的安全措施,以便检修人员对故障设备进行检查。

【案例8-5】 避雷器引线脱落故障的处理

(1)运行人员立即到现场对设备进行检查,在初步判断故障类别、故障相别后,向调度及上级主管部门汇报,申请停电处理。

(2)在确认已不带电并做好相应的安全措施后,对引线连接端部、均压环的状况进行巡视。

(3)检查故障避雷器周围的设备是否有放电或损伤。

(4)在事故调查人员到来前,运行人员不得接触引线的连接端部,也不得攀爬避雷器或构架检查连接端子。

(5)运行人员要做好现场的安全措施,以便检修人员对故障设备进行检查。

【案例8-6】 避雷器泄漏电流值异常的处理

避雷器的泄漏电流值在正常时应该在规定值以下,当运行人员发现避雷器的泄漏电流值明显增大时,说明避雷器内部有故障,这时运行人员应当进行如下处理:

(1)立即向调度及上级主管部门汇报。

(2)对近期的巡视记录进行对比分析。

(3)用红外线检测仪对避雷器的温度进行测量。

(4)若确认不属于测量误差,经分析确认为内部故障,应申请停电处理。

8.2.3.2　避雷针常见异常及原因

避雷针由于结构简单,运行中的异常较少,主要异常现象有:

(1)避雷针锈蚀。

(2)避雷针倾斜。

(3)基础损坏。

(4)避雷针断裂。

码 8-4　动画-避雷针常见异常及原因

避雷针的异常主要是由运行时间较长、防腐处理不合格、外力破坏、安装工艺不合格、通过过大的雷电流或者外力破坏等原因造成的。

8.2.3.3　接地装置常见异常及原因

1. 接地装置的异常现象

(1)接地体、设备接地引下线锈蚀、断裂。

(2)接地电阻不合格等。接地网起着工作接地和保护接地的作用,如果接地电阻过大,会造成很大危害,具体危害如下:

码 8-5　动画-接地装置常见异常及原因

①发生接地故障时,中性点电压偏移增大,可能使健全相和中性点电压过高,超过绝缘要求的水平而造成设备损坏。

②在雷击或雷电波袭击时,由于电流很大,会产生很高的残压,使附近的设备遭受到反击电压的威胁,并降低接地网本身保护设备带电导体的耐雷水平,使设备损坏。

③设备外壳和架构接地不良,可能带电运行,造成人身触电。

2. 接地装置异常的原因

(1)运行时间较长,防腐处理不够。

(2)外力破坏。

(3)通过过大的接地故障电流。

8.2.4　工作任务评价

本工作任务评价考核主要评价学生在“教、学、做”一体教学过程中对防雷接地设备异常情况处理知识和技能的掌握程度。具体评价标准见附录 1 中附表 1-4 设备异常情况处理工作过程考核评价表。

8.2.5　工作任务思考

1. 防雷接地设备的异常现象有哪些?其原因有哪些?

2. 避雷器异常处理原则有哪些?

3. 避雷器异常处理的具体方法有哪些?

4. 避雷针常见异常现象有哪些?

5. 接地装置常见异常现象有哪些?说明其原因。

6. 接地网的接地电阻过大会造成哪些危害?

小　结

工作领域8主要训练学生掌握防雷接地设备在发电厂与变电站中的巡视检查、异常分析与处理等职业技能。

工作任务8.1主要熟悉避雷器正常巡视项目与内容,避雷针正常巡视项目与内容,避雷针与避雷器的常见缺陷。

工作任务8.2主要熟悉避雷器常见的异常现象、原因及处理的原则与方法,避雷针的常见异常现象及原因,接地装置的异常现象与原因。

工作领域9 二次设备的运行

【思政导引】

向家坝水电站——情系金沙，水电梦圆

向家坝水电站是金沙江水电基地下游4级开发中的最末一个梯级电站，上距溪洛渡水电站坝址157 km，下距水富城区1.5 km、宜宾市区33 km。向家坝加上1 386万kW的溪洛渡水电站，其总发电量约大于三峡水电站。单机80万kW水轮发电机组为世界最大，装机规模仅次于三峡、溪洛渡水电站。2002年10月，向家坝水电站经国务院正式批准立项，2006年11月26日正式开工建设，2014年7月10日全面投产发电。

向家坝水电站建成后可以辅助解决三峡最大的心病——泥沙淤积。金沙江中游是长江主要产沙区之一，多年平均含沙量达1.7 kg/m^3，约为三峡入库沙量的1/2。利用金沙江输沙量高度集中在汛期的特性，合理调度可使大部分入库泥沙淤积在死库容内。向家坝电站竣工投用后，三峡库区入库含沙量将比此前天然状态减少34%以上。防洪的作用也十分明显，可以较好地分担三峡水库的防洪任务。

建设向家坝水电站的技术经济指标十分优越，工程总投资较低，水库移民投资所占的比例小，电站单位千瓦投资和造价同国内在建和今后拟建的大型水电工程项目相比，经济指标优越。向家坝水电站单位千瓦投资不到5 000元。因此，以后上网的电价也很有竞争力，成为"西电东送"中路通道的骨干电源项目。

向家坝水电站以发电为主，同时兼有改善通航条件、防洪、灌溉、拦沙，对溪洛渡水电站进行反调节等综合效益。向家坝水电站上游有锦屏一级、溪洛渡水电站调节时，保证出力200.9万kW，年发电量307.47亿kW·h。随着上游干支流规划的白鹤滩、两河口、虎跳峡等梯级大型调蓄水库相继建成后，保证出力将增加到350万kW以上，发电量和电能质量将稳定提高。巨大的电能通过直流特高压送往华中、华东地区，向家坝水电站送出的±800 kV直流特高压是国产化示范工程。

向家坝水电站汛期预留防洪库容9.03亿m^3，具有控制洪水比重大、距离防洪对象近的特点。川江沿岸的宜宾、泸州、重庆等城市的防洪标准仅达到5年至20年一遇，远远低于国家规定的50年至100年一遇的标准。因此，兴建向家坝水电站与溪洛渡水电站联合运用是解决川江防洪问题的主要工程措施之一，配合其他措施，可使宜宾、泸州、重庆等城市的防洪能力逐步达到国家规定的标准。同时，配合三峡水库进一步提高荆江河段的防洪能力，减少长江中下游地区的分洪损失。

向家坝库区隶属于云南、四川两省的边远贫困山区。由于受历史、地理等诸多条件的限制，库区周边各县至今仍处于以传统农业经济为主的生产、生活状态，工业基础薄弱，交

通发展缓慢,商品经济欠发达。而库区所在的攀西—昭通—六盘水地区又是我国资源最富集的地区之一,当地丰富的资源没有得到开发利用,资源优势未能转化为经济优势。其人均国内生产总值远低于两省和全国平均水平。开发向家坝水电站符合国家实施西部大开发战略和东西部共同发展方针。随着向家坝水电站的建设和移民资金的投入,库区对外、对内水陆交通条件的改善,带动了周边地区的能源、矿产和农业资源的开发,为贫困山区的脱贫致富创造了一个难得的机遇,对当地经济发展起到了积极的推动作用,正如党的二十大报告总结的"我们经过接续奋斗,实现了小康这个中华民族的千年梦想,打赢了人类历史上规模最大的脱贫攻坚战,历史性地解决了绝对贫困问题,为全球减贫事业作出了重大贡献。"

【学习任务描述】

1. 学习并懂得二次设备运行的基本知识。
2. 掌握并具备二次设备的巡视检查及维护职业技能。
3. 掌握并具备二次设备的异常分析与处理职业技能。
4. 掌握并具备二次设备的事故处理职业技能。
5. 养成与人合作的团队精神和良好的职业道德。
6. 养成安全生产的工作作风,实践安全第一的生产理念。
7. 培养刻苦钻研、好学上进的精神,树立终身学习的理念。

工作任务9.1　二次设备的巡视检查

二次设备是指对一次设备进行控制、测量、监视和保护,以及为运行、维护人员提供运行工况或生产指挥信号所需的电气设备。变电站、发电厂常见的二次设备有测量仪表、继电保护和自动装置、监控系统等。巡视检查二次设备的运行情况,以便及时发现和消除设备缺陷,预防事故发生,确保设备安全运行。

9.1.1　工作任务分析

(1)熟悉整个变电站、发电厂继电保护和自动装置的投运情况、监控系统巡视部位、巡视项目及巡视标准,采用目测、耳听、鼻嗅、触试(非带电部位)、仪器检测等方法,进行巡视检查,记录巡视结果。

(2)将巡视记录与巡视标准进行比较,如果出现异常,进行详细记录。

(3)巡视检查完成后,向值长汇报巡视检查结果。

9.1.2　工作任务准备

(1)熟悉二次设备原理及参数。

(2)熟悉二次设备编号、位置及投运情况。

(3)熟悉二次设备巡视部位及巡视标准。

(4)熟悉巡视工具的使用:听针、手电筒、红外测温仪、望远镜、记录本、智能巡检仪等。

(5)做好安全措施:戴安全帽,防摔防撞。

9.1.3 工作任务实施

(1)学员按人数分成小组,正确穿好合格的安全服装,戴好安全帽,携带好安全工器具、巡视检查标准卡。

(2)按照规定的巡视路线巡视二次设备,对照巡视卡(表 9-1~表 9-6)找出二次设备相关的巡视点,根据巡视点的现象判断运行中二次设备存在何种缺陷,在运行人员的监护下依次进行。对合格项,在巡视卡"检查结论"栏打"√";对有缺陷或异常项,在巡视卡"检查结论"栏用文字详细说明。

(3)巡视中注意安全、动作规范。

(4)检查结束后,将安全工器具放回原处,并及时向值长汇报巡视的相关情况。

表 9-1 继电保护装置的巡视检查内容及标准

序号	巡视内容	巡视标准	检查结论	备注
1	接线盒	密封完好,无积水、无放电现象		
2	继电保护屏(柜)	(1)柜内清洁,无杂物、无潮气,接地良好; (2)编号牌字迹清晰,柜门密封完好,孔洞封堵完好; (3)若有照明则照明设施完好; (4)端子排清洁,无损坏、无锈蚀及接线松动脱落现象; (5)屏上小开关、切换把手位置正确; (6)继电保护和自动装置的运行状态、运行监视(液晶显示、各种信号灯指示)正常,无异常信号,各小开关、切换把手位置正常		
3	二次回路各熔断器及空气开关	(1)回路各元件接线紧固,无过热、异味、冒烟现象; (2)标示完整,无熔断及跳闸; (3)电压、电流互感器二次分别无开路、短路,设备完好; (4)二次电缆无破损、无受潮,每季核查一次; (5)闪光装置接线正确,能正确动作; (6)中央音响信号装置能正确发出音响信号		
4	微机保护屏	(1)屏上内容正确,符合现场运行规程规定; (2)定期核对时间; (3)电源、信号、位置、TV 切换等运行指示灯指示正常,并与机组状态对应; (4)屏面小断路器位置正确,无报警、异常信号等		
5	二次设备室	(1)门窗关闭严密,防小动物措施完善; (2)运行环境的温度、湿度符合要求		

续表 9-1

序号	巡视内容	巡视标准	检查结论	备注
6	其他	(1)遥测、遥信正常,本地机与工作站主机接收数据正常,指示正确,数据刷新正常; (2)TA 二次切换连接片位置正确; (3)测量直流电压及绝缘,数值正常; (4)光字牌、警铃、事故音响情况良好; (5)交直流切换装置正常工作; (6)微机保护的打印机运行正常,不缺纸或无打印记录		

表 9-2 切换连接片的巡视检查内容及标准

序号	巡视内容	巡视标准	检查结论	备注
1	切换连接片	(1)按照调度指令投入,位置正确; (2)切换连接片应接触良好,置于两垫片中间,牢固紧固,双编号齐全; (3)切换连接片加用、停用的操作应根据调度指令执行,实际位置应与连接片投退卡一致		

表 9-3 整定值的巡视检查内容及标准

序号	巡视内容	巡视标准	检查结论	备注
1	整定值	(1)现场继电保护装置整定值,执行定值通知单的要求,固化定值区正确; (2)定期对整定值进行一次核对检查		

表 9-4 运行测试巡视检查内容及标准

序号	巡视内容	巡视标准	检查结论	备注
1	运行测试	(1)试验后台信号、电铃、电笛等工作可靠,动作正确,远方测温装置温度与本地温度计指示相同,各种电器仪表指示正常; (2)每天进行一次事故照明自动切换		

表 9-5　机组 LCU 巡视检查内容及标准

序号	巡视内容	巡视标准	检查结论	备注
1	监控屏外观	(1)柜门关闭紧密,清洁完好; (2)各指示灯与机组状态相对应; (3)告警框无保护告警,无异响; (4)信号指示正确		
2	综合电源装置(屏内)	(1)无异常声响,无异味; (2)指示灯亮; (3)控制切换把手在“远方”位置		
3	现地单元监控装置(屏内)	(1)无异常,无异味; (2)模块指示灯与机组实时状态一致; (3)通信传输正常,指示灯闪烁		
4	现地操作员面板(屏内)	(1)面板完好无损,无死机、发热等现象; (2)屏幕显示与机组实时状态一致		
5	自动准同期装置(屏内)	(1)装置无发热、无异响、无异味; (2)面板显示在启动同期装置时才显示; (3)电源指示灯亮,运行指示灯每秒闪烁一次; (4)通信口指示灯有闪烁		
6	按钮(屏内)	(1)紧急停机按钮无损坏、无松动,有保护盖; (2)紧停复位按钮无损坏、无松动; (3)事故停机按钮无损坏、无松动; (4)事故停机复归按钮无损坏、无松动; (5)开机按钮无损坏、无松动; (6)停机按钮无损坏、无松动; (7)连线无脱落、烧焦、发黑、变色现象		
7	电脑过速继电器(屏内)	(1)继电器无过热、无异响、无异味; (2)面板指示显示与机组实时状态一致		
8	开度行程仪(屏内)	(1)行程仪无过热、无异响、无异味; (2)面板指示灯亮,且与机组实时状态一致		
9	继电器(屏内)	(1)各继电器无过热、无异响、无异味; (2)继电器指示显示与机组实时状态一致		
10	屏后屏内	(1)屏内清洁、完好; (2)端子、接线连接无烧焦、发黑、变色现象; (3)设备无松动、过热、异响、异味等现象; (4)现场交、直流电源输入开关处于合闸位置; (5)以太网无发热、无异响、无异味; (6)通信传输正常,指示灯有闪烁		

表9-6　监控系统的巡视检查内容及标准

序号	巡视内容	巡视标准	检查结论	备注
1	监控系统的运行环境	(1)按照调度指令投入,位置正确; (2)切换连接片应接触良好,置于两垫片中间,牢固紧固		
2	通信网络	(1)查看记录,检查通信网络是否存在通信中断的情况;如存在,则重点检查通信中断的物理链路的各个环节,如光电转换器及辅助电源等运行情况; (2)对采用电缆通信方式的,要检查铜芯电缆的屏蔽层是否完好,同时测量通信电平是否正常; (3)对光缆通信方式的,需检查光缆的曲率是否满足标准要求、光缆是否存在老化和受损的情况; (4)有条件的可对光电转换器的输出光功率进行测量,或对光缆的衰减进行测量		
3	UPS/逆变电源设备	(1)UPS/逆变电源本身的工作状态良好,查询UPS的故障记录; (2)独立带有电池的UPS电池维护情况良好; (3)UPS/逆变电源的负荷没有超出标准要求; (4)UPS/逆变电源的交直流输入正常		
4	GPS对时时钟	(1)GPS装置工作正常; (2)设备指示灯正常; (3)站级层系统和间隔层系统的对时正常		
5	网络设备	(1)机箱风机及设备清洁、无积尘状况; (2)网络设备的工作环境温度正常,网络设备外壳的温度计电源工作正常; (3)观察网络设备的指示灯正常,网络设备的每个端口的工作状态正常		
6	远动设备	(1)远动设备的工作环境温度正常,设备外壳的温度及电源工作正常; (2)设备指示灯正常		
7	计算机设备	(1)机箱风机及设备无积尘情况; (2)工作环境温度及计算机设备外壳温度正常; (3)设备的风扇、硬盘、CPU风扇等运行声音正常; (4)软件各进程的运行状况、运行速度、画面刷新、数据变化良好; (5)鼠标、键盘等设备工作正常; (6)计算机防病毒程序的更新情况及时		

9.1.4 工作任务相关知识

9.1.4.1 二次设备巡视的一般要求

码 9-1 视频-二次设备的正常巡视检查

(1)巡视人员应熟悉二次设备的配置、基本操作和故障判断处理,了解其基本的工作原理、逻辑接线,掌握现场运行规程有关二次设备运行的正常监视、巡视、操作和检测技能。

(2)进行二次设备巡视时,必须严格遵守电力安全工作规程有关规定,防止误碰、误动运行设备。

(3)进行二次设备巡视时,应严格遵守设备巡视管理有关规定,不得改变设备运行状态。需要调看运行人员有权查阅的装置信息时,必须有监护人在场。

(4)巡视二次设备时应严禁烟火。

(5)进出继电保护、通信机房等二次设备室应随手将门关好。

(6)在进行二次设备巡视时,应严格遵守二次设备防电磁干扰有关管理规定。使用手机等无线电通信工具应执行现场运行规程有关规定。

(7)运行人员不得打开运行中的继电保护装置、自动化装置、电能计量装置等设备封条进行任何作业。

(8)二次设备的巡视周期与一次设备的巡视周期相同,在巡视一次设备的同时进行二次设备的巡视。

(9)运行人员应对二次设备巡视中发现的异常和缺陷认真分析,正确处理,做记录并按信息汇报程序及时进行汇报。

(10)运行中严禁拉合继电保护回路电源、交流电压回路断路器,防止装置出现异常。

(11)继电保护装置正常运行时,运行人员可根据需要操作屏内的“信号复归”按钮。不允许随意操作面板上的其他按键及“运行/检修”切换把手。

9.1.4.2 二次设备缺陷定性

码 9-2 音频-二次设备缺陷类型及定义

按照设备缺陷程度和对安全运行造成的威胁大小,对继电保护和自动装置缺陷进行划分,分为危急、严重和一般缺陷。

1. 危急缺陷

危急缺陷指性质严重、情况危急,直接威胁安全运行,运行人员应立即采取应急措施,并尽快予以消除的缺陷。

一次设备失去主保护时,一般应停运相关保护设备;保护存在误动风险时,一般应退出该保护;保护存在拒动风险时,应保证有其他可靠保护作为运行设备的保护。以下缺陷属于危急缺陷:

(1)电流互感器回路开路。

(2)二次回路或二次设备着火。

(3)保护或控制回路直流电源消失。

(4)保护装置出现故障或异常退出。

(5)保护装置电源消失或装置电源灯不亮。

(6)装置收发信机运行灯熄灭或者出现告警。

(7)控制回路断线故障。

(8)电压切换不正常。

(9)电流互感器回路断线告警、差流越限,电压互感器回路断线告警。

(10)保护异常变位。

(11)直流接地等。

2. 严重缺陷

严重缺陷指继电保护设备缺陷情况严重,有恶化发展的趋势,影响保护正确动作,对电网和设备安全构成威胁,可能造成事故的缺陷。

具有严重缺陷的继电保护和自动装置应在保护运行人员到达现场进行处理后,再申请退出相应保护。缺陷未处理期间,运行人员应加强监视,保护有误动风险时应及时处理。以下缺陷属于严重缺陷:

(1)保护通道异常。

(2)装置只发告警或异常信号,未闭锁保护。

(3)录波装置频启、电源消失。

(4)保护装置液压显示异常。

(5)操作箱指示灯不亮,但未发控制回路断线信号。

(6)保护动作后报告无法打印或打印不完整。

(7)就地信号正常,后台或中央信号不正常。

(8)切换灯不亮,但是未发生电压互感器断线告警。

(9)无人值守变电站保护信息通信中断。

(10)频繁出现又能自动复归的缺陷等。

(11)其他可能影响保护正确动作的情况。

3. 一般缺陷

一般缺陷是指危急、严重缺陷之外的,性质一般,情况较轻,保护能持续运行,对安全运行影响不大的缺陷。以下缺陷属于一般缺陷:

(1)打印机故障。

(2)电磁继电器外壳变形、损坏,不影响其内部。

(3)GPS装置失灵或时间不对,保护装置时钟无法调整。

(4)保护屏上按钮接触不良。

(5)有人值守变电站保护通信中断。

(6)能自动复归的偶然缺陷。

(7)对安全影响不大的缺陷。

9.1.4.3 监控系统装置

监控系统主要完成机组的开机、停机和开关设备的控制、自动发电控制、自动调相控制及电厂优化运行,电厂机组、变压器、线路等设备的运行参数的在线监视、越限参数报警,事故记录、报表打印、人机对话、自检等。监控系统包括监控下位机系统、监控上位计算机及其监控软件、通信柜、电量测量装置、温度测量装置等。微机监控系统通常采用分层分布式结构,分为上位机和现地控制单元两个层级,其中上位机按功能分散布置,现地控制单元 LCU 按控制对象分散控制。上位机一般由工业控制计算机、显示器、键盘和打印机等组成。现地控制单元由 PLC(可编程控制器模块)、测量仪、变送器等构成,完成机组的开停机顺序控制,机组状态、数据采集,参数显示等功能。机组现地控制单元所有组件放置在 LCU 屏内。

监控系统布置在中央监控室,是电厂的监控中心,运行人员通过人机界面、显示器、键盘、鼠标等与微机监控系统进行人机联系,实现对电厂设备的实时监视和控制。中央监控室环境温度应控制在 5~35 ℃、湿度应控制在 30%~85%,应经常利用空调对温度和湿度进行调节,尽可能不让温度和湿度处于最高限或最低限。

9.1.5 拓展提高

运行中的二次设备重点检查的项目有:

(1)外壳、透明面板和刻度盘是否完好。

(2)有无不正常的声响。

(3)连接导线和接点是否牢固,有无接触不良、松动或过热现象。

(4)有切换开关的仪表,要经常进行切换操作,以检查仪表的指示和开关动作是否正常。

(5)指针的摆动范围是否超出量程,指针是否灵活,能否回零。

9.1.6 工作任务评价

本工作任务评价考核主要评价学生在“教、学、做”一体教学过程中对二次设备巡视检查知识和技能的掌握程度。具体评价标准见附录 1 中附表 1-2 设备巡视检查工作过程考核评价表。

9.1.7 工作任务思考

1. 二次设备的缺陷分类分为哪几种? 划分依据是什么?

2. 二次设备的危急缺陷有哪些?

工作任务 9.2 二次设备的异常运行分析及处理

变电站二次设备在运行中,经常会发生各种类型的异常现象,如主变保护电流互感器断线等。运行值班人员通过监视二次设备的运行情况,可以及时发现设备存在的缺陷和异常情况,正确及时地对二次设备进行运行维护和异常处理。掌握主要的二次设备异常处理基本原则和基本步骤,对预防电力系统故障、减少损失具有重要作用,也是变电运行技术人员应该具有的一项重要技能。

9.2.1 工作任务分析

(1)值班人员应随时对二次设备进行监视、检查,通过对二次设备的温度及气味等现象的变化,判断二次设备是否出现异常,从而采取相应的处理措施,避免出现二次设备事故。

(2)值班人员在二次设备运行中发现不正常现象时,应设法尽快消除,同时报告车间负责人并将情况及经过详细记录在交接班记录和设备缺陷登记表内。

9.2.2 工作任务准备

(1)做好安全措施:戴安全帽、绝缘手套,防摔防撞。

(2)熟悉异常处理工具的使用方法:安全帽、绝缘手套、绝缘靴、五防钥匙、500 V 摇表、2 500 V 摇表、三相短路接地线、裸露铜线、尖嘴钳等。

9.2.3 工作任务实施

(1)学员按人数分成小组,正确穿好合格的安全服装,戴好安全帽,携带好安全工器具。

(2)根据相应的作业标准或要求,在运行人员的监护下,模拟对异常情况进行正确处理,直到异常情况消失。

(3)对照工具、材料清单清点工器具。处理结束后,将安全工器具放回原处,详细记录并及时汇报处理情况。

【案例 9-1】 继电保护装置异常及处理

保护正常运行时,其直流电源应投入,“运行”指示灯正常点亮,其余指示灯一般在熄灭状态,否则就应判定为保护装置异常,并采取相应的处理措施或停用保护。

继电保护装置异常时会出现如下现象:

(1)保护及自动装置正常运行时,“运行”“充电”指示灯熄灭,出现“TV 断线”“通道异常”“跳 A、跳 B、跳 C”指示灯点亮、“保护装置异常或故障”等信号。

(2)保护屏继电器故障、冒烟、声音异常等。

(3)保护高频通道异常,测试中收不到对端信号,通道异常告警。

(4)收发信机收信电平比正常低,收发信机“保护故障”或收发信电压较以往的值有较大的变化。

其处理步骤如下:

(1)保护电源中断或其电源装置发生故障时,装置的电源正常指示灯熄灭,中央信号发出“保护电源故障”告警信号,某些保护监视电源的信号继电器将掉牌。在失去电源情况下保护不能正常工作,有些保护将自动闭锁,并自动向线路发出闭锁信号。

(2)装置发“TV 断线”信号,不能复归时,应检查电压互感器二次侧电压,电压正常后进行检修。

(3)装置发故障信号,应及时收集打印自检报告,并复位一次。如不能复归,报告调度员,退出保护。

(4)光字牌中保护装置闭锁。

①检查由哪个装置发出,此时应将相应的装置退出运行,如保护装置直流电源发生异常(电压消失等)。

②运行人员初步判断后汇报调度。

③根据调度指令解除被闭锁保护压板,如果无法排除故障,应及时通知检修处理。

【案例 9-2】 备自投装置异常告警及处理

备自投装置异常告警时,备自投装置发出闭锁、失电告警等信息。

其处理步骤如下:

(1)检查备自投方式是否正确,检查备自投装置交流输入情况。

(2)检查备自投装置告警是否可以复归,必要时将备自投退出运行,联系检修人员处理。

(3)外部交流输出回路异常或断线告警时,如检查发现备自投装置运行灯熄灭,应将备自投装置退出运行。

(4)备自投电源消失或直流电源接地后,应及时检查,停止现场与电源回路有关的工作,尽快恢复备自投装置的运行。

(5)备自投动作且电源开关未被合上时,应检查工作电源开关确已断开,站用交流电源无问题后,手动投入备自投开关。恢复正常运行后,应查明备用电源拒合原因。

(6)对于成套备自投,在排除上述可能的情况下,可用断开装置电源再重启一次的方法检查备自投异常告警是否恢复。

【案例 9-3】 监控系统主单元或 I/O 装置、测控单元异常及处理

监控系统主单元或 I/O 装置、测控单元异常时,会出现监控系统主单元或 I/O 装置、测控单元工作站处于停机状态。

其处理步骤如下:

画面中的光字牌亮时,直接点击对应光字牌即可进入主单元和 I/O 装置的实时运行状态监视图,检查是哪个主单元或 I/O 异常,或者进入相应的模块状态图,查看模块状态是否运行正常,汇报相应调度部门,并请专业修试人员来处理。根据现场主单元和 I/O 装置,确认设备异常。

【案例 9-4】 监控系统站级控制层操作异常及处理

监控系统站级控制层操作异常时,会造成同期合闸不成功。

其处理步骤如下:

(1)断路器两侧无电压或一侧有电压、一侧无电压,再一次确认断路器为同期合闸。

(2)同期电压空开跳开,再合一次空开,若仍然跳开,检查电压回路,将上述情况汇报领导。

(3)两侧有电压,但同期条件不满足,压差、频差、角差不满足同期条件的情况下,使用断路器强制合闸方式,必须由值长进行调度汇报,在征得同意试合一次的情况下,再同期合闸一次,但必须派人到对应 I/O 单元监视同期画面,确定原因,再不成功,汇报调度。

9.2.4 拓展提高

(1)有关保护装置及二次回路的操作须经相应的管辖该装置人员(调度或当值值长)的同意方可进行。保护的投入、退出等操作必须由运行人员负责。

(2)继电保护与自动装置必须经过调试试验合格,并做整组模拟试验,动作正确后方可投入运行。

9.2.5　工作任务评价

本工作任务评价考核主要评价学生在“教、学、做”一体教学过程中对二次设备异常情况处理知识和技能的掌握程度。具体评价标准见附录1中附表1-4设备异常情况处理工作过程考核评价表。

9.2.6　工作任务思考

1. 继电保护装置异常时如何处理?

工作任务9.3　二次设备的事故处理

二次设备发生故障对现场运行具有很大影响,因此按照电力行业及现场运行操作规程的内容和要求对继电保护及自动装置、监控系统等故障现象进行分析,提出相应的处理方案,可以防止事故扩大,减小事故带来的损失。

9.3.1　工作任务分析

根据事故现象和保护动作情况分析判断二次设备动作的原因及故障点的可能范围,并迅速汇报调度,按照调度指令进行事故处理。

9.3.2　工作任务准备

(1)做好安全措施:戴安全帽、绝缘手套,防摔防撞。

(2)熟悉事故处理工具的使用方法:安全帽、绝缘手套、绝缘靴、五防钥匙、录音笔、500 V摇表、2 500 V摇表、三相短路接地线、裸露铜线、尖嘴钳等。

9.3.3　工作任务实施

(1)学员按人数分成小组,正确穿好合格的安全服装,戴好安全帽,携带好安全工器具,

(2)根据相应的作业标准或要求,在运行人员的监护下,在现场对事故处理预案进行演习,对事故情况进行正确处理。

(3)对照工具、材料清单清点工器具。处理结束后,将安全工器具放回原处,详细记录并及时汇报处理情况。

【案例9-5】　继电保护误动事故

继电保护误动事故的类型如下:

(1)线路(电容器、电抗器)保护误动。

(2)主变压器保护误动。

(3)母线保护误动。

继电保护误动事故会出现如下现象:

(1)线路(电容器、电抗器)保护误动现象。

①事故警报、警铃鸣响,后台监控断路器标志先显示绿闪,继而又转为红闪。

②故障线路电流、功率瞬间为零,继而又恢复数值。

③后台机出现告警窗口,显示某线路某种保护动作、重合闸动作等信息。某线路保护屏显示保护及重合闸动作信息,分相控制的线路则还有某相跳闸或三相跳闸的信息。

(2)主变压器保护误动现象。

①事故报警、警铃鸣响,后台监控主变压器一侧或各侧断路器显示绿闪。

②主变压器一侧或各侧表计指示为零,变压器跳闸侧单电源馈电母线和线路表计指示为零。

③变压器主保护或后备保护中某一个动作。

④故障录波器可能不动作,主变压器微机保护也没有区内故障的故障量波形。主变压器轻瓦斯保护不动作,气体继电器内没有气体聚集,压力释放阀或防爆筒不动作。这是主变压器保护是否正确动作的参考判据。

(3)母线保护误动现象。

①事故报警、警铃鸣响,母差保护动作,一条母线所接的断路器全部跳闸。

②故障录波器可能不动作,母差保护也没有区内故障的故障量波形。听不到现场类似爆炸的声响,看不到火光、冒烟等。检查母差保护区内没有故障点。这是母差保护是否正确动作的重要参考判据。

其处理方法如下:

继电保护装置误动,应停用误动的保护装置,在生产技术部门的组织下对保护装置进行检查试验。排除故障后方可投入运行。

(1)线路(电容器、电抗器)保护误动事故的处理。

①检查并记录监控系统告警信息、断路器跳闸情况、线路电流和功率情况、继电保护和自动装置动作情况,查看故障录波器报告(故障录波器可能不动作),根据录波报告或故障录波器没有动作判断保护有误动可能,报告调度。

②检查跳闸线路电流互感器至线路出口各设备有无接地短路或相间短路故障,检查跳闸断路器动作情况,报告调度,同时向调度询问跳闸线路对侧保护有无动作,断路器有无跳闸。根据对侧保护没有动作、断路器没有跳闸作出保护误动的判断。

③根据调度命令,停用误动的线路保护,检查该线路至少还有一套主保护可以正常使用的情况下恢复线路送电。在没有主保护可以使用的情况下不应直接送电,可以采用旁路带送的方法送电。

④及时将事故情况报告有关领导和生产指挥部门。生产指挥部门应立即组织事故检查、调查人员到现场检查保护。

母线并联电容器、电抗器保护误动跳闸,原则上应在保护装置排除故障后再恢复送电。

(2)主变压器保护误动事故的处理。

①检查并记录监控系统告警信息、断路器跳闸情况、主变压器各侧电流和功率情况、继电保护和自动装置动作情况,查看其他运行主变压器有无过负荷情况、查看故障录波器报告(故障录波器可能不动作)、故障当时没有系统冲击、录波报告或故障录波器没有动

作判断保护有误动可能,报告调度。

②如果其他运行主变压器过负荷,应报告调度转移负荷、限负荷或过负荷运行。变压器过负荷运行应启动全部冷却器,重点监视变压器负荷、油温、各处接点有无过热、变压器运行是否正常。

③根据动作保护的保护范围检查各设备有无接地短路或相间短路故障,检查跳闸主变瓦斯保护和压力释放阀有无动作、变压器本体有无异常现象,检查跳闸断路器工作情况。根据一次设备检查没有任何事故征象,结合主变跳闸当时没有系统冲击,故障录波器没有动作或故障录波器报告没有显示主变短路事故作出保护误动的判断。报告调度和有关领导。

④生产指挥部门应立即组织事故检查、调查人员到现场检查保护。

⑤确认变压器跳闸是由保护误动引起的,根据调度命令,停用误动保护,在保证至少有一套主保护可以使用的情况下可以恢复主变压器送电。在没有主保护可以使用的情况下不应送电。原则上主变压器的停投应由本单位总工程师决定。

(3)母线保护误动事故的处理。

①检查并记录监控系统告警信息、断路器跳闸情况、跳闸母线各元件电流和功率情况、变电站潮流变化情况、继电保护和自动装置动作情况,查看故障录波器报告(故障录波器可能不动作),根据故障当时没有系统冲击,根据录波报告或故障录波器没有动作判断保护有误动可能,报告调度。

②根据母差保护范围,即跳闸母线所连接的各元件电流互感器以内各设备有无接地短路或相间短路故障,检查跳闸断路器动作情况,根据一次设备检查没有任何事故征象,结合母线跳闸当时没有系统冲击,故障录波器没有动作或故障录波器报告没有显示母线短路事故作出保护误动的判断。报告调度和有关领导。

③生产指挥部门应立即组织事故检查、调查人员到现场检查保护。如果一时不能确认保护误动,应对母差保护区内可疑设备组织试验。

④确认母线跳闸是由保护误动引起的,应停用误动的母差保护。如果母线有两套母差保护,可停用误动的母差保护,恢复母线送电。如果母线只有一套母差保护,若母线停运,其负荷由系统其他电源转供;主变压器有针对母线的可靠后备保护的也可以直接从母线送出线路。

【案例9-6】 交流电压回路断线及处理

交流电压回路断线时,会出现如下现象:

(1)测量、计量交流电压回路断线,则电压、功率无指示或指示降低,电能计量值为零或数值减小。

(2)保护交流电压回路断线,则发出“交流电压回路断线”告警信息,微机保护显示“TV断线”或其他类似告警信号。

其处理步骤如下:

(1)若单一设备单元出现故障,则应停用该单元有关保护(距离保护,低压保护,低压闭锁电流保护,方向过电流、零序方向过电流等带方向元件的保护等),然后检查该单元交流电压回路。检查重动继电器位置是否正常,若不正常,应检查该单元母线隔离开关辅助触点是否正常切换。一般母线隔离开关辅助触点切换不正常、电压回路接线端子松动和电缆故障的概率较多。查出的故障能处理的自行处理,不能处理的报检修单位处理。

(2)若同一母线多个设备单元出现故障,则应停用该母线上各单元的有关保护(距离保护、低电压保护、各种低压闭锁保护、各种带方向元件的保护、振荡解列、低频解列、低压解列装置和低频减负荷装置等),并检查该母线的二次电压回路。测量中央信号屏和电压互感器端子箱各点电压是否正常,可判断出故障的部位。一般电压互感器二次熔断器熔断或二次空开开关跳开的情况较多,可先行检查;其次接线端子松动,以及电压互感器隔离开关的辅助触点和电缆故障的概率也较多。一些简单的故障能处理的自行处理,不能处理的报检修单位处理。

9.3.4　拓展提高

下列情况下应停用继电保护及自动装置:

(1)在装置使用的交流电压、交流电流二次回路上工作。

(2)直流电源消失或装置直流电源插件故障(包括停用装置直流电源)。

(3)装置故障及故障处理。

(4)装置检验及更改定值。

(5)调度命令退出。

9.3.5　工作任务评价

本工作任务评价考核主要评价学生在"教、学、做"一体教学过程中对二次设备事故处理知识和技能的掌握程度。具体评价标准见附录1中附表1-5设备事故处理工作过程考核评价表。

9.3.6　工作任务思考

1. 继电保护出现误动时应怎么处理?

小　结

本工作领域9主要训练学生掌握二次设备的巡视检查、异常处理、事故处理等技能。

工作任务9.1主要介绍了二次设备的正常巡视检查项目。对照二次设备巡视卡的巡视部位及巡视内容,记录巡视结果,若出现异常,将异常现象与巡视标准进行比较,详细说明,并在巡视结束后进行汇报。

工作任务9.2主要介绍了二次设备的常见异常现象及正确处理方法。值班人员判断二次设备出现异常和缺陷的原因,及时采取相应的处理措施,并向上级进行汇报。

工作任务9.3主要介绍了二次设备的事故现象及正确处理方法。依据事故现象分析判断二次设备事故可能的原因,并迅速汇报给调度,按照调度指令进行事故处理。

工作领域10 厂(站)用电交、直流系统的运行

【思政导引】

乌东德水电站——金沙江上的科技明星

乌东德水电站位于云南省禄劝县和四川省会东县交界的金沙江干流上，总装机容量1 020万kW，全面投产发电后年均发电量将达389.1亿kW·h，排名世界第七，也是世界上已投产单机容量最大的水轮发电机组，是实施“西电东送”的国家重大工程，电站共安装12台单机容量85万kW水轮发电机组，总装机容量1 020万kW，是金沙江下游4个梯级电站(乌东德、白鹤滩、溪洛渡、向家坝)的第一梯级，是中国第四座、世界第七座跨入千万千瓦级行列的巨型水电站。其挡水建筑物为混凝土双曲拱坝，坝顶高程988 m，最大坝高270 m，底厚51 m，厚高比仅为0.19，是世界上最薄的300 m级特高拱坝，也是世界首座全坝应用低热水泥混凝土浇筑的特高拱坝。

2015年12月24日，乌东德水电站全面开工。2017年3月16日，乌东德水电站大坝混凝土实现开仓浇筑。2020年6月29日，乌东德水电站首批机组(2台)投产发电。习近平总书记作出重要指示，希望建设者们再接再厉，坚持新发展理念，勇攀科技新高峰，高标准高质量完成后续工程建设任务，努力把乌东德水电站打造成精品工程，要坚持生态优先、绿色发展，科学有序推进金沙江水能资源开发，推动金沙江流域在保护中发展、在发展中保护，更好造福人民。

乌东德水电站是为数不多被冠以“世界级”称号的电站。这一清洁水电，将成为西电东送的重要电力支撑。据测算，乌东德水电站生产的绿色电能，将替代大量化石燃料，每年节约标准煤1 220万t，减少碳排放相当于种植8.5万hm^2的阔叶林。

乌东德水电站，预留防洪库容24.4亿m^3，相当于170多个西湖的容量，具备有效拦蓄金沙江洪水的条件，是长江流域防洪体系的组成部分。汛期，乌东德水库拦蓄金沙江洪水，可减少进入三峡水库的水量，配合三峡水库运用，可进一步提高荆江河段防洪标准，削减长江中下游成灾洪量。

乌东德水电站建设征地涉及四川、云南两省多个地区，累计搬迁安置移民约3.2万人。在乌东德水电站移民工作中，三峡集团新建移民集中安置点26个，建设了一大批现代化的医院、学校等公共服务设施和道路、桥梁、水利等基础设施，极大改善了移民群众生产生活条件，建档立卡贫困移民近3 200人已全部实现脱贫摘帽。正如党的二十大报告总结的“我们深入贯彻以人民为中心的发展思想，在幼有所育、学有所教、劳有所得、病有所医、老有所养、住有所居、弱有所扶上持续用力，建成世界上规模最大的教育体系、社会保障体系、医疗卫生体系，人民群众获得感、幸福感、安全感更加充实、更有保障、更可持

续,共同富裕取得新成效。”

2021年6月16日,乌东德水电站最后一台机组顺利结束试运行,并入中国南方电网,正式投产发电,提前实现全部机组(12台)投产发电目标。截至2021年6月底,乌东德水电站累计发电超过263亿kW·h。

眼下的金沙江,一线碧水穿大坝,看似安静的它,正在释放着磅礴力量,让条条“银线”穿城而过,为实现碳达峰、碳中和目标,促进经济社会发展全面绿色转型正发挥着巨大积极作用。

【学习任务描述】

1. 学习并懂得厂(站)用电交、直流系统运行的基本知识。
2. 掌握并具备厂(站)用电交、直流系统的巡视检查及维护职业技能。
3. 掌握并具备厂(站)用电交、直流系统的异常分析与处理职业技能。
4. 掌握并具备厂(站)用电交、直流系统的事故处理职业技能。
5. 养成与人合作的团队精神和良好的职业道德。
6. 养成安全生产的工作作风,实践安全第一的生产理念。
7. 培养刻苦钻研、好学上进的精神,树立终身学习的理念。

工作任务10.1　厂(站)用电交、直流系统的巡视检查

10.1.1　工作任务分析

码10-1　音频-什么是厂(站)用电源

(1)按照厂(站)用电交、直流系统的巡视项目及巡视内容,采用目测、耳听、鼻嗅、触试(非带电部位)、仪器检测等方法,进行巡视检查,记录巡视结果。

(2)将异常现象与巡视标准进行比较,并进行详细说明。

(3)巡视检查完成后,向值长汇报检查结果。

10.1.2　工作任务准备

(1)熟悉厂(站)用电交、直流系统位置及投运情况。

(2)熟悉厂(站)用电交、直流系统巡视部位及巡视标准。

(3)熟悉巡视工具的使用方法:听针、手电筒、红外测温仪、望远镜、记录本、智能巡检仪等。

(4)做好安全措施:戴安全帽,防摔防撞。

10.1.3　工作任务实施

(1)学员按人数分成小组,戴好安全帽,扣好袖口,盘好头发,携带好手电筒、测温仪等安全工器具。

(2)根据厂(站)用电交流系统与直流系统巡视卡(见表10-1、表10-2),按规定的路线对厂(站)用电交、直流系统进行巡视检查。对合格项,在“检查结论”栏打“√”;对有

缺陷或异常项,在“检查结论”栏用文字详细说明。

(3)巡视中注意安全、动作规范。

(4)检查结束后,将安全工器具放回原处,向值长汇报巡视结果。

表10-1　厂(站)用电交流系统巡视卡

序号	设备名称	巡视内容	检查结论	备注
1	场地	(1)照明回路良好; (2)名称、标志齐全、完好; (3)室内防小动物短路措施完整、完好; (4)消防器材完好; (5)室内整齐、整洁; (6)排气扇启动正常		
2	配电屏	(1)屏柜各开关位置正确; (2)各表计指示正常; (3)各灯光、信号正确; (4)配电柜牢固且无锈蚀		

表10-2　厂(站)用电直流系统巡视卡

序号	设备名称	巡视内容	检查结论	备注
1	蓄电池	(1)壳体有无渗漏和变形; (2)浮充电是否正常; (3)温度是否过高		
2	整流模块	运行是否正常		
3	绝缘监测装置	运行是否正常		
4	监控装置	运行是否正常		
5	电池	表面是否有积尘		
6	连接处	有无松动、发热和腐蚀现象		
7	极柱与安全阀	周围是否有酸雾逸出		

10.1.4　工作任务相关知识

10.1.4.1　厂(站)用电交流系统的巡视与维护

码 10-2　视频-厂(站)用电交流系统的巡视检查

厂(站)用电交流系统包括厂(站)用电母线及其母线上连接的各回路。厂(站)用电交流系统为发电机和主变提供冷却等动力机械电源、变压器高压电源、消防水喷淋电源,为断路器提供储能、加热、驱潮电源,为隔离开关提供操作电源,为直流系统提供变换用电源,还提供厂(站)用的照明、检修电源及生活用电,对厂(站)的安全运行起着很重要的作用。

1. 厂(站)用变压器的巡视检查项目及要求

(1)高压进线穿墙套管及厂(站)用变压器各侧套管无裂纹及放电闪络痕迹,无破损现象,外观清洁。

(2)高压进线穿墙套管及厂(站)用变压器各侧套管接头不松动,无发热、变色现象,无示温蜡片熔化现象。

(3)高压熔断器无熔断现象,支持绝缘子无裂纹和放电痕迹,无破损现象,外观清洁。

(4)运行声音正常,无杂音或不均匀的放电声。

(5)油枕油位正常,油色应为透明的淡黄色,油位计无破损,没有影响察看油位的油垢。

(6)本体及各个部件无渗、漏油现象。

(7)外壳接地良好,无断裂、锈蚀现象。

(8)限流电阻瓷套无裂纹及放电痕迹,无破损现象,外观整洁。

(9)气体继电器无残余气体,无漏油现象。

(10)呼吸器的硅胶变色不超过2/3,硅胶罐无破损,油位正常。

(11)散热片无碰瘪现象。

(12)调压装置电源指示正常,分接头指示与实际相符,运行电压在正常范围内;调压机构清洁无渗、漏油,电缆完好,无破损及腐蚀现象。

2. 380 V/220 V 系统的巡视检查及运行维护

(1)切换检查母线电压正常,负荷分配正常。

(2)检查厂(站)用电系统的控制屏、电源箱、动力箱铭牌必须齐全正确;回路中所有断路器、隔离开关及熔断器也必须有相应的铭牌,熔断器必须标明熔丝的容量;隔离开关灭弧罩齐全。

(3)低压配电屏上各低压断路器、隔离开关接触良好,无发热现象,低压断路器位置指示正确;无异响、异味;低压熔断器接触良好,无熔断,容量符合负载要求;低压电缆接头良好,无发热现象;电缆孔洞封堵严密。

(4)低压母线伸缩接头应无松动、断片,连接头线夹无变色、氧化、发热变红等现象。

(5)两台厂(站)用变压器低压侧分列运行时,严禁在低压回路环路运行。

(6)生活及检修用电必须有漏电保护器并定期进行测试。

(7)定期对厂(站)用变压器及其回路设备连接点进行红外测温工作。

(8)厂(站)用电系统回路要有熔丝配置表,各类熔丝要有一定数量的备品。

(9)负荷有双电源可切换的,应定期进行切换试验。

(10)厂(站)内要有正确的厂(站)用电系统一次模拟图,健全的厂(站)用电回路图纸、资料、说明书、设备台账。

(11)运行人员利用厂(站)用变压器停电机会,进行厂(站)用变压器室清扫。

10.1.4.2 直流系统的巡视及运行维护

直流系统由充电机、蓄电池、馈线屏、监测装置等组成。

1. 直流系统的正常巡视检查项目

(1)蓄电池室通风、照明及消防设备完好,温度符合要求,无易燃、易爆物品。

(2)蓄电池组外观清洁,无短路、接地。

(3)各连接片连接牢靠无松动,端子无生盐,并涂有中性凡士林。

(4)蓄电池外壳无裂纹、漏液,呼吸器无堵塞,密封良好,电解液液面高度在合格范围内。

(5)蓄电池极板无龟裂、弯曲、变形、硫化和短路,极板颜色正常,无欠充电、过充电,电解液温度不超过35 ℃。

(6)典型蓄电池电压、密度在合格范围内。

(7)充电装置交流输入电压、直流输出电压、电流正常,表计指示正确,保护的声、光信号正常,运行声音无异常。

(8)直流控制母线、动力母线电压值在规定范围内,浮充电流值符合规定。

(9)直流系统的绝缘状况良好。

(10)各支路的运行监视信号完好、指示正常,熔断器无熔断,低压断路器位置正确。

2. 直流系统的特殊巡视检查

(1)新安装、检修、改造后的直流系统投运后,应进行特殊巡视。

(2)蓄电池核对性充放电期间应进行特殊巡视。

(3)直流系统出现交、直流失压及直流接地、熔断器熔断等异常现象并经处理后,应进行特殊巡视。

(4)出现低压熔断器脱扣、熔断器熔断等异常现象后,应巡视保护范围内各直流回路元件有无过热、损坏和明显故障现象。

3. 直流系统的运行维护

1)阀控蓄电池组运行维护

阀控蓄电池是把所需份量的电解液注入极板和隔板中,没有游离的电解液。为防止电解液的减少,对蓄电池进行了密封。阀控蓄电池组运行维护如下:

(1)正常应以浮充电方式运行,浮充电压值应控制为2.23~2.28 V,一般宜控制在2.25 V(25 ℃时)。

(2)运行中的阀控蓄电池组主要监视蓄电池组的端电压值、浮充电流值、每只单体蓄电池的电压值、运行环境温度、蓄电池组及直流母线的对地电阻值和绝缘状态等。

(3)备用搁置的阀控蓄电池组,每3个月进行一次补充充电。

(4)根据现场实际情况,应定期对阀控蓄电池组进行外壳清洁工作。

(5)蓄电池室的温度宜保持在5~30 ℃,最高不应超过35 ℃,并应通风良好。

(6)蓄电池室应照明充足,并使用防爆灯;凡安装在台架上的蓄电池组,应有防震措施。

(7)应定期检查蓄电池室调温设备及门窗情况。每月应检查蓄电池室通风、照明及消防设施。

2)充电装置的运行维护

(1)应定期检查充电装置交流输入电压、直流输出电压、直流输出电流等各表计显示是否正确,运行噪声有无异常,各保护信号是否正常,绝缘状态是否良好。

(2)当交流电源中断不能及时恢复,使蓄电池组放出容量超过其额定容量的20%时,在恢复交流电源供电后,应立即调整“手动”或“自动”启动充电装置,按照制造厂规定的正常充电方法对蓄电池组进行补充充电,或按恒流限压充电—恒压充电—浮充电方式对蓄电池组进行充电。

(3)当微机监控装置故障时,若有备用充电装置,应先投入备用充电装置,并将故障装置退出运行。无备用充电装置时,应启动手动操作,调整到需要的运行方式,并将微机监控装置退出运行,经检查修复后再投入运行。

10.1.4.3　交流不间断电源系统的巡视与维护

交流不间断电源系统(UPS)是指厂(站)用电失压后能连续不间断供电的交流源,包括各种用途的UPS和逆变装置。

码10-3　动画-交流不间断电源系统的巡视与维护

(1)UPS电源交流输出电压表、交流输出电流表指示正常。

(2)开关、把手位置符合运行要求,设备无异常声响,运行状况良好。

(3)液晶面板显示电压、负载情况正常。

(4)对UPS装置的告警信号应加强监视,如有异常应及时上报有关部门。

10.1.4.4　发电厂事故保安电源的巡视

发电厂除有厂用工作电源(交流)和备用电源(交流)外,往往还设置有事故保安电源(快速启动的柴油发动机组)。这是为了保证水电厂全厂事故停电时,能安全可靠地停机或进行机组的黑启动等。

根据发电厂的规定,定期(一周1次或两周1次)对事故保安电源系统进行1次巡视检查。发电厂事故保安电源的巡视检查项目如下:

(1)检查柴油发电机组油箱油位正常。

(2)检查柴油机无漏油。

(3)检查柴油发电机组上清洁、无杂物。

(4)检查柴油发电机组各部位连接良好、牢固。

(5)检查柴油发电机组显示正常,无报警信号。

(6)检查柴油发电机组确处于备用状态。

(7)检查柴油发电机组室消防器材齐全。

10.1.5 工作任务评价

本工作任务评价考核主要评价学生在“教、学、做”一体教学过程中对厂(站)用电交、直流系统巡视检查知识和技能的掌握程度。具体评价标准见附录1中附表1-2设备巡视检查工作过程考核评价表。

10.1.6 工作任务思考

1. 厂(站)用交流系统中变压器的巡视检查项目及要求有哪些?
2. 厂(站)用交流系统中380 V/220 V系统的巡视检查及运行维护内容有哪些?
3. 厂(站)用直流系统由哪几部分组成?其运行维护项目有哪些?
4. 厂(站)用直流系统的正常巡视检查项目有哪些?

工作任务10.2 厂(站)用电交、直流系统的异常运行分析及处理

10.2.1 工作任务分析

(1)值班人员应随时对厂(站)用电交、直流系统进行监视、检查,根据厂、站内的各种信息、现象,判断厂(站)用电交、直流系统是否出现异常,从而采取相应的处理措施,避免出现厂(站)用电交、直流系统事故。

(2)值班人员在厂(站)用电交、直流系统运行中发现不正常现象时,应设法尽快消除,同时报告车间负责人并将情况及经过详细记录在交接班记录和设备缺陷登记表内。

10.2.2 工作任务准备

(1)做好安全措施:戴安全帽、绝缘手套,防摔防撞。

(2)熟悉异常处理工具的使用方法:安全帽、绝缘手套、500 V摇表、2 500 V摇表、三相短路接地线、裸露铜线、尖嘴钳。

10.2.3 工作任务实施

(1)学员按人数分成小组,正确穿好合格的安全服装,戴好安全帽,携带好安全工器具。

(2)根据相应的作业标准或要求,在运行人员的监护下,模拟对异常情况进行正确处理,直到异常情况消失。

(3)对照工具、材料清单清点工器具。

(4)处理结束后,将安全工器具放回原处,详细记录并及时汇报处理情况。

10.2.3.1 厂(站)用电交流系统异常及处理

【案例10-1】 厂(站)用交流电消失

1. 厂(站)用交流电消失的主要现象

(1)正常照明全部或部分失去。

(2)直流硅整流装置跳闸,事故照明切换。

(3)发电机、变压器冷却电源失去,风扇停转。

(4)厂(站)用交流电压表、电流表指示为零。

2. 厂(站)用电部分或全部失电的原因

(1)高压侧电源中断。

(2)厂(站)用变压器或者高压侧引线故障,高压侧断路器跳闸。

(3)低压母线故障,造成厂(站)用变压器低压侧断路器跳闸。

(4)厂(站)用电低压回路故障。

3. 厂(站)用交流失电的处理方法

(1)厂(站)用交流全部失去时,事故照明应自动切换,主控盘显示厂(站)用负荷失电信号,如"主变风冷全停""交流电源故障"等光字牌。运行人员应首先分清失压是由于本厂(站)用电源进线失电导致的,还是因为厂(站)用交流故障引起的。若是本厂(站)用电源进线失电导致的低压停电,应投入备用变压器,或通过联络线恢复送电;若是因为厂(站)用交流故障引起的全厂(站)停电,应迅速查找故障点。

(2)对厂(站)内交流负荷失电进行紧急处理,主要有监视主变温度、监视直流系统电压等。

(3)查找故障时,运行人员应先做好安全措施,用万用表、绝缘电阻表对失电设备进行检查。查找厂(站)内故障点应采用分段查找的方法,同时根据各种故障现象判断故障点可能的范围。在分段隔离后,用万用表测量绝缘电阻,逐步缩小范围,直至找到故障点。运行人员短时无法查找事故原因的,应尽快通知有关专业人员进一步查找。

(4)若是环路供电,应先检查工作电源跳闸后备用电源是否已正常切换,若未自动切换应手动切换,保证厂(站)用负荷正常供电。

(5)进一步检查失电分支交流熔断器是否熔断,或低压断路器是否跳开,可试送一次,若送电正常,则可判断该分支无故障;若试送不成功,则拉开分支隔离开关,用万用表测量分支绝缘,查明故障点,报上级部门检修、处理。

【案例10-2】 厂(站)用变压器常见异常及原因分析

(1)厂(站)用变压器内有放电声,原因有内部分接头接触不良、内部局部绝缘性能下降、变压器油绝缘性能下降等。

(2)厂(站)用变压器冒烟着火,可能是由变压器内部故障引起的。

(3)厂(站)用变压器渗漏油,原因是密封件老化,四周螺栓吃力不均,有砂眼等。

(4)油位降低,油色变黑。油位降低可能有两方面原因:一是假油位,由油标管堵塞、油枕呼吸器堵塞或防爆管通气孔堵塞所致;二是变压器严重漏油,修试人员因工作需要多次放油后未做补充,或气温过低油量不足。油色变黑是油内杂质和氧化物增多所致。

【案例10-3】 工作厂(站)用变压器失压备自投装置不动作

工作厂(站)用变压器失压备自投装置不动作时,其处理方法如下:

(1)若因自投断路器没有打在投入位置,则应立即将其打到投入位置,使备用电源能正常投入运行。

(2)若因自投回路故障使分段断路器自投失败,则应手动拉开工作变压器低压侧断路器,手合低压分段断路器,使停电母线恢复供电。

(3)电源恢复正常后,运行人员应当对各回路的设备进行巡查,检查各设备是否已正常投入运行,对没有投入运行的则应手动投入。事后汇报调度及有关部门。

【案例10-4】 配电屏各支路失电事故

配电屏各支路失电事故的处理方法如下:

(1)当交流配电屏各支路的低压断路器跳闸时,允许立即强送一次,如不成功,则查明事故原因。

(2)各支路配电箱的熔丝熔断时,允许用相同规格的熔丝更换一次。在更换之前,应先将该回路的低压断路器或隔离开关退出,换上熔丝后,再合上。严禁带负荷或在带电回路换熔丝,以免电弧伤人。若熔丝再次熔断则应查明原因,消除故障后再送电。更换熔丝时严禁增大规格或使用铜、铁丝代替。

【案例10-5】 厂(站)用电电压消失

1.厂(站)用电电压消失的现象

(1)厂(站)用电电压消失时,发1号或2号厂(站)用电消失、备自投动作信号。

(2)厂(站)用电自动切换到另一厂(站)用电运行。

2.厂(站)用电电压消失的处理方法

(1)检查厂(站)内照明、直流系统,保护、主变风冷系统运行正常,查找厂(站)用电消失的原因。

(2)将故障的厂(站)用变压器隔离。

【案例10-6】 两厂(站)用电消失

厂(站)用电不能自动切换到另一台厂(站)用电运行,全厂(站)失去交流电源,此时处理方法如下:

(1)检查厂(站)用电的隔离开关是否在合位,厂(站)用变压器是否带电,切换继电器是否正常,高压熔断器是否熔断等,尽快查找出原因。

(2)在厂(站)用电失去期间要注意减少直流负荷,检查厂(站)内主变负荷及温度、保护运行情况。

(3)厂(站)用电系统发生故障全停,在恢复厂(站)用电时,必须首先保证尽快恢复主变强迫油循环冷却装置和直流充电机电源。

【案例10-7】 厂(站)用变压器故障

厂(站)用变压器有下列情况之一者,应立即投入备用变压器,停下故障厂(站)用变压器检修:

(1)厂(站)用变压器内部声响很大,很不正常,有爆裂声。

(2)在正常负荷和冷却条件下,厂(站)用变压器温度不正常并不断上升。

(3)套管有严重的破损和放电现象。

厂(站)用变压器有油位降低、渗漏油、油色变黑或者呼吸器硅胶变色等缺陷时,应加强监视,尽快安排处理。

10.2.3.2 直流系统常见异常现象及处理

码 10-4 微课-直流系统常见异常现象及处理

直流接线常见异常现象有:

(1)直流接地。

(2)直流熔断器熔断。

(3)直流断线。

(4)直流母线电压过高或过低。直流母线电压过低会造成断路器保护动作不可靠及自动装置动作不可靠现象;若电压过高,又会使长期带电设备过热损坏或增加继电保护、自动装置误动的可能。

【案例 10-8】 厂(站)直流消失的现象和原因

1. 直流消失的现象

(1)直流消失伴随有电源指示灯灭,发出"直流电源消失""控制回路断线""保护直流电源消失"或"保护装置异常"等光字信号及熔丝熔断等现象。

(2)控制盘上指示灯、信号、音响等全部或部分失去功能。

2. 直流消失的危害

厂(站)直流消失将直接导致控制回路、保护及自动装置等设备不能正常工作,在操作不当或系统发生故障、设备异常时,控制回路不能正常动作,引起事故无法有效切除,事故范围扩大并使一次设备受到损害。

3. 直流消失的原因

(1)熔断器容量小或不匹配,在大负荷冲击下造成熔丝熔断,导致部分回路直流消失。

(2)熔断器质量不合格,接触不良导致直流消失。

(3)直流两点接地或断路造成熔丝熔断,导致直流消失。

(4)酸腐蚀、脱焊或烧熔使得直流蓄电池之间连接片断路,使后备电源失去,导致在充电机(或称硅整流)故障或厂(站)用交流失去时全厂(站)直流消失。

【案例 10-9】 直流系统接地现象和原因

1. 直流系统接地现象

(1)"直流接地"光字牌亮。

(2)直流绝缘装置显示对地电压降低,另外一极电压升高。

(3)发生其他异常现象,如直流熔断器熔断、误信号、断路器误动、拒动。

2. 直流系统接地的危害

直流系统发生一点接地是常见的异常运行状态,虽不直接产生恶果,但危害性很大。例如直流系统发生一点接地后,在同一极的另一点再发生接地或另一极的一点发生接地时,就构成两点接地短路,将造成继电保护、信号、自动装置误动作或拒绝动作,或造成电源熔断器熔断、保护及自动装置失去电源。

3. 直流系统接地的原因

直流系统接地的原因有人为原因、绝缘损坏、回路脏污、受潮等。

(1)人为接线有误、工具使用不当等。

(2)设备回路绝缘材料不合格、老化,绝缘受损引起直流接地。例如磨伤、砸伤、压伤或过电流引起的烧伤、靠近发热元件(如灯泡、加热器)引起的烧伤等。

(3)设备回路严重污秽、受潮,接线盒、端子箱、机构箱进水造成直流绝缘下降或接地。

(4)小动物爬入或异物跌落造成直流接地。

(5)直流系统运行方式不当,如一个直流系统中两套绝缘监测装置同时投入,造成直流假接地现象。

4. 直流系统接地的查找处理

直流系统接地的查找,应先判明故障的极性,利用故障直流绝缘监测装置测量正、负对地电压,判明是正极接地或负极接地,然后按如下顺序和方法查找:

(1)分清接地极性,初步分析故障原因。例如,二次回路是否有人工作或设备相关操作,是否因天气影响(如梅雨、潮湿、进水等)。若二次回路上有人工作或检修试验工作,应立即停止,检查接地现象是否消失。

(2)直流系统接地时,直流屏直流接地检测仪有时能自动检测出接地回路,可直接拉开接地回路。拉开时,应先请示调度,经同意后方可进行。保护直流电源停用前,需退出保护跳闸连接片,必要时停用一次设备。

(3)若二次回路上无人工作,可先将直流系统分开各成相对独立的系统,即应用"分网法",缩小查找范围。应注意查找过程中不能使保护或控制直流失去。

(4)对不重要的直流馈线,可采用"瞬时停电法"查找分支馈线有无接地点。断开保护或控制回路时,应汇报调度,做好安全措施,分回路按顺序瞬时断开直流熔断器,每一回路的查找均应与调度联系一次,防止查找过程中造成保护或控制回路的误动作。直流接地拉路查找的顺序为:①先找事故照明、信号回路、通信用电源回路,后找其他回路;②先找主合闸回路,后找保护回路;③先找室外设备,后找室内设备;④先找简单保护回路,后找复杂回路。

(5)对于较为重要的直流馈线,可采用"转移负荷法"查找支路上有无接地点。

(6)若查找不成功,未找出接地点,应通知上级有关部门,联系专业人员进行查找。

5. 直流系统接地查找处理的注意事项

(1)瞬拔熔断器时应经调度员同意,断开电源的时间一般不应超过3 s,不论回路中有无故障,接地信号是否消失,均应及时投入。

(2)尽量避免在高峰负荷时进行。

(3)防止人为造成短路或另一点接地,导致误跳闸。

(4)禁止使用灯泡查找直流接地故障。

(5)使用仪表检查时,表计内阻应不低于2 000 Ω/V。

(6)直流接地发生时,禁止在二次回路上工作。

(7)查找直流接地时,必须由两人及以上配合进行,其中一人操作,一人监护,防止人身触电,做好安全监护。

(8)防止保护误动作,在操作电源前,解除可能误动的保护,操作电源给上后再投入保护。

(9)运行人员不得打开继电器和保护箱。

【案例10-10】 直流电压消失

直流电压消失的处理方法如下:

(1)当直流电压消失后,应汇报调度,停用相关保护,防止查找处理过程中保护误动。

(2)检查熔断器是否熔断,如有熔断,则应更换容量满足要求的合格熔断器。

(3)对蓄电池接线断路,应到蓄电池室内对蓄电池逐个进行检查,发现接线断开时,可临时采用容量满足要求的跨线将断路的蓄电池跨接,即将相邻两个电池正、负极相连,并立即通知专业人员检查处理。

【案例10-11】 直流母线电压过低或过高及处理

1. 母线电压过低

直流系统运行中,若出现母线电压过低的信号,值班人员应检查并消除。检查浮充电是否正常、直流负荷是否突然增大、蓄电池运行是否正常等。若属直流负荷突然增大,应迅速调整直流母线电压,使母线电压保持在正常值。

直流电压显著下降的处理方法如下:

(1)检查充电装置是否正常,是否有直流输出。

(2)检查直流馈线熔断器是否熔断。

(3)检查蓄电池是否有严重损坏。

(4)若值班员不能及时处理,应汇报工区,通知专业人员处理。

2. 母线电压过高

当出现母线电压过高的信号时,应降低浮充电流,使母线电压恢复正常。

【案例10-12】 交流窜入直流回路及处理

其故障现象表现为直流盘表指示正常,但有直流电压过高、过低、接地等信号同时不规则出现。

处理方法与查找直流接地方法相同,但此时很容易造成保护误动,应做好事故预想。

【案例10-13】 蓄电池组异常及处理

1. 蓄电池组异常现象

蓄电池组在运行中出现下列异常,应通知检修人员进行处理:

(1)容器破损、电解液漏出。

(2)蓄电池组绝缘能力降低,造成直流接地,清扫后仍不能消除。

2. 防酸蓄电池故障及处理

(1)防酸蓄电池内部极板短路或开路,应更换蓄电池。

(2)长期处于浮充运行方式的防酸蓄电池,极板表面逐渐会产生白色的硫酸铅结晶体,通常称为“硫化”。处理方法是对故障蓄电池加强监视,增加对其电压、比重的测试次数,报缺陷处理。

(3)防酸蓄电池底部沉淀物过多,用吸管清除沉淀物,并补充配置的标准电解液。

(4)防酸蓄电池极板弯曲、龟裂、变形,若经核对性充放电容量仍然达不到80%以上,此蓄电池应更换。

(5)防酸蓄电池绝缘能力降低,当绝缘电阻值低于现场规定时,将会发出接地信号,且正对地或负对地均能测到电压时,应对蓄电池外壳和绝缘支架用酒精擦拭,改善蓄电池室的通风条件,降低湿度,绝缘将会得到提高。

【案例10-14】　阀控密封铅酸蓄电池故障及处理

(1)阀控密封铅酸蓄电池壳体变形。造成此故障的原因有充电电流过大、充电电压超过了2.4 V、内部有短路或局部放电、温升超标、安全阀动作失灵等,使得内部压力升高。处理方法是减小充电电流,降低充电电压,检查安全阀是否堵死。

(2)运行中浮充电电压正常,但一放电,电压很快下降到终止电压值。一般原因是蓄电池内部水干涸、电解物质变质。处理方法是更换蓄电池。

【案例10-15】　镉镍蓄电池故障及处理

镉镍蓄电池容量下降,放电电压低。处理方法是更换电解液,更换无法修复的电池。

10.2.4　工作任务相关知识

10.2.4.1　厂(站)用电交流系统异常处理危险点及控制措施

1. 交流触电控制措施

(1)低压交流系统工作应由两人一起进行。

(2)工作前断开工作地点的电源、熔断器,在电源操作把手上挂“禁止合闸,有人工作!”标示牌。

(3)工作前必须验电。

(4)工作人员应站在绝缘凳或登在绝缘梯上。

2. 带负荷拉、合隔离开关,造成弧光短路控制措施

(1)拉、合各回路隔离开关前,应尽量减小回路电流。

(2)拉、合低压侧总隔离开关前应先断开各分路隔离开关,使低压侧负荷为零。

(3)在厂(站)用变压器高压侧采用隔离开关时,只能用隔离开关进行空载厂(站)用变压器的停送电操作,并且禁止使用隔离开关投入或退出异常运行的厂(站)用变压器。

3. 带负荷投、退熔断器造成烧伤或灼伤控制措施

(1)取下或投入熔断器前应检查回路,断开电源。严禁带负荷投、退熔断器。

(2)更换熔断器时应戴绝缘手套和护目镜。

4. 主变冷却器失电全停,主变温升过高控制措施

主变冷却器失电全停,主变温升过高的控制措施为:当低压交流失电造成主变冷却器全停后,应监视主变负荷和温度,按照现场规程中规定的负荷和温度极限掌握,超出规定的负荷和温度时,汇报调度采取限制负荷的措施,或者将主变停运。

5. 厂(站)用变压器损坏控制措施

厂(站)用变压器有过热、内部有异常响声、套管严重破损放电等异常现象时,应立即停运处理。

6. 交流短路或接地控制措施

(1)使用工具做好绝缘。

(2)检查工作中禁止随意拆接交流回路接线。

(3)使用万用表测量交流电压时,应使用万用表的交流电压挡,禁止使用电流或电阻挡进行测量。

10.2.4.2 直流系统异常处理危险点及控制措施

1. 直流短路或接地控制措施

(1)使用工具做好绝缘。

(2)检查工作中禁止随意拆接直流接线。

(3)查找直流回路异常应使用高内阻电压表,禁止使用灯泡查找。

(4)使用万用表测量直流电压时,应使用万用表的直流电压挡,禁止使用电流或电阻挡进行测量。

2. 直流电压严重下降控制措施

厂(站)用电交流失压后,应严密监视直流系统电压,尽量减小直流负荷,如发现直流电压下降严重应调整电压。

3. 人身触电控制措施

(1)应由两人一起进行检查和处理,加强监护。

(2)使用工具应合格并绝缘良好。

(3)不得徒手接触直流回路的导电部分。

4. 保护和自动装置拒动或误动控制措施

(1)断开、投入控制和保护回路直流电源前应经调度同意,并尽量缩短直流断开时间。

(2)断开保护回路直流电源前,应经调度同意,退出保护和自动装置,投入直流电源后再投入保护和自动装置。

(3)处理过程中避免造成直流接地。

(4)运行人员不得打开继电器和保护箱。

5. 微机保护及自动装置损坏控制措施

在断开微机保护或自动装置直流电源前先将装置停用,投入直流电源后再启动,禁止未将装置停运就直接断开直流电源。

6. 蓄电池室氢气爆炸控制措施

(1)蓄电池室内严禁烟火。

(2)进入蓄电池室前应先开启通风装置,通风 15 min。

7. 蓄电池因过充电或欠充电损坏控制措施

(1)非自动控制的充电机应每月由浮充电到全充电运行 48 h。

(2)自动控制充电装置应监视其运行情况,防止由于充电装置故障造成蓄电池过充电或欠充电运行时间过长而损坏。

(3)每月按照规定时间进行蓄电池电压(和比重)的测试,根据测试结果判断蓄电池运行状态,进行适当维护。

【案例10-16】 典型案例:恩施天楼地枕水力发电厂厂用交流电消失处理

1. 厂用交流电消失时出现的主要现象

(1)全厂正常照明全部失去。

(2)直流整流装置跳闸,事故照明切换。

(3)发电机、变压器冷却电源失去,风扇停转。

(4)厂用交流电压表、电流表指示为零。

2. 电厂用电运行方式

正常情况下,采用6.3 kV Ⅰ(6.3 kV Ⅱ)段母线供给3#(4#)厂用变压器的供电方式,低压分段开关在合位,由任一台厂用变压器供厂用电,两台厂用变压器互为备用;必要时可将低压分段开关断开,两段低压母线分别由3#、4#厂用变压器供电。

故障情况或全厂停电检修应采取以下方式运行:

(1)由大网经主变低压侧6.3 kV母线供给厂用变。

(2)由10 kV屯罗线经近区变供给厂用变。

(3)由车坝三级电站直接向低压间配电屏供给厂用电。

(4)由机组带厂用电(此条不适用全厂停电检修)。

具体方式根据当时情况而定。

3. 其他运行规定

(1)当大网故障,机组不能并网运行时,首先要开启机组保证厂用电运行。

(2)单机带厂用电运行时,必须严密监视机组、调速器、励磁的运行状态,保证机组正常供给厂用电。

(3)当大网不能供给厂用电,又不能开启机组时,为保厂用电及时恢复,优先采用车坝三级电站0.4 kV电源供电方案,但必须断开两台厂用变压器低压侧开关后投用三级0.4 kV电源,并且只能供给厂房内用电。

(4)采用10 kV屯罗线经近区变供给4#变压器厂用电时,必须断开相应的开关和天736刀闸,保证只有一个电源点供电。

(5)加强平时维护检查,每月检查1次,保证10 kV屯罗线、车坝三级0.4 kV供给电源设备处于正常备用状态。

(6)在机组并网运行时,至少保证一台机组的高周切机压板在“停用”位置,并选择运行状况较好的机组以保证事故情况下尽快恢复厂用电。

(7)随时维护好厂用直流系统,在交流厂用电源间断时,确保直流保安负荷的可靠稳定供电。

(8)当出现故障使机组全部停机或线路跳闸时,运行人员必须立即按照“天电公司黑启动方案”恢复厂用电,不能拖延。

4. 处理步骤

(1)对厂内交流负荷失电进行紧急处理,主要有监视主变温度、监视直流系统电压等,并做好相应记录。

(2)运行人员应先做好安全措施,用万用表、绝缘电阻表对失电设备进行检查,查找故障。

(3)运行人员应首先分清失压是由本厂电源进线失电导致的,还是由厂用交流故障引起的。若是本厂电源进线失电导致的低压停电,应投入备用变压器,或通过联络线恢复送电;若是因为厂用交流故障引起的全厂停电,应迅速查找故障点。

(4)经查,确定是本厂电源进线失电导致的低压停电。

(5)按运行规程规定,此时应首先开启机组保厂用电运行。

(6)当大网不能供给厂用电,又不能开启机组时,为保厂用电及时恢复,优先采用车坝三级电站0.4 kV电源供电方案,但必须断开两台厂用变低压侧开关后投用三级0.4 kV电源,并只能供给厂房内用电。

10.2.5 工作任务评价

本工作任务评价考核主要评价学生在"教、学、做"一体教学过程中对厂(站)用电交、直流系统异常情况处理知识和技能的掌握程度。具体评价标准见附录1中附表1-4设备异常情况处理工作过程考核评价表。

10.2.6 工作任务思考

1. 厂(站)用交流系统常见的异常有哪些?主要现象是什么?
2. 厂(站)用交流系统异常处理危险点有哪些?相应的控制措施有哪些?
3. 厂(站)直流消失的现象主要有哪些?如何处理?
4. 厂(站)用直流系统异常处理危险点有哪些?相应的控制措施是什么?

工作任务10.3 厂(站)用电交、直流系统的事故处理

10.3.1 工作任务分析

根据事故原因和保护动作情况判断厂(站)用电交、直流系统的事故故障点的可能范围,并迅速进行正确处理,同时汇报调度。

10.3.2 工作任务准备

(1)做好安全措施:戴安全帽、绝缘手套,防摔防撞。

(2)熟悉事故处理工具的使用方法:安全帽、绝缘手套、500 V摇表、2 500 V摇表、三相短路接地线、裸露铜线、尖嘴钳。

10.3.3 工作任务实施

(1)学员按预先分好的小组,正确戴好安全帽,扣好袖口,盘好头发,携带好安全工器具、事故处理实操表等进入中控室、保护室、升压站。

(2)在运行人员的监护下,在现场对事故处理预案进行演习,按事故处理实操表依次进行,确保事故处理正确。

【案例10-17】 交流系统事故原因及处理

1. 交流系统事故的主要原因

(1)空气小开关质量不合格,接触不良造成交流失电。

(2)交流低压断路器拒动,造成系统厂(站)用交流系统越级跳闸。

(3)上一级电源失电。

(4)厂(站)用电二次回路故障跳闸导致交流失电。

(5)厂(站)用变压器故障。

(6)低压母线故障。

2. 交流系统事故处理

(1)厂(站)用电突然失去时,不论是厂(站)用变压器故障还是其他原因使电源消失,均应优先恢复下列回路供电:

①监控系统电源。

②主变冷却系统电源。

③直流系统充电电源。

④通信电源。

(2)厂(站)用电配电屏低压断路器跳闸时,应对该回路进行检查,在未发现明显的故障现象或故障点的情况下,允许合断路器试送一次,试送不成则不得再行强送,并尽可能查明故障原因,在未查明原因并加以消除前,严禁将该回路切至另一段母线运行或合上环路联络隔离开关,以免事故扩大。

(3)厂(站)用变高压断路器(高压熔断器)跳闸(熔断),一是变压器内部故障,使之跳闸,二是某一段低压侧母线上短路时低压断路器(熔断器)未跳开(熔断),越级使高压断路器(高压熔断器)跳闸(熔断)。厂(站)用变压器高压断路器(高压熔断器)跳闸(熔断)时,处理方法如下:

①拉开低压侧断路器(或拉开低压侧隔离开关),检查低压侧母线无问题,再把负荷倒至备用变或者另一段母线。

②厂(站)用变压器外部检查。

③如未发现异常,应考虑厂(站)用变压器存在内部故障的可能,通知专业人员。

(4)若厂(站)用变压器低压侧断路器跳闸,应根据具体情况进行处理:

①若系厂(站)用变压器失电,需手动投入备用电源。

②若系母线故障,则将该段母线上负荷移至另一段母线运行后进行消除,或通知检修人员进行处理。

③如母线上未见明显故障现象或故障点,则应对各负载回路进行检查,必要时可拉开跳闸厂、站用变所在母线上全部负荷回路断路器,再逐路试送以寻找故障点。

(5)当380 V母线某一段失压,备自投动作不成功时,应按以下方法处理:

①拉开失电厂(站)用变压器的低压进线断路器和隔离开关,并设置“禁止合闸,有人工作!”警示牌。

②如果380 V母线无故障,确认失压母线厂(站)用变压器高、低压断路器确已断开后,应合上380 V分段断路器,恢复母线供电。

③如果380 V母线确有故障,则禁止合上380 V高、低压断路器。

④检查主变冷却电源等是否恢复。

⑤检查失电厂(站)用变压器有无异常或故障现象,如有应立即隔离厂(站)用变。

(6)当380 V母线分支故障,越级造成母线失压时,应按以下方法处理:

①拉开380 V母线上分支线路。

②检查380 V母线确无其他故障时,应合上380 V母线断路器,恢复母线供电。

③合上380 V母线上分支线路,当合上某一分支母线故障时,判断故障分支,并将分支隔离,恢复母线送电。

④检查主变冷却电源等是否恢复。

(7)当380 V母线某一段故障失压,备自投动作后另一段母线故障,导致全厂(站)用交流消失,应按以下方法处理:

①立即上报调度,同时加强主变的监视,掌握主变的温度、负荷情况。

②如果有第三台厂(站)用变压器,考虑用第三台厂(站)用变压器送电,操作前应拉开失电的两台厂(站)用变压器进线断路器和隔离开关。如果判断是由于备自投动作后另一段母线故障,则尽快恢复无故障母线。

③密切关注蓄电池的电压,关闭不必要的负荷。

(8)上级电源停电,导致全厂(站)用交流消失,应按以下方法处理:

①立即上报调度,同时加强主变的监视,掌握主变的温度、负荷情况。

②如果有第三台厂(站)用变压器,考虑用第三台厂(站)用变压器送电,操作前应拉开失电的两台厂(站)用变压器进线断路器和隔离开关。

【案例10-18】 直流系统事故原因及处理

1.直流系统事故的主要原因

(1)熔断器容量小或者不匹配,在大负荷冲击下造成熔丝熔断,导致部分回路直流消失。

(2)熔断器质量不合格,接触不良导致直流消失。

(3)直流两点接地或短路造成熔丝熔断,导致直流消失。

(4)充电机故障或者站内交流失去引起直流消失。

(5)直流母线故障或者蓄电池组故障。

2.直流系统事故处理

(1)直流屏低压断路器跳闸时,应对该回路进行检查,在未发现明显的故障现象或故障点的情况下,允许合断路器试送一次,试送不成则不得再行强送。

(2)直流某一段电压消失时,应根据具体情况进行处理:

①蓄电池总熔断器熔断,充电机跳闸,应先重点检查母线上的设备,找出故障点,设法消除,更换熔丝后试送。如再次熔断或充电机跳闸,应通知专业人员来处理。

②直流熔断器熔断,经外部检查无异常现象和气味,可更换熔断器后试送一次。如果故障依然存在,通知检修人员处理,未查出故障点前,禁止用任何方式对其供电。

(3)若充电机(或充电模块)故障,应进行如下处理:

①如有备用充电机,应改为备用充电机运行。

②检查交流电源熔丝是否熔断或电源是否缺相,低压断路器是否断开,更换熔丝后试送,如再次熔断或充电机跳闸,应通知专业人员来处理。

③将该充电模块交流电源开关试送一次,若试送不成功,通知有关专业人员。

【案例10-19】 典型案例:恩施天楼地枕水力发电厂厂用电交、直流系统的事故处理

1. 事故现象

天电大网或110 kV线路事故,天13、天71(天72、天73、天74)开关跳闸,厂用电消失,蝶阀未关闭,天1#、2#(或3#、4#)机组处于空转状态。

2. 事故处理步骤

(1)记录时间及故障现象,汇报调度和运行管理单位相关领导。

(2)穿戴好合格的安全工器具,对事故时厂内的相关设备进行检查。

(3)根据事故现象结合现场设备检查结果,对事故进行分析判断。

(4)采取措施限制事故的发展,解除对电网、人身、设备安全的威胁,具体内容如下:

①视事故前厂用电的所在母线,选择带厂用电的机组,并检查调速器油压是否正常(在23 kg/cm^2 以上)。

②迅速复归有关保护信号。

③在上位机或现地单元发开机至空载命令。

④将1#(2#、3#、4#)发电机保护屏上同期转换开关SAS置于“非同期”位。

⑤将1#(2#、3#、4#)发电机保护屏上手动同期转换开关1SASC置于“断开”位。

⑥将1#(2#、3#、4#)发电机保护屏上远方/就地转换开关QC置于“就地”位。

⑦用五防钥匙智能解锁,操作断路器控制开关SA,合上天71(天72、天73、天74)开关。

⑧检查天71(天72、天73、天74)开关确在合位。

⑨将1#(2#、3#、4#)发电机保护屏上同期转换开关SAS置于“断开”位。

⑩将1#(2#、3#、4#)发电机保护屏上手动同期转换开关1SASC置于“断开”位。

⑪将1#(2#、3#、4#)发电机保护屏上远方/就地转换开关QC置于“远方”位。

⑫检查监控后台各数据是否正确。

⑬全面检查。

10.3.4 工作任务评价

本工作任务评价考核主要评价学生在“教、学、做”一体教学过程中对厂(站)用电交、直流系统事故处理知识和技能的掌握程度。具体评价标准见附录1附表1-5设备事故处理工作过程考核评价表。

10.3.5 工作任务思考

1. 厂(站)用交流系统的事故原因有哪些?有哪些处理原则?

2. 厂(站)用直流系统的事故原因有哪些?有哪些处理原则?

小　结

工作领域10主要训练学生掌握厂(站)用电交、直流系统的巡视检查、异常处理及事故处理等技能。

工作任务10.1主要熟悉厂(站)用变压器的巡视检查项目及要求,380 V/220 V系统的巡视检查及运行维护;直流系统的组成与运行维护、充电装置的维护、直流系统的巡视检查项目和特殊检查项目;交流不间断电源系统的巡视与维护内容及事故保安电源的巡视。

工作任务10.2主要熟悉厂(站)用交流电消失的主要现象,厂(站)用交流系统异常的处理原则,厂(站)用交流系统异常处理危险点及控制措施;直流系统常见异常现象及处理原则,直流系统异常处理危险点及控制措施。

工作任务10.3主要熟悉厂(站)用交流系统事故原因及处理原则、直流系统事故原因及处理原则。

附录1

附表1-1 设备运行监视工作过程考核评价表

组号__________ 组长__________

序号	考核项目		小组自评	小组互评	教师评价
1	学习能力	知识学习情况			
		任务准备情况			
		任务安排分配情况			
2	职业能力	监视方法正确			
		监视内容正确、记录准确			
		及时发现问题			
3	职业素质	安全作业无违规			
		场地干净整洁			
		团队协作良好			
4	工作任务成果	监视项目内容完整、记录完整			
		工作任务按时完成			

附表 1-2　设备巡视检查工作过程考核评价表

组号__________　　组长__________

序号	考核项目		小组自评	小组互评	教师评价
1	学习能力	知识学习情况			
		任务准备情况			
		任务安排分配情况			
2	职业能力	巡视线路正确			
		检查方法正确、标准严谨，记录准确			
		器具无损坏、归还			
3	职业素质	安全作业无违规			
		场地干净整洁			
		团队协作良好			
4	工作任务成果	检查项目内容完整、记录完整			
		工作任务按时完成			

附表1-3 设备倒闸操作工作过程考核评价表

组号_________ 组长_________

序号	考核项目		小组自评	小组互评	教师评价
1	学习能力	知识学习情况			
		任务准备情况			
		任务安排分配情况			
2	职业能力	操作票填写正确			
		操作执行流程、方法、步骤正确，过程严谨，记录准确			
		器具无损坏、归还及时			
3	职业素质	安全作业无违规			
		场地干净整洁			
		团队协作良好			
4	工作任务成果	操作项目内容完整、记录完整			
		工作任务按时完成			

附表 1-4　设备异常情况处理工作过程考核评价表

组号＿＿＿＿＿＿　　组长＿＿＿＿＿＿

序号	考核项目		小组自评	小组互评	教师评价
1	学习能力	知识学习情况			
		任务准备情况			
		任务安排分配情况			
2	职业能力	异常情况分析判断正确			
		异常情况处理方法正确、操作严谨,记录准确			
		器具无损坏、归还及时			
3	职业素质	安全作业无违规			
		场地干净整洁			
		团队协作良好			
4	工作任务成果	异常情况处理过程完整无误、记录完整			
		工作任务按时完成			

附表 1-5 设备事故处理工作过程考核评价表

组号__________ 组长__________

序号	考核项目		小组自评	小组互评	教师评价
1	学习能力	知识学习情况			
		任务准备情况			
		任务安排分配情况			
2	职业能力	事故分析判断正确			
		事故处理方法正确、操作严谨,记录准确			
		工器具无损坏、归还及时			
3	职业素质	安全作业无违规			
		团队协作良好			
		场地干净整洁			
4	工作任务成果	事故处理过程完整无误、记录完整			
		工作任务按时完成			

附录 2

附表 2-1　电气第一种工作票格式

电气第一种工作票　№:________

________电气第一种工作票　№:________

1. 工作部门:__________班组:__________工作负责人(监护人):______________

2. 工作班人员:____共______人

3. 工作内容:____

　工作地点:____

4. 计划工作时间:自________年________月________日________时________分

　　　　　　　　至________年________月________日________时________分

5. 安全措施:

下列由工作票签发人填写　　　　　　　　下列由工作许可人(值班员)填写

应拉断路器(开关)和隔离开关(刀闸),包括填写前已拉断路器(开关)和隔离开关(刀闸)(注明编号)	已拉断路器(开关)和隔离开关(刀闸)(注明编号)
应装接地线(注明地点)	已装接地线(注明接地线编号和装设地点)
应设遮栏、应挂标示牌	已设遮栏、已挂标示牌(注明地点)

续附表2-1

工作地点保留带电部分和补充安全措施	
工作票签发人签名：________ 收到工作票时间：____年____月____日____时____分 值班负责人签名：________	工作许可人签名：________ 值班负责人签名：________ 值　长　签　名：________

6. 危险因素控制措施

危险点	危险因素控制措施	措施落实人

7. 许可开始工作时间：________年________月________日________时________分
工作许可人签名：________工作负责人签名：________
8. 工作负责人变动：
原工作负责人________离去，变更________为工作负责人。
变动时间：________年________月________日________时________分。
工作票签发人签名：________
9. 工作票延期，有效期延长到：________年________月________日________时________分
工作负责人签名：________值长或值班负责人签名：________
10. 工作终结：
工作班人员已全部撤离，现场已清理完毕。
全部工作于________年________月________日________时________分结束。
工作负责人签名：________工作许可人签名：________
临时遮栏、标示牌，常设安全措施已恢复，接地线共________组，已拆除________组，因另有工作保留________组（保留原因和地点填写在备注栏内）。

值班负责人签名：________

11. 工作组成员安全交底签名

12. 备注：________________________________

附表 2-2　电气第二种工作票格式

________电气第二种工作票　№:________

1. 工作负责人(监护人):________班组:________部门:________

工作班成员:________________共____人

2. 工作任务:________________

工作地点:________________

3. 计划工作时间:自____年____月____日____时____分

至____年____月____日____时____分

4. 工作条件(停电或不停电):

停电________________

____

____

5. 注意事项(安全措施):________________

____

____

____

6. 危险因素控制措施

危险点	危险因素控制措施	措施落实人

工作票签发人签名:________

7. 工作组成员安全交底签名

8. 许可开始工作时间:____年____月____日____时____分

工作许可人(值班员)签名:________工作负责人签名:________

9. 工作结束时间:____年____月____日____时____分

工作负责人签名:________　工作许可人(值班员)签名:________

10. 备注:________________

____

____

附表 2-3　二级动火工作票格式

________二级动火工作票　№：________

动火部门		班组		动火工作负责人	
动火地点及设备名称					
动火工作内容（示意图）					
申请动火时间	自____年____月____日____时____分开始 至____年____月____日____时____分结束				
运行应采取的安全措施					
检修应采取的安全措施					

危险点	危险因素控制措施	措施落实人

审批人签名	动火部门负责人	安监人员	保卫人员	动火工作票签发人

运行应采取的安全措施已做完。 运行许可人签字：________	检修应采取的安全措施已做完。 工作负责人签字：________

续附表 2-3

<table>
<tr><td colspan="30">应配备的消防设施和采取的消防措施已符合要求,可燃性、易爆气体含量或粉尘浓度测定合格。

消防监护人签字:__________　　检测人签字:__________</td></tr>
<tr><td colspan="12">允许动火时间</td><td colspan="18">自______年______月______日______时______分开始</td></tr>
<tr><td colspan="6">安监人员
签字</td><td colspan="6">保卫人员
签字</td><td colspan="6">动火工作
负责人签字</td><td colspan="6">动火执行人
签字</td><td colspan="6">企业负责人
签字</td></tr>
<tr><td colspan="6"></td><td colspan="6"></td><td colspan="6"></td><td colspan="6"></td><td colspan="6"></td></tr>
<tr><td colspan="12">结束动火时间</td><td colspan="18">于______年______月______日______时______分结束</td></tr>
<tr><td colspan="5">动火执行人
签字</td><td colspan="5"></td><td colspan="5">动火工作
负责人签字</td><td colspan="5"></td><td colspan="5">消防监护人
签字</td><td colspan="5"></td></tr>
<tr><td colspan="3">备注</td><td colspan="27"></td></tr>
</table>

附表 2-4 （水力）机械工作票格式

______（水力）机械工作票 №：

部门：______ 班组：______ №：______

1. 工作负责人：______

2. 工作班成员：______共______人 附页：______张

3. 工作内容：______

工作地点：______

4. 计划工作时间：自______年______月______日______时______分

至______年______月______日______时______分

5. 必须采用的安全措施	6. 措施执行情况

工作票签发人：______ ______年______月______日______时______分

接票人：______ ______年______月______日______时______分

7. 运行值班人员补充安全措施	8. 补充安全措施执行情况

9. 危险因素控制措施

危险点	危险因素控制措施	措施落实人

10. 批准工作结束时间：______年______月______日______时______分

值长：______ ______月______日______时______分

工作许可人：______ ______月______日 值班负责人：______ ______月______日

11. 上述安全措施已全部执行，从______年______月______日______时______分许可开始工作。

工作许可人：______ 工作负责人：______

续附表 2-4

12. 工作负责人变动：自________年________月________日________时________分原工作负责人________离去，变更________担任工作负责人。

变动时间：________年________月________日________时________分

工作票签发人签名：________________ 工作许可人：________________

13. 工作票延期，有效期延长到：________年________月________日________时________分

值长：________单元长：________工作许可人：________工作负责人：________

14. 工作终结：工作班人员已全部撤离，现场已清理完毕。

全部工作于________年________月________日________时________分结束。

工作负责人：________________工作许可人：________________

15. 检修设备试运后仍需进行检修工作，工作票所列安全措施已全部执行，可以工作		
允许恢复工作时间	工作许可人	工作负责人
月　日　时　分		
月　日　时　分		
月　日　时　分		
月　日　时　分		

附表 2-5 继电保护安全措施票格式

____________继电保护安全措施票

编号:№:__________　　　　　　对应工作票编号:№:__________

被试设备及保护名称					
工作负责人		工作时间	____年____月____日____时____分	签发人	

工作内容:

工作条件:

1. 一次设备运行情况;
2. 被试保护作用的断路器;
3. 被试保护屏上的运行设备;
4. 被试保护屏、端子箱与其他保护连接线。

安全措施:包括应打开及恢复的压板、直流线、交流线、信号线、联锁线和联锁开关等,按工作顺序填写安全措施。已执行,在执行栏打“√”;已恢复,在恢复栏打“√”。

序号	执行	安全措施内容	恢复

拟票人		操作人		监护人		审批人	

备注	1. 此票不能代替工作票; 2. 此票与工作票同步使用。

附表 2-6 操作票格式

______倒闸操作票

№:______

操作时间		开始	____年____月____日____时____分	
		终了	____年____月____日____时____分	
操作任务				
模拟	操作	顺序	操作项目	时分
备注				

操作人:______ 监护人:______ 值班负责人(值长):______

______机械操作票

№:______ 第 页/共 页

发令人:	受令人:	发令时间:____年____月____日____时____分	
操作开始时间:____年____月____日____时____分		操作结束时间:____年____月____日____时____分	
操作任务			
序号	操作项目	操作情况	时间
备注:			

操作负责人(监护人):______ 值班负责人:______ 值长:______

注:"操作情况"栏:操作正确执行,打"√";未执行,打"×",并在备注栏说明原因。

附

操作票专用标准章式样

序号	印章名称	盖章位置	印章尺寸/（mm×mm）	印章字体
1	以下空白	操作项目第一空格左侧	45×15	仿宋三号
2	已执行	操作任务栏右侧	30×15	同上
3	未执行	操作任务栏右侧	30×15	同上
4	作废	操作任务栏右侧	30×15	同上

以 下 空 白

已执行

未执行

作　废

附表 2-7 二次工作安全措施格式

________________二次工作安全措施票

单位____________ 编号____________

被试设备名称					
工作负责人		工作时间	年 月 日	签发人	
工作内容：					
安全措施：包括应打开及恢复的连接片、直流线、交流线、信号线、联锁线和联锁开关等，按工作顺序做安全措施。					

序号	执行	安全措施内容	恢复

执行人：________ 监护人：________ 恢复人：________ 监护人：________

附表 2-8　标示牌式样

名称	悬挂处	式样		
		尺寸/(mm×mm)	颜色	字样
禁止合闸，有人工作！	一经合闸即可送电到施工设备的断路器(开关)和隔离开关(刀闸)操作把手上	200×160 和 80×65	白底，红色圆形斜杠，黑色禁止标志符号	黑字
禁止合闸，线路有人工作！	线路断路器(开关)和隔离开关(刀闸)把手上	200×160 和 80×65	白底，红色圆形斜杠，黑色禁止标志符号	黑字
禁止分闸！	接地刀闸与检修设备之间的断路器(开关)操作把手上	200×160 和 80×65	白底，红色圆形斜杠，黑色禁止标志符号	黑字
在此工作！	工作地点或检修设备上	250×250 和 80×80	衬底为绿色，中有直径 200 mm 和 65 mm 的白圆圈	黑字，写于白圆圈中
止步，高压危险！	施工地点临近带电设备的遮栏上，室外工作地点的围栏上，禁止通行的过道上，高压试验地点，室外构架上，工作地点临近带电设备的横梁上	300×240 和 200×160	白底，黑色正三角形标志符号，衬底为黄色	黑字
从此上下！	工作人员可以上下的铁架、爬梯上	250×250	衬底为绿色，中有直径 200 mm 的白圆圈	黑字，写于白圆圈中
从此进出！	室外工作地点围栏的出入口处	250×250	衬底为绿色，中有直径 200 mm 的白圆圈	黑字，写于白圆圈中
禁止攀登，高压危险！	高压配电装置构架的爬梯上，变压器、电抗器等设备的爬梯上	500×400 和 200×160	白底，红色圆形斜杠，黑色禁止标志符号	黑字

注：在计算机操作系统图上断路器(开关)和隔离开关(刀闸)的操作处所设置的“禁止合闸，有人工作！”“禁止合闸，线路有人工作！”和“禁止分闸”的标示牌即可参照表中有关标示牌的式样。

附表 2-9 绝缘安全工器具试验项目、周期和要求

<table>
<tr><th>序号</th><th>器具</th><th>项目</th><th>周期</th><th colspan="4">要求</th><th>说明</th></tr>
<tr><td rowspan="10">1</td><td rowspan="10">电容型验电器</td><td>A. 启动电压试验</td><td>1 年</td><td colspan="4">启动电压值不高于额定电压的 40%，不低于额定电压的 15%</td><td>试验时接触电极应与试验电极相接触</td></tr>
<tr><td rowspan="9">B. 工频耐压试验</td><td rowspan="9">1 年</td><td rowspan="2">额定电压/kV</td><td rowspan="2">试验长度/m</td><td colspan="2">工频耐压/kV</td><td rowspan="9"></td></tr>
<tr><td>1 min</td><td>5 min</td></tr>
<tr><td>10</td><td>0.7</td><td>45</td><td>—</td></tr>
<tr><td>35</td><td>0.9</td><td>95</td><td>—</td></tr>
<tr><td>63</td><td>1.0</td><td>175</td><td>—</td></tr>
<tr><td>110</td><td>1.3</td><td>220</td><td>—</td></tr>
<tr><td>220</td><td>2.1</td><td>440</td><td>—</td></tr>
<tr><td>330</td><td>3.2</td><td>—</td><td>380</td></tr>
<tr><td>500</td><td>4.1</td><td>—</td><td>580</td></tr>
<tr><td rowspan="10">2</td><td rowspan="10">携带型短路接地线</td><td>A. 成组直流电阻试验</td><td>不超过 5 年</td><td colspan="4">在各接线鼻之间测量直流电阻，对于 25 mm^2，35 mm^2，50 mm^2，70 mm^2，95 mm^2，120 mm^2 的各种截面，平均每米的电阻值应分别小于 0.79 mΩ，0.56 mΩ，0.40 mΩ，0.28 mΩ，0.21 mΩ，0.16 mΩ</td><td>同一批次抽测，不少于 2 条，接线鼻与软导线压接的应做该试验</td></tr>
<tr><td rowspan="9">B. 操作棒的工频耐压试验</td><td rowspan="9">4 年</td><td rowspan="2">额定电压/kV</td><td rowspan="2">试验长度/m</td><td colspan="2">工频耐压/kV</td><td rowspan="9">试验电压加在护环与紧固头之间</td></tr>
<tr><td>1 min</td><td>5 min</td></tr>
<tr><td>10</td><td>—</td><td>45</td><td>—</td></tr>
<tr><td>35</td><td>—</td><td>95</td><td>—</td></tr>
<tr><td>63</td><td>—</td><td>175</td><td>—</td></tr>
<tr><td>110</td><td>—</td><td>220</td><td>—</td></tr>
<tr><td>220</td><td>—</td><td>440</td><td>—</td></tr>
<tr><td>330</td><td>—</td><td>—</td><td>380</td></tr>
<tr><td>500</td><td>—</td><td>—</td><td>580</td></tr>
<tr><td>3</td><td>个人保安线</td><td>成组直流电阻试验</td><td>不超过 5 年</td><td colspan="4">在各接线鼻之间测量直流电阻，对于 10 mm^2，16 mm^2，25 mm^2 的各种截面，平均每米的电阻值应分别小于 1.98 mΩ，1.24 mΩ，0.79 mΩ</td><td>同一批次抽测，不少于两条</td></tr>
</table>

续附表 2-9

<table>
<tr><th>序号</th><th>器具</th><th>项目</th><th>周期</th><th colspan="4">要求</th><th>说明</th></tr>
<tr><td rowspan="9">4</td><td rowspan="9">绝缘杆</td><td rowspan="9">工频耐压试验</td><td rowspan="9">1年</td><td rowspan="2">额定电压/kV</td><td rowspan="2">试验长度/m</td><td colspan="2">工频耐压/kV</td><td rowspan="9"></td></tr>
<tr><td>1 min</td><td>5 min</td></tr>
<tr><td>10</td><td>0.7</td><td>45</td><td>—</td></tr>
<tr><td>35</td><td>0.9</td><td>95</td><td>—</td></tr>
<tr><td>63</td><td>1.0</td><td>175</td><td>—</td></tr>
<tr><td>110</td><td>1.3</td><td>220</td><td>—</td></tr>
<tr><td>220</td><td>2.1</td><td>440</td><td>—</td></tr>
<tr><td>330</td><td>3.2</td><td>—</td><td>380</td></tr>
<tr><td>500</td><td>4.1</td><td>—</td><td>580</td></tr>
<tr><td rowspan="10">5</td><td rowspan="10">核相器</td><td rowspan="3">A. 连接导线绝缘强度试验</td><td rowspan="3">必要时</td><td>额定电压/kV</td><td>工频耐压/kV</td><td colspan="2">持续时间/min</td><td rowspan="3">浸在电阻率小于100 Ω · m的水中</td></tr>
<tr><td>10</td><td>8</td><td colspan="2">5</td></tr>
<tr><td>35</td><td>28</td><td colspan="2">5</td></tr>
<tr><td rowspan="3">B. 绝缘部分工频耐压试验</td><td rowspan="3">1年</td><td>额定电压/kV</td><td>试验长度/m</td><td>工频耐压/kV</td><td>持续时间/min</td><td rowspan="3"></td></tr>
<tr><td>10</td><td>0.7</td><td>45</td><td>1</td></tr>
<tr><td>35</td><td>0.9</td><td>95</td><td>1</td></tr>
<tr><td rowspan="3">C. 电阻管泄漏电流试验</td><td rowspan="3">半年</td><td>额定电压/kV</td><td>工频耐压/kV</td><td>持续时间/min</td><td>泄漏电流/mA</td><td rowspan="3"></td></tr>
<tr><td>10</td><td>10</td><td>1</td><td>≤2</td></tr>
<tr><td>35</td><td>35</td><td>1</td><td>≤2</td></tr>
<tr><td>D. 动作电压试验</td><td>1年</td><td colspan="4">最低动作电压应达0.25倍额定电压</td><td></td></tr>
<tr><td rowspan="3">6</td><td rowspan="3">绝缘罩</td><td rowspan="3">工频耐压试验</td><td rowspan="3">1年</td><td>额定电压/kV</td><td>工频耐压/kV</td><td colspan="2">时间/min</td><td rowspan="3"></td></tr>
<tr><td>6~10</td><td>30</td><td colspan="2">1</td></tr>
<tr><td>35</td><td>80</td><td colspan="2">1</td></tr>
<tr><td rowspan="2">7</td><td rowspan="2">绝缘隔板</td><td rowspan="2">A. 表面工频耐压试验</td><td rowspan="2">1年</td><td>额定电压/kV</td><td>工频耐压/kV</td><td colspan="2">持续时间/min</td><td rowspan="2">电极间距离300 mm</td></tr>
<tr><td>6~35</td><td>60</td><td colspan="2">1</td></tr>
</table>

续附表 2-9

<table>
<tr><th>序号</th><th>器具</th><th>项目</th><th>周期</th><th colspan="4">要求</th><th>说明</th></tr>
<tr><td rowspan="3">7</td><td rowspan="3">绝缘隔板</td><td rowspan="3">B. 工频耐压测试</td><td rowspan="3">1 年</td><td>额定电压/kV</td><td>工频耐压/kV</td><td colspan="2">持续时间/min</td><td rowspan="3"></td></tr>
<tr><td>6~10</td><td>30</td><td colspan="2">1</td></tr>
<tr><td>35</td><td>80</td><td colspan="2">1</td></tr>
<tr><td rowspan="3">8</td><td rowspan="3">绝缘胶垫</td><td rowspan="3">工频耐压试验</td><td rowspan="3">1 年</td><td>电压等级</td><td>工频耐压/kV</td><td colspan="2">持续时间/min</td><td rowspan="8">用于带电设备区域</td></tr>
<tr><td>高压</td><td>15</td><td colspan="2">1</td></tr>
<tr><td>低压</td><td>3.5</td><td colspan="2">1</td></tr>
<tr><td rowspan="2">9</td><td rowspan="2">绝缘靴</td><td rowspan="2">工频耐压测试</td><td rowspan="2">半年</td><td>工频耐压/kV</td><td>持续时间/min</td><td colspan="2">泄漏电流/mA</td></tr>
<tr><td>25</td><td>1</td><td colspan="2">≤10</td></tr>
<tr><td rowspan="3">10</td><td rowspan="3">绝缘手套</td><td rowspan="3">工频耐压试验</td><td rowspan="3">半年</td><td>电压等级</td><td>工频耐压/kV</td><td>持续时间/min</td><td>泄漏电流/mA</td></tr>
<tr><td>高压</td><td>8</td><td>1</td><td>≤9</td></tr>
<tr><td>低压</td><td>2.5</td><td>1</td><td>≤2.5</td></tr>
<tr><td>11</td><td>导电鞋</td><td>直流电阻试验</td><td>穿用不超过 200 h</td><td colspan="4">电阻值小于 100 kΩ</td><td></td></tr>
</table>

注：接地线如用于各电源侧和有可能倒送点的各侧均已停电、接地的线路，其操作棒预防性试验的工频耐压可只做 10 kV 级，且试验周期可延长到不超过 5 年 1 次。

附表 2-10　带电作业高架绝缘斗臂车电气试验标准

电压等级/kV	试验部件	测试项目、标准					备注
		交接试验		预防性试验			
		工频耐压	泄漏电流	工频耐压	泄漏电流	沿面放电	
各级电压	单层作业	50 kV 1 min	—	45 kV 1 min	—	—	斗浸水中高出水面200 mm
	作业斗内斗	50 kV 1 min	—	45 kV 1 min	—	—	
	作业斗外斗	20 kV 1 min	—	—	0.4 m 20 kV ≤0.2 mA	0.4 m 45 kV 1 min	泄漏电流试验为沿面试验
	液压油	油杯:2.5 mm电极,6次试验平均击穿电压≥20 kV,任一单独击穿电压≥10 kV					更换、添加的液压油应试验合格
10	上臂(主臂)	0.4 m 50 kV 1 min	—	0.4 m 45 kV 1 min	—	—	耐压试验为整车试验,但在绝缘臂上应增设试验电极
	下臂(套筒)	50 kV 1 min	—	45 kV 1 min	—	—	
	整车	—	1.0 m 20 kV ≤0.5 mA	—	1.0 m 20 kV ≤0.5 mA	—	在绝缘臂上增设试验电极
35	上臂(主臂)	0.6 m 105 kV 1 min	—	0.6 m 95 kV 1 min	—	—	耐压试验为整车试验,但在绝缘臂上应增设试验电极
	下臂(套筒)	50 kV 1 min	—	45 kV 1 min	—	—	
	整车	—	1.5 m 70 kV ≤0.5 mA	—	1.5 m 70 kV ≤0.5 mA	—	在绝缘臂上增设试验电极

续附表 2-10

电压等级/kV	试验部件	测试项目、标准					备注
		交接试验		预防性试验			
		工频耐压	泄漏电流	工频耐压	泄漏电流	沿面放电	
63	上臂（主臂）	0.7 m 175 kV 1 min	—	0.7 m 175 kV 1 min	—	—	耐压试验为整车试验，但在绝缘臂上应增设试验电极
	下臂（套筒）	50 kV 1 min	—	50 kV 1 min	—	—	
	整车	—	1.5 m 70 kV ≤0.5 mA	—	1.5 m 70 kV ≤0.5 mA	—	在绝缘臂上增设试验电极。同时，核对泄漏表
110	上臂（主臂）	1.0 m 250 kV 1 min	—	1.0 m 220 kV 1 min	—	—	耐压试验为整车试验，但在绝缘臂上应增设试验电极
	下臂（套筒）	50 kV 1 min	—	45 kV 1 min	—	—	
	整车	—	2.0 m 126 kV ≤0.5 mA	—	2.0 m 126 kV ≤0.5 mA	—	在绝缘臂上增设试验电极。同时，核对泄漏表
220	上臂（主臂）	1.8 m 450 kV 1 min	—	1.8 m 440 kV 1 min	—	—	耐压试验为整车试验，但在绝缘臂上应增设试验电极
	下臂（套筒）	50 kV 1 min	—	45 kV 1 min	—	—	
	整车	—	3.0 m 252 kV ≤0.5 mA	—	3.0 m 252 kV ≤0.5 mA	—	在绝缘臂上增设试验电极。同时，核对泄漏表

附表 2-11　登高工器具试验标准

<table>
<tr><th rowspan="2">序号</th><th rowspan="2">名称</th><th rowspan="2">项目</th><th rowspan="2">周期</th><th colspan="3">要求</th><th rowspan="2">说明</th></tr>
<tr><th>种类</th><th>试验静拉力/N</th><th>载荷时间/min</th></tr>
<tr><td rowspan="4">1</td><td rowspan="4">安全带</td><td rowspan="4">静负荷试验</td><td rowspan="4">1年</td><td>围杆带</td><td>2 205</td><td>5</td><td rowspan="4">牛皮带试验周期为半年</td></tr>
<tr><td>围杆绳</td><td>2 205</td><td>5</td></tr>
<tr><td>护腰带</td><td>1 470</td><td>5</td></tr>
<tr><td>安全绳</td><td>2 205</td><td>5</td></tr>
<tr><td rowspan="2">2</td><td rowspan="2">安全帽</td><td>冲击性能试验</td><td>按规定期限</td><td colspan="3">受冲击力小于4 900 N</td><td rowspan="2">使用寿命:从制造之日起,塑料帽≤2.5年,玻璃钢帽≤3.5年</td></tr>
<tr><td>耐穿刺性能试验</td><td>按规定期限</td><td colspan="3">刚锥不接触头模表面</td></tr>
<tr><td>3</td><td>脚扣</td><td>静负荷试验</td><td>1年</td><td colspan="3">施加1 176 N静压力,持续时间5 min</td><td></td></tr>
<tr><td>4</td><td>升降板</td><td>静负荷试验</td><td>半年</td><td colspan="3">施加2 205 N静压力,持续时间5 min</td><td></td></tr>
<tr><td>5</td><td>竹(木)梯</td><td>静负荷试验</td><td>半年</td><td colspan="3">施加1 765 N静压力,持续时间5 min</td><td></td></tr>
</table>

参考文献

[1] 马爱芳,丁官元,李银玲. 电气运行[M]. 郑州:黄河水利出版社,2017.
[2] 龚在礼,陈芳. 水电厂机电运行[M]. 郑州:黄河水利出版社,2014.
[3] 杨娟,周卫星. 变电运行[M]. 北京:中国电力出版社,2012.
[4] 黄栋,席川. 电气运行[M]. 北京:中国电力出版社,2011.
[5] 张方庆,李敏,刘琦. 工厂常用电气设备运行与维护[M]. 北京:中国电力出版社,2009.
[6] 范绍彭. 电气运行[M]. 北京:中国电力出版社,2006 .
[7] 杜文学. 电气设备运行及事故处理[M]. 北京:化学工业出版社, 2006.
[8] 周立红. 电力系统运行[M]. 北京:中国水利水电出版社,2005.